中国职业技术教育学会科研项目优秀成果

The Excellent Achievements in Scientific Research Project of The Chinese Society Vocational and Technical Education

高等职业教育数控技术专业"双证课程"培养方案规划教材

Pro/ENGINEER Wildfire 4.0
应用与实例教程

高等职业技术教育研究会 审定

牛宝林 主编

陈德航 副主编

The Application & Example Courses
for Pro/ENGINEER Wildfire 4.0

人民邮电出版社

北京

图书在版编目（ＣＩＰ）数据

Pro/ENGINEER Wildfire4.0应用与实例教程 / 牛宝林
主编.—北京：人民邮电出版社，2009.5
中国职业技术教育学会科研项目优秀成果. 高等职业
教育数控技术专业"双证课程"培养方案规划教材
ISBN 978-7-115-20433-2

I . P⋯ II . 牛⋯ III . 机械元件－计算机辅助设计－应
用软件，Pro/ENGINEER Wildfire 4.0－高等学校：技术
学校－教材 IV . TH13-39

中国版本图书馆CIP数据核字（2009）第028125号

内 容 提 要

　　本书以培养学生的 CAD/CAM 技能为核心，分设计篇、加工篇两篇，介绍 Pro/ENGINEER Wildfire 4.0
软件的相关知识。设计篇详细介绍了 Pro/E 的应用基础、绘制 2D 草图、三维实体建模、曲面特征、高级曲
面建模、创建工程图、参数化设计和零件装配等方面的知识。加工篇主要介绍 Pro/E 的模具设计和数控加工
后置处理、自动编程的知识，包括模具设计、数控加工与 Pro/NC 基础知识、铣削加工、孔加工等内容。

　　本书遵循"先易后难，循序渐进"的原则，在讲解基本方法的同时注重设计思路的培养，结合实际
零件的设计进行训练，使读者尽快掌握用软件进行零件辅助设计和辅助加工的方法和技能。

　　本书可作为高等职业技术院校数控技术、模具设计与制造、机械制造及自动化等机械类专业的教学
用书，也可供有关技术人员、数控机床编程与操作人员参考。

中国职业技术教育学会科研项目优秀成果

高等职业教育数控技术专业"双证课程"培养方案规划教材

Pro/ENGINEER Wildfire 4.0 应用与实例教程

◆　审　　定　高等职业技术教育研究会

　　主　　编　牛宝林

　　副 主 编　陈德航

　　责任编辑　李育民

◆　人民邮电出版社出版发行　　北京市崇文区夕照寺街 14 号

　　邮编　100061　　电子函件　315@ptpress.com.cn

　　网址　http://www.ptpress.com.cn

　　北京艺辉印刷有限公司印刷

◆　开本：787×1092　1/16

　　印张：20

　　字数：496 千字　　　　　　　　　　2009 年 5 月第 1 版

　　印数：1－3 000 册　　　　　　　　2009 年 5 月北京第 1 次印刷

ISBN 978-7-115-20433-2/TN

定价：32.00 元

读者服务热线：(010)67170985　印装质量热线：(010)67129223
反盗版热线：(010)67171154

职业教育与职业资格证书推进策略与"双证课程"的研究与实践课题组

组　长：

俞克新

副组长：

李维利　张宝忠　许　远　潘春燕

成　员：

林　平　周　虹　钟　健　赵　宇　李秀忠　冯建东　散晓燕　安宗权
黄军辉　赵　波　邓晓阳　牛宝林　吴新佳　韩志国　周明虎　顾　晔
　　　　　　　　　　　　　　　　　　吴晓苏　赵慧君　潘新文　李育民

课题鉴定专家：

李怀康　邓泽民　吕景泉　陈　敏　于洪文

职业教育是现代国民教育体系的重要组成部分，在实施科教兴国战略和人才强国战略中具有特殊的重要地位。党中央、国务院高度重视发展职业教育，提出要全面贯彻党的教育方针，以服务为宗旨，以就业为导向，走产学结合的发展道路，为社会主义现代化建设培养千百万高素质技能型专门人才。因此，以就业为导向是我国职业教育今后发展的主旋律。推行"双证制度"是落实职业教育"就业导向"的一个重要措施，教育部《关于全面提高高等职业教育教学质量的若干意见》（教高［2006］16号）中也明确提出，要推行"双证书"制度，强化学生职业能力的培养，使有职业资格证书专业的毕业生取得"双证书"。但是，由于基于"双证书"的专业解决方案、课程资源匮乏，"双证课程"不能融入教学计划，或者现有的教学计划还不能按照职业能力形成系统化的课程，因此，"双证书"制度的推行遇到了一定的困难。

为配合各高职院校积极实施"双证书"制度工作，推进示范校建设，中国高等职业技术教育研究会和人民邮电出版社在广泛调研的基础上，联合向中国职业技术教育学会申报了职业教育与职业资格证书推进策略与"双证课程"的研究与实践课题（中国职业技术教育学会科研规划项目，立项编号 225753）。此课题拟将职业教育的专业人才培养方案与职业资格认证紧密结合起来，使每个专业课程设置嵌入一个对应的证书，拟为一般高职院校提供一个可以参照的"双证课程"专业人才培养方案。该课题研究的对象包括数控加工操作、数控设备维修、模具设计与制造、机电一体化技术、汽车制造与装配技术、汽车检测与维修技术等多个专业。

该课题由教育部的权威专家牵头，邀请了中国职教界、人力资源和社会保障部及有关行业的专家，以及全国50多所高职高专机电类专业教学改革领先的学校，一起进行课题研究，目前已召开多次研讨会，将课题涉及的每个专业的人才培养方案按照"专业人才定位—对应职业资格证书—职业标准解读与工作过程分析—专业核心技能—专业人才培养方案—课程开发方案"的过程开发。即首先对各专业的工作岗位进行分析和分类，按照相应岗位职业资格证书的要求提取典型工作任务、典型产品或服务，进而分析得出专业核心技能、岗位核心技能，再将这些核心技能进行分解，进而推出各专业的专业核心课程与双证课程，最后开发出各专业的人才培养方案。

根据以上研究成果，课题组对专业课程对应的教材也做了全面系统的研究，拟开发的教材具有以下鲜明特色。

1. 注重专业整体策划。本套教材是根据课题的研究成果——专业人才培养方案开发的，每个专业各门课程的教材内容既相互独立，又有机衔接，整套教材具有一定的系统性与完整性。

2. 融通学历证书与职业资格证书。本套教材将各专业对应的职业资格证书的知识和能力要求都嵌入到各双证教材中，使学生在获得学历文凭的同时获得相关的国家职业资格证书。

3. 紧密结合当前教学改革趋势。本套教材紧扣教学改革的最新趋势，专业核心课程、"双证课程"按照工作过程导向及项目教学的思路编写，较好地满足了当前各高职高专院校的需求。

为方便教学，我们免费为选用本套教材的老师提供相关专业的整体教学方案及相关教学资源。

经过近两年的课题研究与探索，本套教材终于正式出版了，我们希望通过本套教材，为各高职高专院校提供一个可实施的基于"双证书"的专业教学方案，同时也热切盼望各位关心高等职业教育的读者能够对本套教材的不当之处给予批评指正，提出修改意见，并积极与我们联系，共同探讨教学改革和教材编写等相关问题。来信请发至 panchunyan@ptpress.com.cn。

前　言

Pro/ENGINEER Wildfire 是集 CAD/CAM/CAE 于一体的三维参数化设计软件，是当今世界上最先进的计算机辅助设计、分析和制造一体化软件之一，广泛应用于船舶、汽车、通用机械和航天等高新技术领域。新版的 Pro/ENGINEER Wildfire 4.0 继承了 Pro/ENGINEER Wildfire 3.0 原有的各个模块的用户操作功能，同时对部分模块用户操作界面进行了优化（如组件模块）。增强并完善了集辅助设计、辅助分析和辅助制造等功能于一体的应用环境。为了帮助高职院校的教师全面、系统地讲授 Pro/ENGINEER Wildfire 4.0 这门课程，我们几位长期在高职院校从事 CAD/CAM 教学的教师，共同编写了这本《Pro/ENGINEER Wildfire 4.0 应用与实例教程》。

我们对本书的体系结构做了精心的设计，按照"Pro/E 基础—Pro/E 提高—Pro/E 高级设计—Pro/E 应用拓展"这一思路进行编排，力求把基本设计方法与实际零件设计两者有机地结合在一起。在内容编写方面，我们注意难点分散、循序渐进；在文字叙述方面，我们注意言简意赅、重点突出；在实例选取方面，我们注意实用性和针对性。

本书每章都附有一定数量的习题，可以帮助学生进一步巩固基础知识；本书每章还附有实践性较强的实训，可以供学生上机操作时使用。本书所涉及的相关素材等请到人民邮电出版社教学服务与资源网：http://www.ptpedu.com.cn 上下载。

本书的参考学时为 96 学时，实训环节为 46 学时，各章的参考学时参见下面的学时分配表。

章节	课 程 内 容	学　　时	
		理　　论	实　　训
第 1 章	Pro/E 应用基础	2	1
第 2 章	绘制 2D 草图	10	5
第 3 章	三维实体建模	20	10
第 4 章	曲面特征	10	4
第 5 章	高级曲面建模	8	4
第 6 章	创建工程图	4	2
第 7 章	参数化设计	4	2
第 8 章	零件装配	2	1
第 9 章	模具设计	24	8
第 10 章	数控加工与 Pro/NC 基础	4	2
第 11 章	铣削加工	6	4
第 12 章	孔加工	2	3
学 时 总 计		96	46

本书由芜湖职业技术学院的牛宝林副教授担任主编，陈德航老师任副主编。第 1 章、第 3 章、第 7 章、第 9 章由牛宝林编写，第 2 章由陈杰老师编写，第 4 章、第 5 章由张宏斌老师编

写，第 6 章由杜云飞、陈亮老师编写，第 8 章由朱强老师编写，第 10～12 章由四川职业技术学院陈德航老师编写。本书由李宏老师主审，并提出了很多宝贵的修改意见。在编写过程中得到了赵晓玲、牛超以及吴瑞等的帮助。在此一并表示诚挚的谢意。

由于时间仓促，加之我们水平有限，书中难免存在错误和不妥之处，敬请广大读者批评指正。

编者

2009 年 2 月

目 录

设计篇（CAD）

第1章

Pro/E 应用基础

【学习目标】

1. 了解 Pro/E 的基本情况
2. 了解 Pro/E 的主要窗口
3. 了解 Pro/E 的基本操作
4. 了解 Pro/E 的文件配置方法
5. 了解 Pro/E 文件的存取

  Pro/ENGINEER Wildfire 是集 CAD/CAM/CAE 于一体的三维参数化设计软件，是当今世界上最先进的计算机辅助设计、分析和制造一体化软件之一，广泛应用于船舶、汽车、通用机械和航天等高新技术领域。新版的 Pro/ENGINEER Wildfire 4.0 就是继承了 Pro/ENGINEER Wildfire 3.0 原有的各个模块的用户操作功能，同时部分模块对用户操作界面进行了优化（如组件模块）。增强并完善了集辅助设计、辅助分析和辅助制造等功能于一体的应用环境。如无特殊说明，本书 Pro/E 指 Pro/ENGINEER Wildfire 4.0。

1.1 Pro/ENGINEER Wildfire 4.0 概述

  美国参数技术公司（PTC 公司）于 1985 年成立于美国波士顿，开始进行基于特征建模参数化设计软件的研究。1988 年，PTC 公司发布了 Pro/E V1.0，经过 20 多年的发展，Pro/E 已经成为世界上最先进的 CAD/CAM/CAE 软件之一。2007 年，PTC 公司发布了该软件的最新版本 Pro/ENGINEER Wildfire 4.0。最新版本进一步优化了设计功能，丰富了设计工具，使之更加方便用户使用。

  Pro/ENGINEER Wildfire 4.0 的主要特点是提供了一个基于过程的虚拟产品开发设计环境，使产品开发从设计到加工真正实现了数据的无缝集成，从而优化了企业的产品设计与制造。Pro/ENGINEER Wildfire 4.0 不仅具有强大的实体造型功能、曲面设计功能、虚拟产品装配功能和工程图生成等设计功能，而且在设计过程中可以进行有限元分析、机构运动分析及仿真模拟等。

提高了设计的可靠性。Pro/ENGINEER Wildfire 4.0 软件所有的模块都是全相关的。这就意味着在产品开发过程中,某一处进行的修改能扩展到整个设计中,同时自动更新所有的工程文件,包括装配体、工程图纸,以及制造数据等。另外,Pro/ENGINEER Wildfire 4.0 提供了二次开发设计环境及与其他 CAD 软件进行数据交换的接口,能够使多种 CAD 软件配合工作,实现优势互补,从而提高产品设计的效率。

双击启动 Pro/E 的图标▢后,其启动界面如图 1-1 所示。

Pro/E 启动之后,将打开如图 1-2 所示的主窗口。主窗口由 10 个部分组成:标题栏、菜单栏、工具栏、导航选项卡、工作区、特征工具栏、消息区、导航器、状态栏、过滤器和 Web 浏览器等。下面分别进行介绍。

图 1-1　Pro/E 起始屏

图 1-2　Pro/E 野火版 4.0 工作界面

1.2 窗口介绍

1.2.1　标题栏

标题栏会显示应用程序和打开零件模型的名称,"活动的"表示当前模型窗口处于激活状态。Pro/E 是多文档应用程序,可以同时打开多个相同或不同的模型窗口,但只能有一个窗口保持激活状态。

1.2.2　菜单栏

菜单栏又称为主菜单栏，与菜单管理器相区别。它位于标题栏的下方，排列着各种用途的下拉菜单选项。进入 Pro/E 不同的模块，系统会加载不同的菜单，图 1-3 是零件设计模块的菜单栏。

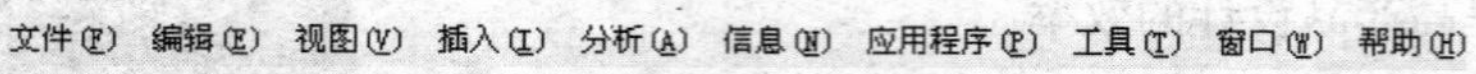

文件(F)　编辑(E)　视图(V)　插入(I)　分析(A)　信息(N)　应用程序(P)　工具(T)　窗口(W)　帮助(H)

图 1-3　Pro/E 菜单栏

主菜单中各选项的含义如下。

（1）"文件"菜单：包括处理文件的各项命令，如新建、打开、保存、重命名等常用操作以及拭除、删除等特殊操作。

（2）"编辑"菜单：包括操作模型的命令，主要编辑管理建立的特征等。

（3）"视图"菜单：包括控制模型显示与选择显示的命令，可以控制 Pro/E 当前的显示、模型的放大与缩小、模型视角的显示等。

（4）"插入"菜单：包括加入各种类型特征的命令，不同模式（如零件模式、组件模式、工程图模式、模具模式、加工模式等）下"插入"菜单中的选项各不相同。

（5）"分析"菜单：包括对模型分析的各项命令，主要就所建立的草图、工程图、三维模型等进行分析，包括距离、长度、角度、直径、质量分析、曲线曲面分析等。

（6）"信息"菜单：包括显示各项工程数据的命令，它可以获得一些已经建立好的模型关系信息，并列出报告。

（7）"应用程序"菜单：包括利用各种不同的 Pro/E 的模块命令，使用"应用程序"菜单可以在 Pro/E 的各模块间进行切换。

（8）"工具"菜单：包括定制工作环境的命令。

（9）"窗口"菜单：包括管理多个窗口的命令。

（10）"帮助"菜单：包括使用帮助文件的命令。

1.2.3　工具栏

Pro/E 将常用的命令做成图标按钮，放置在相应的工具栏中。通过单击这些按钮可以操作常用命令，从而提高工作效率。

1．常用工具栏

常用工具栏有如下 5 种，如图 1-4～图 1-8 所示。

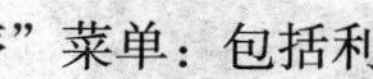

图 1-4　"文件"工具栏 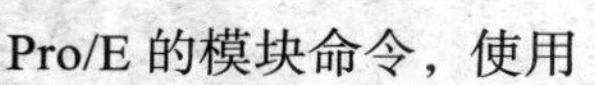　　　　　　　　图 1-5　"编辑"工具栏

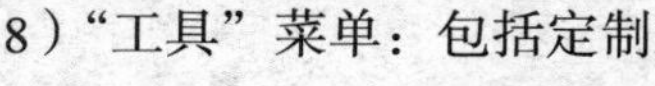

图 1-6　"视图"工具栏 　　　　图 1-7　"模型显示"工具栏　　　　图 1-8　"基准显示"工具栏

"文件"工具栏：用于对 Pro/E 文件的新建、打开、保存、打印操作。

"编辑"工具栏：用于特征的撤销、重复、再生、查找和选取等操作。

"视图"工具栏：用于放大、缩小、定位或刷新模型视图等操作。

"模型显示"工具栏：用于切换模型的显示方式。

"基准显示"工具栏：用于控制基准（包括基准面、基准轴、基准点、坐标系和模型旋转中心）的显示与否。

2．特征工具栏

进入 Pro/E 的零件模式时，窗口右侧的特征工具栏中放置了常见的特征，便于用户查找。可以依据作用的不同，分为基准、基本特征、工程特征和编辑特征 4 种类型。如图 1-9～图 1-12 所示。

图 1-9 "基准"工具栏   图 1-10 "基本特征"工具栏   图 1-11 "工程特征"工具栏

3．定制工具栏

可以定制一个工具栏，放置操作中常用的命令。选取"工具"→"定制屏幕"命令，系统将会弹出"定制"对话框，如图 1-13 所示。切换到"命令"选项卡，拖动"命令"选项组的图标到工具栏，或者从工具栏拖动图标到"命令"列表框。

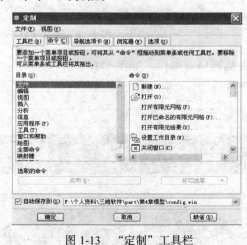

图 1-12 "编辑特征"工具栏   图 1-13 "定制"工具栏

1.2.4 主工作区

主工作区可以显示不同的内容，便于用户查看和工作。可以显示的内容如下。

（1）在显示区中浏览文件，如图 1-14 所示。

（2）预览零件模型如图 1-15 所示。

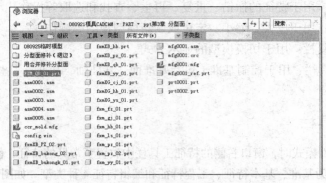

图 1-14 显示文件夹内容

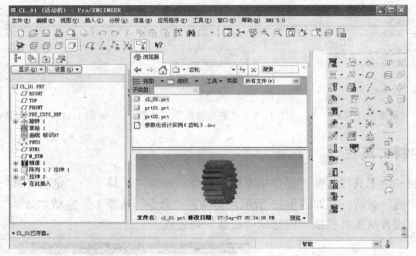

图 1-15 预览零件模型

（3）作为浏览器显示窗口，如图 1-16 所示。

（4）显示零件模型，如图 1-17 所示。

图 1-16 浏览器显示窗口

图 1-17 显示零件模型

1.2.5　导航选项卡

导航选项卡包括 4 个子选项卡。

（1）模型树：以层次顺序树的格式列出设计中的每个对象；在模型树中，每个项目旁边的图标反映了其对象的类型，如组件、零件、特征或基准，如图 1-18 所示。

（2）文件夹浏览器：类似于 Windows 的资源浏览器列出文件，可以方便地打开和查看某一个文件或者文件夹，如图 1-19 所示。

图 1-18　模型树选项卡

图 1-19　文件浏览器选项卡

（3）收藏夹：类似于 IE 浏览器的收藏夹功能，可以收藏常用的文件或者网址，如图 1-20 所示。

（4）链接：列出了 Pro/E 的相关链接，单击某个项目时，就会打开 Pro/E 自带的浏览器，连接到相应的项目或者网址，如图 1-21 所示。

图 1-20　收藏夹选项卡

图 1-21　连接选项卡

1.2.6　操控板

每当创建或者编辑零件的特征时，都会在屏幕底部出现对应的操控板，操控板封装了定义一个特征所需的参数。图 1-22 所示是使用"旋转工具"操控板创建旋转特征的过程。

图 1-22　操控板

在"基本特征"工具栏中单击 "旋转工具"按钮，就可以进入如图 1-22 所示的操控板，在"位置"上滑板中单击"定义"按钮，如图 1-23 所示。选择了草绘平面后，在如图 1-24 所示的"草绘"对话框中单击"草绘"按钮，在草绘界面进行草绘，完成草绘后，设置旋转角度，单击☑按钮，完成旋转特征的创建。

图 1-23　"定义"操控板　　　　图 1-24　"草绘"对话框

1.2.7　状态栏

状态栏显示 Pro/E 给用户的一些重要提示，主要有：提供操作的状态信息，警告或状态提示，要求输入必要的参数，以及完成模型的设计、错误提示等，如图 1-25 所示。

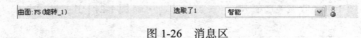

图 1-25　状态栏

1.2.8　消息区

消息区在状态栏的下面，可以提供多种信息提示，如图 1-26 所示。
消息区提供的信息提示如下。
（1）提供菜单选项的说明。
（2）提供某一项操作的状态信息，比如警告或状态提示。
（3）允许询问额外的信息，协助完成选取命令。

曲面:F5 (旋转_1)　　　　　　选取了1　　　智能

图 1-26　消息区

1.2.9　过滤器

消息区的右侧是过滤器，如图 1-27 所示。不同模块、不同操作需要的操作图元可能不同，可以在过滤器列表中选择相应的项目，以便快速拾取想要的图元。

系统默认的过滤选项为"智能"，即光标移至某特征时，系统会自动识别出该特征，在光标附件显示特征的名称，同时特征边界高亮显示，如图 1-28 所示。此时单击特征即可选择特征。

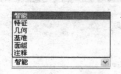

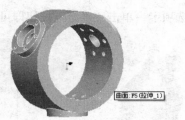

图 1-27　过滤器　　　　　　　　　　图 1-28　智能选择

1.3 工作目录的设置和文件的保存

1.3.1　建立工作目录

用 Pro/E 做设计工作，要养成一个良好的习惯，就是建立工作目录。这样你所做的设计都会被保存在该目录下，便于查找及进一步修改。建立工作目录的方法如下。

单击"文件"→"设置工作目录"菜单，打开如图 1-29 所示的"选取工作目录"选项卡。可以直接在已经建立好的文件目录里面选择所需要的目录作为设计工作目录，也可以通过单击鼠标右键的方法新建一个工作目录作为当前工作目录。在"选取工作目录"选项卡的空白处单击鼠标右键后，出现一个浮动快捷菜单，如图 1-30 所示，选择"新建文件夹"建立一个新的工作目录。

图 1-29　设置工作目录　　　　　　　图 1-30　新建工作目录

1.3.2　文件的保存

当设计完成一个零件（如图 1-31 所示），需要保存时，单击 图标，打开如图 1-32 所示的

"保存对象"选项卡,单击"确定"按钮即可。

图 1-31　完成设计

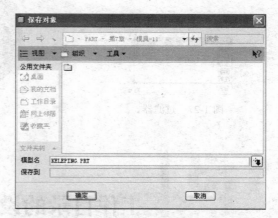

图 1-32　保存对象

1.4 主配置文件配置

　　Pro/ENGINEER Wildfire 4.0 是美国公司开发的设计软件,所以其默认的工业设计标准为美国国家标准 ANSI。ANSI 和中国国家标准(GB)有很大的不同,因此没有经过配置的 Pro/ENGINEER Wildfire 4.0 软件可能适合美国公司使用,但不适合中国公司使用。同时 Pro/ENGINEER Wildfire 4.0 是高端的 CAD/CAM/CAE 一体化软件,系统庞大,功能强大,这就需要正确利用软件提供的配置才能更好地发挥软件的强大功能。

　　Pro/ENGINEER Wildfire 4.0 系统主要使用的配置文件有 3 种,分别为 Config.pro、Config.win、Config.sup,其各自的功能如下。

　　(1)Config.pro:属于项目级和用户级系统配置文件,主要用来配置软件的各种设计功能和设计环境,主要包括应用程序界面编辑、组件、组件处理、铸造与模具设计和数据交换等内容。

　　(2)Config.win:属于系统软件操作界面配置文件,主要用来配置系统的菜单内容和位置,各种功能图标显示与否及其显示位置,自定义快捷键等内容;用户根据需要可以随时调用不同的 Config.win 文件,形成不同的 Pro/ENGINEER Wildfire 设计界面。

　　(3)Config.sup:属于企业级的系统强制执行标准,只有系统的 Pro/ENGINEER 系统管理员才能配置。任何其他的系统规划和系统配置不能和该配置冲突,如果发生冲突,以该配置为准。

　　Config.pro 是 Pro/ENGINEER Wildfire 4.0 软件系统最主要的配置文件,它决定整个系统的运行环境,在 Pro/E 软件的使用过程中起至关重要的作用。Config.pro 文件配置方法如下。

　　在"工具"下拉菜单中选择"选项",打开"选项"对话框,如图 1-33 所示。在选项对话框的列表中选取需要修改的选项后,在右下侧的"值"输入栏中设置合适的参数,单击其右下侧的 添加/更改 按钮,然后单击 应用 按钮。配置好选项之后单击 确定 按钮保存配置选项的设置。

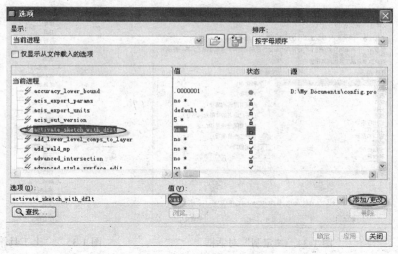

图 1-33 "选项"对话框

Config.pro 配置文件功能丰富，关系到 Pro/E 的各个方面。在实际应用中，用户可以根据工作需要配置其中的一个或多个选项。其中常用的配置项目如下。

（1）长度单位：PRO_UNIT_LENGTH，一般选 UNIT_MM（毫米）。

（2）高级特征相关功能（半径圆顶、截面圆盖、耳和唇等高级建模功能）：
ALLOW_ANATOMIC_FEATURE，一般配置为 YES。

（3）软件的非英语版菜单显示语种：MENU_TRANSLATION，需要配置为 YES。

（4）系统的公差标准：TOLERANCE_STANDARD，一般选择 ISO 标准。

（5）系统的公差显示：TOL_DISPLAY，选择 YES 为显示公差，NO 为不显示公差。

（6）系统的公差形式：TOL_MODE，可根据自己的习惯选，一般选择 NOMINAL。

Pro/ENGINEER Wildfire 4.0 软件的系统配置文件内容非常丰富，读者在学习过程中要多加总结。工程图配置文件（.dtl 格式文件）也是 Pro/ENGINEER Wildfire 软件工程图设计模块中至关重要的配置文件。本书的第 6 章将讲述相关内容。

1.5

自定义设计界面

Config.win 文件是 Pro/E 系统的软件界面配置文件，决定菜单的显示方式及其位置、功能图标显示与否、显示方式、显示位置等。通过 Config.win 文件的配置，用户可以根据自己的习惯定义 Pro/ENGINEER Wildfire 4.0 软件的设计界面。

在"工具"主菜单中选取"定制屏幕"选项，打开"定制"对话框，如图 1-34 所示。通过该对话框用户可以方便地定义软件的设计界面。

在工具栏单击鼠标右键，出现"上工具箱"快捷菜单，如图 1-35 所示，单击"命令"或"工具栏"都可以进入图 1-34 的"定制"菜单栏。

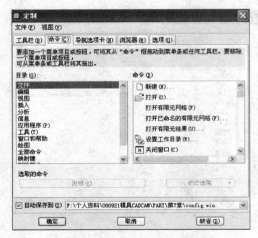

图 1-34　"定制"对话框　　　　图 1-35　"上工具箱"菜单

"定制"中有 5 个选项卡，各个选项卡的具体操作方法和功能简介如下。

"工具栏"：该选项卡主要用来定义工具栏在设计界面上是否显示，选中的工具栏将显示在设计界面上，反之，没有勾选的工具栏将不在设计界面上显示。

"命令"：该选项卡主要用来定义某一命令是否在屏幕上显示，如果想要在屏幕上显示某一功能命令，拖动该功能命令到屏幕上的相应位置即可，反之，如果不想让某一功能命令在屏幕上显示，就把它拖回到命令选项卡中，则该命令就在屏幕上消失。

"导航选项卡"：该选项卡主要用来定义导航窗口的位置、导航窗口的宽度和模型树的位置等。

"浏览器"：该选项卡主要用来定义浏览器窗口的宽度。

"选项"：该选项卡主要用来定义消息区域的位置、次窗口的显示方式和菜单显示方式。

完成屏幕的定义后，单击 确定 按钮，对屏幕的修改将自动保存到 Config.win 文件中，单击缺省(D)按钮，则恢复系统默认的工作界面。

小　结

通过本章的学习了解 Pro/E 的基本情况，掌握用 Pro/E 进行设计的基本方法。难点是主配置文件的配置，需要反复运用才能掌握有自己特色的、符合自己设计习惯和设计要求的主配置文件的配置。

习　题

1. 简述 Pro/E 的发展历史和主要功能。
2. 简述 Pro/E 主窗口的组成。
3. 打开 Pro/E 主窗口的菜单和选项卡进行观察和训练。
4. 打开一个零件模型，进行旋转、缩放、拖动和显示模式的操作。

第2章

绘制 2D 草图

【学习目标】

1. 了解几何图元的绘制
2. 了解几何约束
3. 了解尺寸的标注和修改
4. 了解几何图元的编辑

2.1 草绘模式简介

Pro/E 采取由二维草绘到三维模型的建模思想，即三维设计是二维截面在三维空间的变化与伸长。进入草绘模块并没有实际用途，但是对于建模以至于后面的模具设计、加工等模块而言，草绘是非常重要的。因为只有正确绘制系统需要的草图，才能通过拉伸、旋转、扫描、混合等方法来创建三维实体模型，进而进行模具设计、加工等操作。因此，二维草绘是 Pro/E 各模块中最基础和最关键的部分，一定要熟练掌握草绘技巧。

2.1.1 草绘模式的进入

进入草绘模式的步骤如下。

（1）在主菜单中选择"文件"→"新建"命令，或者单击文件工具栏中的 按钮，系统弹出如图 2-1 所示的"新建"对话框。

（2）在对话框的"类型"选项组中单击"草绘"按钮，在"名称"文本框中输入新建草图名，单击"确定"按钮即进入如图 2-2 所示的草绘平台。

此外，在进行实体造型的过程中，系统在需要时会提示用户绘制二维截面。在选择草绘面并设定草绘视图参考方向后，也可自动进入草绘模式。

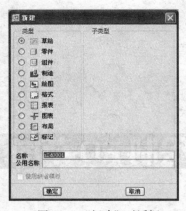

图 2-1　"新建"对话框

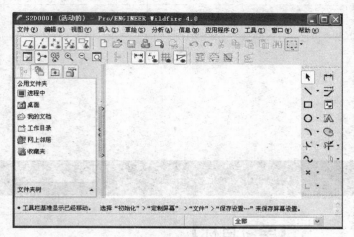

图 2-2　草绘平台

2.1.2　草绘命令

在进行草绘之前，需要熟悉草绘平台提供的设计工具。打开如图 2-2 所示的草绘平台，工具栏上的草绘专用按钮，如图 2-3 所示，用来控制在草绘环境下各种对象的显示和隐藏。如图 2-4 所示的菜单栏"草绘"选项下拉菜单中的各种功能命令与如图 2-5 所示的草绘功能按钮等效。

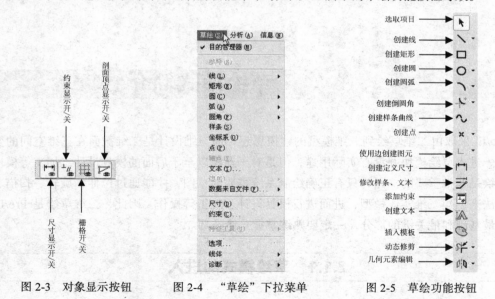

图 2-3　对象显示按钮　　　图 2-4　"草绘"下拉菜单　　　图 2-5　草绘功能按钮

2.2
绘制几何图元

在草绘模式下可以用两种方式绘制几何图元：方式一，使用"草绘"菜单或工具条命令（此方法常用）；方式二，使用"草绘器"命令。前者绘制几何图元时系统会自动完成尺寸标注和约束，而后者在绘制时系统不会自动完成尺寸标注和约束。下面具体介绍采用"草绘"菜单或工具条命令绘制几何图元的方法。

2.2.1　直线

1．绘制 2 点直线

（1）选择"草绘"→"线"→"线"命令，或单击（如无特殊说明，书中"单击"指"单击鼠标左键"）工具栏中 ＼按钮绘制直线。

（2）在绘图区单击，确定直线起点，将鼠标移至适当位置再单击，确定直线终点，两点间便创建了一条直线，如图 2-6 所示。若要继续绘制其他直线，可继续单击鼠标左键，否则单击鼠标中键结束。

2．绘制相切直线

（1）选择"草绘"→"线"→"直线相切"命令，或单击工具栏中 ＼按钮旁的黑色小三角，在展开的子工具栏中单击 ＼按钮绘制相切直线。

（2）分别选取两个欲与直线相切的圆或圆弧，便可创建一条相切直线，如图 2-7 所示。重复该步骤可继续创建相切直线，单击鼠标中键结束。值得注意的是，当选取圆或圆弧的位置不同时，可以绘制外切线和内切线等。

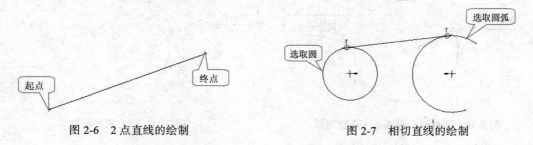

图 2-6　2 点直线的绘制　　　　　图 2-7　相切直线的绘制

3．绘制中心线

（1）选择"草绘"→"线"→"中心线"命令，或单击工具栏中 ＼按钮旁的黑色小三角，在展开的子工具栏中单击 ┆按钮绘制中心线。

（2）在绘图区单击鼠标左键确定中心线的第一点，将鼠标移至合适位置再单击左键确定第二点，便可创建一条中心线，如图 2-8 所示。重复该步骤可继续创建中心线，单击鼠标中键结束。

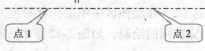

图 2-8　中心线的绘制

2.2.2　矩形

（1）选择"草绘"→"矩形"命令，或单击工具栏中 ▢按钮绘制矩形。

（2）单击鼠标左键确定矩形的一个顶点，放开鼠标后拖动矩形到适当大小，再单击鼠标左键确定相应的对角线点，完成矩形绘制，如图 2-9 所示。重复该步骤可继续绘制矩形，单击鼠标中键结束。生成的矩形 4 条边是独立的直线，可进行单独编辑。

图 2-9　矩形的绘制

2.2.3　圆

1．通过圆心和圆上一点绘制圆

（1）选择"草绘"→"圆"→"圆心和点"命令，或单击工具栏中 ◯ 按钮绘制圆。

（2）单击鼠标左键确定圆心，放开鼠标后拖动圆到适当大小，再单击左键完成圆的绘制，如图 2-10 所示。重复该步骤可继续绘制圆，单击鼠标中键结束。

2．绘制同心圆

（1）选择"草绘"→"圆"→"同心"命令，或单击工具栏中 ◯ 按钮旁的黑色小三角，在展开的子工具栏中单击 ◎ 按钮绘制同心圆。

（2）单击已有圆或圆弧上任一点，拖动圆到适当大小，再单击完成同心圆的绘制，如图 2-11 所示。重复该步骤可继续绘制同心圆，单击鼠标中键结束。

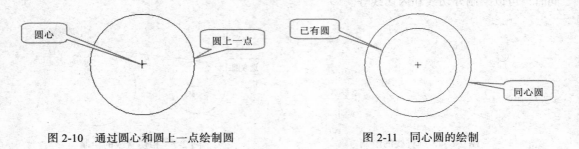

图 2-10　通过圆心和圆上一点绘制圆　　　　图 2-11　同心圆的绘制

3．通过圆上 3 点绘制圆

（1）选择"草绘"→"圆"→"3 点"命令，或单击工具栏中 ◯ 按钮旁的黑色小三角，在展开的子工具栏中单击 ◯ 按钮绘制圆。

（2）在绘图区中单击任意两点，系统会产生一个跟随鼠标的动态圆，拖动圆到合适位置单击完成圆的绘制，如图 2-12 所示。重复该步骤可继续绘制圆，单击鼠标中键结束。

4．绘制与 3 个图元相切的圆

（1）选择"草绘"→"圆"→"3 相切"命令，或单击工具栏中 ◯ 按钮旁的黑色小三角，在展开的子工具栏中单击 ◯ 按钮绘制相切圆。

（2）选择已有的欲与之相切的两个图元，系统会产生一个动态圆，再选择第三个欲与之相切的图元，完成相切圆的绘制，如图 2-13 所示。重复该步骤可继续绘制相切圆，单击鼠标中键结束。

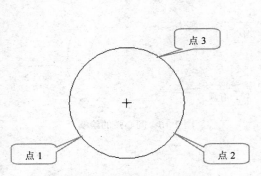

图 2-12 通过圆上 3 点绘制圆

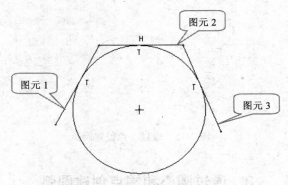

图 2-13 与 3 个图元相切圆的绘制

5. 绘制椭圆

（1）选择"草绘"→"圆"→"椭圆"命令，或单击工具栏中 ○ 按钮旁的黑色小三角，在展开的子工具栏中单击 ○ 按钮绘制椭圆。

（2）单击确定椭圆中心，拖动椭圆到合适的形状大小，再单击完成椭圆绘制，如图 2-14 所示。重复该步骤可继续绘制椭圆，单击鼠标中键结束。

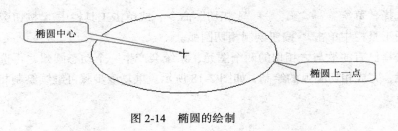

图 2-14 椭圆的绘制

2.2.4 圆弧

1. 通过 3 点或通过在其端点与图元相切来创建圆弧

（1）选择"草绘"→"弧"→"3 点/相切端"命令，或单击工具栏中 �‸ 按钮绘制圆弧。

（2）单击两点确定圆弧的两个端点，系统会出现一个动态圆弧，拖动圆弧到适当位置，单击完成圆弧绘制，如图 2-15 所示。重复该步骤可继续绘制圆弧，单击鼠标中键结束。

2. 绘制同心圆弧

（1）选择"草绘"→"弧"→"同心"命令，或单击工具栏中 ↷ 按钮旁的黑色小三角，在展开的子工具栏中单击 ⤜ 按钮绘制同心弧。

（2）单击已有圆或圆弧定义同心弧中心，拖动鼠标到适当位置单击确定圆弧的第一个端点，移动光标到合适位置再单击确定圆弧的第二个端点，同心弧绘制完成，如图 2-16 所示。重复该步骤可继续绘制同心弧，单击鼠标中键结束。

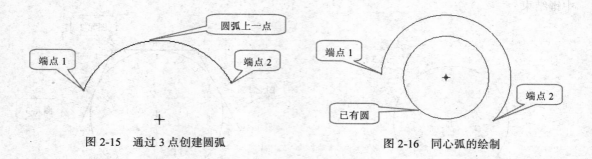

图 2-15　通过 3 点创建圆弧　　　　　　图 2-16　同心弧的绘制

3.　通过圆心和端点创建圆弧

（1）选择"草绘"→"弧"→"圆心和端点"命令，或单击工具栏中 按钮旁的黑色小三角，在展开的子工具栏中单击 按钮绘制圆弧。

（2）在圆弧中心位置处单击确定圆弧所在圆中心，拖动鼠标到适当位置单击确定圆弧的第一个端点，移动光标到合适位置再单击确定圆弧的第二个端点，完成圆弧绘制，如图 2-17 所示。重复该步骤可继续绘制圆弧，单击鼠标中键结束。

4.　绘制与 3 个图元相切的圆弧

（1）选择"草绘"→"弧"→"3 相切"命令，或单击工具栏中 按钮旁的黑色小三角，在展开的子工具栏中单击 按钮绘制相切圆弧。

（2）选择已有的欲与之相切的两个图元，系统会产生一个动态圆弧，再选择第三个欲与之相切的图元，完成相切圆弧的绘制，如图 2-18 所示。重复该步骤可继续绘制相切圆弧，单击鼠标中键结束。

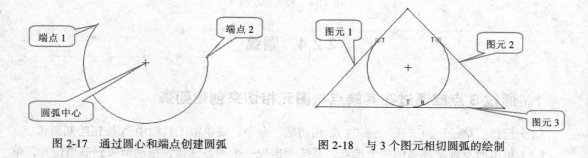

图 2-17　通过圆心和端点创建圆弧　　　　图 2-18　与 3 个图元相切圆弧的绘制

5.　绘制锥形弧

（1）选择【草绘】→【弧】→【圆锥】命令，或单击工具栏中 按钮旁的黑色小三角，在展开的子工具栏中单击 按钮绘制锥形弧。

（2）单击两点确定锥形弧的两个端点，系统会出现一个动态弧，单击锥形弧的尖点位置，完成其绘制，如图 2-19 所示。重复该步骤可继续绘制锥形弧，单击鼠标中键结束。

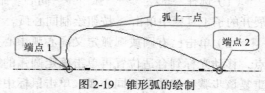

图 2-19　锥形弧的绘制

2.2.5　圆角

1.　绘制圆形圆角

（1）选择"草绘"→"圆角"→"圆形"命令，或单击工具栏中 ⌐ 按钮绘制圆形圆角。

（2）单击要生成圆角的两个图元，系统会在距离两图元交点最近的那个单击点处构建一个圆形圆角，如图 2-20 所示。重复该步骤可继续绘制圆形圆角，单击鼠标中键结束。

2.　绘制椭圆形圆角

（1）选择"草绘"→"圆角"→"椭圆形"命令，或单击工具栏中 ⌐ 按钮旁的黑色小三角，在展开的子工具栏中单击 ⌐ 按钮绘制椭圆形圆角。

（2）单击要生成圆角的两个图元，系统会在两个单击点处创建一个椭圆形圆角，如图 2-21 所示。重复该步骤可继续绘制椭圆形圆角，单击鼠标中键结束。

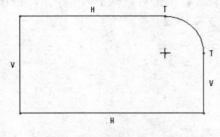
图 2-20　圆形圆角的绘制

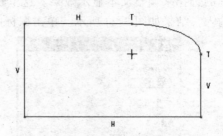
图 2-21　椭圆形圆角的绘制

2.2.6　样条曲线

（1）选择"草绘"→"样条"命令，或单击工具栏中 ⌐ 按钮绘制样条曲线。

（2）选取一系列离散的点，单击鼠标中键，通过这些点生成了一条光滑的曲线，即样条曲线，如图 2-22 所示。重复该步骤可继续绘制样条曲线，单击鼠标中键结束。

图 2-22　样条曲线的绘制

2.2.7　点和坐标系

1.　创建点

（1）选择"草绘"→"点"命令，或单击工具栏中 × 按钮创建点。

（2）在适当位置单击鼠标左键即可完成点的创建，继续单击左键可创建多个点，单击鼠标中键结束。

2．创建参照坐标系

（1）选择"草绘"→"坐标系"命令，或单击工具栏中 × 按钮旁的黑色小三角，在展开的子工具栏中单击 ⌁ 按钮创建坐标系。

（2）在适当位置单击鼠标左键确定坐标系原点，单击鼠标中键结束坐标系的创建。

2.2.8　文本

（1）选择"草绘"→"文本"命令，或单击工具栏中 Ａ 按钮创建文本。

（2）在绘图区中单击确定文本的起始点，在另一位置单击确定终止点，起始点和终止点之间创建了一条构建线。该线的长度决定文本的高度，倾角决定文本的方向。系统弹出如图 2-23 所示的"文本"对话框。

（3）在"文本"对话框的"文本行"框中输入文本。可以通过对话框中的"字体"、"位置"、"长宽比"、"斜角"的设置来定义文本属性，通过对"沿曲线放置"、"字符间距处理"复选框的选择来调整文本显示效果。这里默认系统设置，单击对话框中的"确定"按钮完成文本输入，结果如图 2-24 所示。单击鼠标中键结束文本创建。

图 2-23　"文本"对话框

图 2-24　创建的文本

2.3　设置几何约束

在草绘模式中，正确使用约束条件可以更方便地进行图形设计，Pro/E 的草绘模块提供了多种约束方式，如：相切、平行、正交等。

设置几何约束的步骤如下。

（1）选择"草绘"→"约束"命令，或单击工具栏中 ⊡ 按钮，系统弹出如图 2-25 所示的"约束"对话框。

（2）在"约束"对话框中选择相应的约束命令，按照系统提示分别选取图元即可，单击对话框中"关闭"按钮结束约束设置。

图 2-25　"约束"对话框

下面具体介绍"约束"对话框中各个约束命令的作用。

⬆：铅垂约束。使所选直线成为铅垂线，如图 2-26 所示。

图 2-26　铅垂约束

↔：水平约束。使所选直线成为水平线，如图 2-27 所示。

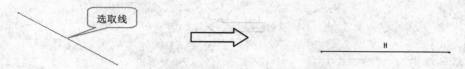

图 2-27　水平约束

⊥：正交约束。使所选两图元正交，如图 2-28 所示。

图 2-28　正交约束

⌀：相切约束。使所选两图元相切，如图 2-29 所示。

图 2-29　相切约束

◥：中点约束。使所选点位于所选直线的中点位置，如图 2-30 所示。

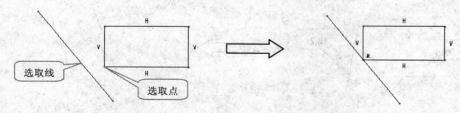

图 2-30　中点约束

⊙：重合或共线约束。使所选两点重合，如图 2-31 所示。或使所选图元共线，如图 2-32 所示。

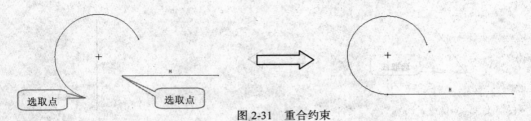

图 2-31　重合约束

⟡：对称约束。使所选图元关于中心线对称，如图 2-33 所示。

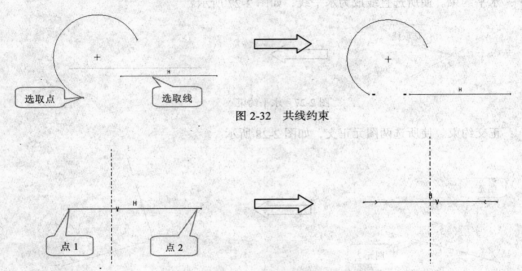

图 2-32　共线约束

图 2-33　对称约束

=：相等约束。使所选直线等长，所选圆或圆弧等半径或同曲率，如图 2-34 所示。

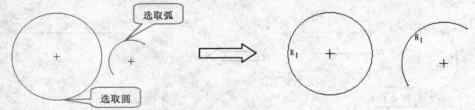

图 2-34　相等约束

∥：平行约束。使所选两直线平行，如图 2-35 所示。

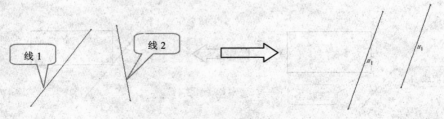

图 2-35　平行约束

2.4 | 尺寸标注和修改

2.4.1 标注尺寸

1. 线标注

线标注用于显示线段的长度和两个图元间的距离。下面具体介绍其标注方法。

（1）标注线段长度。单击工具栏中尺寸标注按钮 ，然后单击要标注的线段，再单击鼠标中键确定尺寸放置位置，如图 2-36 所示。

（2）标注平行线间距离。单击工具栏中尺寸标注按钮 ，然后单击要标注的两平行线段，再单击鼠标中键确定尺寸放置位置，如图 2-37 所示。

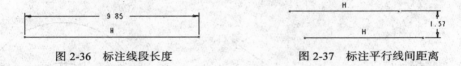

图 2-36 标注线段长度   图 2-37 标注平行线间距离

（3）标注点到线的距离。单击工具栏中尺寸标注按钮 ，然后单击要标注的点和线段，再单击鼠标中键确定尺寸放置位置，如图 2-38 所示。

（4）标注点到点的距离。单击工具栏中尺寸标注按钮 ，然后单击要标注的两点，再单击鼠标中键确定尺寸放置位置，如图 2-39 所示。

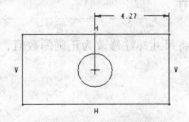 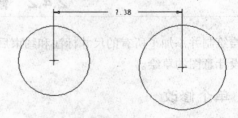

图 2-38 标注点到线的距离   图 2-39 标注点到点的距离

2. 半径或直径标注

（1）标注半径。半径为圆弧或圆的圆心到圆周的距离。其标注方法为：单击工具栏中尺寸标注按钮 ，然后单击要标注的圆弧或圆，再单击鼠标中键确定尺寸放置位置，如图 2-40 所示。

（2）标注直径。直径的标注方法为：单击工具栏中尺寸标注按钮 ，然后双击要标注的圆弧或圆，再单击鼠标中键确定尺寸放置位置，如图 2-41 所示。

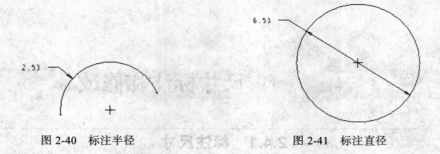

图 2-40　标注半径　　　　　　　　　　　图 2-41　标注直径

3．角度标注

（1）标注线段角。标注两线段间夹角的方法为：单击工具栏中尺寸标注按钮，然后单击组成角的两条线段，再单击鼠标中键确定尺寸放置位置，根据尺寸放置位置的不同，标注内角度或外角度，如图 2-42 所示。

（2）标注圆弧角。标注圆弧形成的角的方法为：单击工具栏中尺寸标注按钮，然后单击圆弧两端点和圆弧上任一点，再单击鼠标中键确定尺寸放置位置，即可标注出圆弧角，如图 2-43 所示。

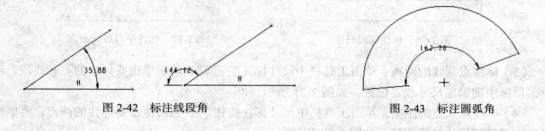

图 2-42　标注线段角　　　　　　　　　　图 2-43　标注圆弧角

2.4.2　修改尺寸

草绘绘制并添加了所有的尺寸标注和约束后，可以将尺寸标注修改为正确的数值，以创建出满足设计意图的草绘。

1．单个修改

单击工具栏中 按钮，双击（如无特殊说明，文中"双击"指"双击鼠标左键"）需要修改的尺寸值。这时会出现一个小编辑框，如图 2-44 所示。在框中输入新的尺寸值，敲回车或单击鼠标中键结束。

2．多个修改

用鼠标框选多个需要修改的尺寸（或按住 Ctrl 键，选中多个尺寸），单击工具栏中 按钮，系统弹出如图 2-45 所示的"修改尺寸"对话框。将"再生"复选框的对勾去掉，选中的尺寸出现在尺寸列表框中，在列表框中逐个修改尺寸，单击 按钮结束。

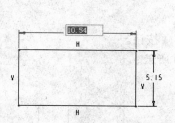

图 2-44 双击尺寸直接修改尺寸值

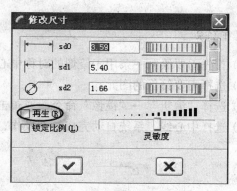

图 2-45 "修改尺寸"对话框

2.5 编辑几何图元

在草绘过程中，经常需要对绘制的图元进行调整和修改，例如复制、镜像及修剪等，这类工具称为几何工具。下面具体介绍运用缩放旋转、复制、镜像及修剪几何工具编辑图元的方法。

1. 缩放旋转

（1）选中要进行缩放或旋转的几何图元，选择"编辑"→"缩放旋转"命令，或单击工具栏中 按钮旁的黑色小三角，在展开的子工具栏中单击 按钮，系统弹出如图 2-46 所示的"缩放旋转"对话框。

（2）在"缩放旋转"对话框中输入相应的缩放比例和旋转角度，或者通过鼠标拖动如图 2-47 所示的不同操作手柄来实现选中图元的缩放、移动和旋转，单击"缩放旋转"对话框中 按钮或单击鼠标中键结束。

2. 复制

选中所要复制的图元（用鼠标框选或按住 Ctrl 键选取多个图元），选择"编辑"→"复制"命令，再选择"编辑"→"粘贴"命令，将鼠标移至适当位置单击放置图元，如图 2-48 所示。此时系统弹出如图 2-46 所示的"缩放旋转"对话框，可以对复制后的图形进行缩放旋转操作。

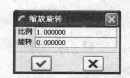

图 2-46 "缩放旋转"对话框

图 2-47 缩放旋转图元操作图

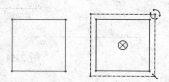

图 2-48 复制操作

3. 镜像

（1）首先需要绘制一条用于镜像的对称中心线。

（2）选择需要镜像的图元。

（3）选择"编辑"→"镜像"命令，或单击工具栏中 按钮。

（4）选择中心线，系统自动完成镜像操作，如图 2-49 所示。

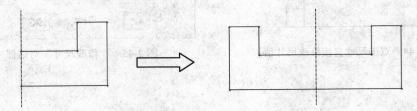

图 2-49　镜像操作

4. 修剪

（1）删除段。选择"编辑"→"修剪"→"删除段"命令，或单击工具栏中 按钮，用鼠标单击需要删除的图元即可，如图 2-50 所示。

图 2-50　删除段

（2）拐角。选择"编辑"→"修剪"→"拐角"命令，或单击工具栏中 按钮旁的黑色小三角，在展开的子工具栏中单击 按钮，选取要形成拐角的两图元即可，如图 2-51 所示。

（3）分割。选择"编辑"→"修剪"→"分割"命令，或单击工具栏中 按钮旁的黑色小三角，在展开的子工具栏中单击 按钮，在几何图元上单击要分割的位置即可，如图 2-52 所示。

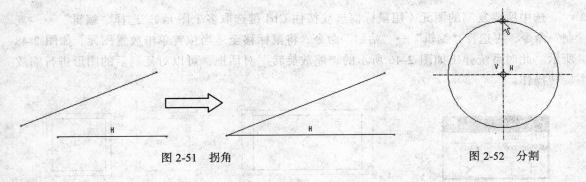

图 2-51　拐角　　　　　　　　　　　　　图 2-52　分割

本节以创建如图 2-53 所示的草绘截面为例，综合介绍二维草绘的绘制技巧及方法。具体绘制步骤如下。

1. 新建文件

打开"文件"单击"新建"，或单击工具栏中的 按钮，在弹出的"新建"对话框的"类型"选项组中单击"草绘"按钮，在"名称"文本框中输入草图名，单击"确定"按钮，如图 2-54 所示。

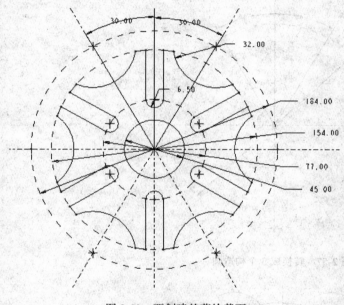

图 2-53　要创建的草绘截面　　　　　　　图 2-54　"新建"对话框

2. 绘制截面

（1）单击工具栏中 按钮旁的黑色小三角，在展开的子工具栏中单击 按钮绘制如图 2-55 所示的中心线。

（2）单击工具栏中 按钮，分别绘制 3 个直径为 77、154、184 的圆，如图 2-56 所示。用鼠标框选中这 3 个圆，在菜单栏中选择"编辑"→"切换构造"命令，将选中的 3 个圆改为构造圆。此时 3 个实线圆变成了虚线圆，如图 2-57 所示。

（3）单击工具栏中 按钮，绘制如图 2-58 所示的 5 个实线圆。

（4）单击工具栏中 按钮，绘制如图 2-59 所示的两条铅垂线。

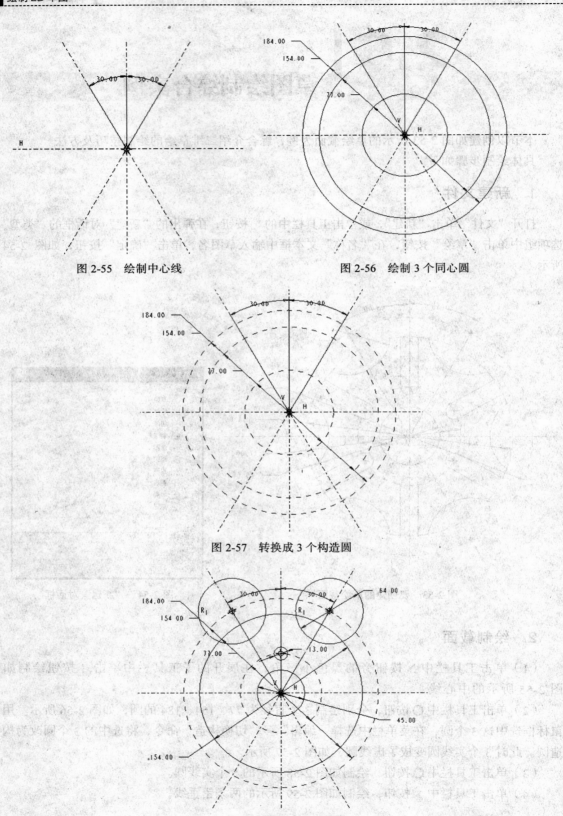

图 2-55 绘制中心线

图 2-56 绘制 3 个同心圆

图 2-57 转换成 3 个构造圆

图 2-58 绘制 5 个实线圆

（5）单击工具栏中 ⊱ 按钮，修剪掉多余线段，修剪后的几何图元如图 2-60 所示。

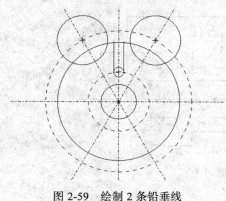

图 2-59　绘制 2 条铅垂线

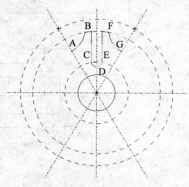

图 2-60　修剪后的图元

（6）按住 Ctrl 键，同时选中如图 2-60 所示的 A～G 段图元，单击工具栏中 ⑩ 按钮，选择右侧与水平线成 60° 夹角的中心线为镜像中心，复制选中的图元，结果如图 2-61 所示。反复执行镜像操作，完成整个截面的绘制，如图 2-62 所示。

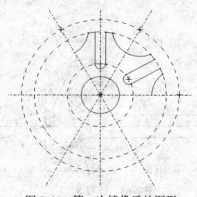

图 2-61　第一次镜像后的图形

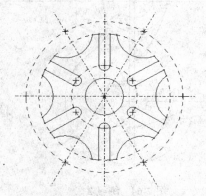

图 2-62　完成的草绘截面

小　结

本章主要介绍了 Pro/E 的 2D 草图绘制。重点掌握几何图元的绘制、几何约束的设置、几何尺寸的标注与修改以及几何图元的编辑。难点在于熟练掌握草绘模式下的各个功能命令，并能加以灵活运用，准确、快捷地创建出 2D 草图。

习　题

在 Pro/E 的草绘模式下绘制以下 2D 草图。

1. 练习 1。

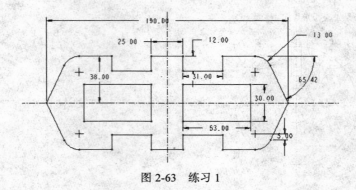

图 2-63　练习 1

2. 练习 2。

3. 练习 3。

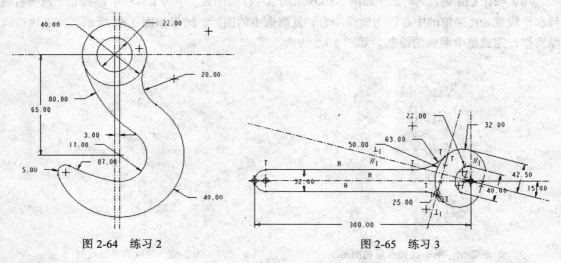

图 2-64　练习 2　　　　　　　　　　　　图 2-65　练习 3

4. 练习 4。

5. 练习 5。

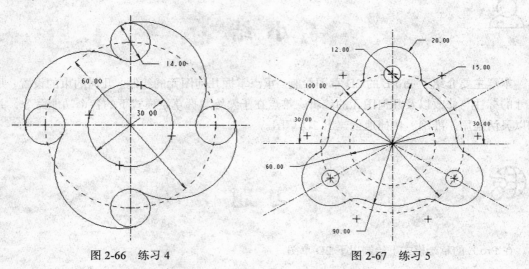

图 2-66　练习 4　　　　　　　　　　　　图 2-67　练习 5

第3章

三维实体建模

【学习目标】

1. 了解三维实体建模的基本方法
2. 了解三维实体建模的基准特征
3. 了解三维实体建模的工程特征
4. 了解三维实体建模的特征操作

三维实体造型技术是 CAD 发展历程中的一项革命性技术，CAD 工业设计模块主要用于产品的几何设计。以前，在零件未制造出时是无法观看零件的形状的，只能通过二维平面图形进行想象。Pro/E 生成的实体模型，不仅能够看到，而且在后阶段（比如进行有限元分析、模具设计以及数控自动编程等）的各个工作数据的产生都要依赖于建模所产生的数据。

三维实体建模是利用 Pro/E 进行产品设计的主要任务之一，也是学习 Pro/E 软件其他高级功能的基础。读者通过本章内容及提供的大量实例练习，可对 Pro/E 软件三维实体造型有一个深入全面的了解和认识，从而能够独立使用该软件进行实体造型设计。

3.1 三维实体建模概述

要了解三维实体建模，要清楚两个重要的概念。

特征：特征是 Pro/E 中模型组成的基本单元。创建模型时，设计者总是采用搭积木的方式在模型上依次添加新的特征，比如拉伸一个圆柱体是一个特征，在圆柱体上打一个孔又是一个特征，将圆柱体边缘倒角，则又是第三个特征。

特征的父子关系：第一个特征和在它上面建立的第二个特征之间是父子关系，就像上面的例子，圆柱体和圆柱体上的孔就是父子关系。在删除特征时，应该从子特征删起，若将父特征删除，那么依附于父特征的所有子特征都将被删除。

3.1.1 确定创建实体特征的方法

Pro/E 在实体建模中创建特征的方法很多，比如拉伸、旋转、混合、扫描等。一个模型设计到底用什么样的特征创建方法，要对模型的结构进行分析，然后再考虑如何去创建特征。选择创建实体特征的方法合理与否，直接关系到模型设计的复杂程度、可修改性甚至设计的成败。

例如，如图 3-1 所示的某车标，用什么特征来创建是需要仔细斟酌的。如果用曲面的方法先做一个角，然后实体化，再阵列，步骤就会很复杂，需要用很多特征。如果先拉伸然后进行切减，可能很麻烦，甚至可能不能完成建模。如果用混合特征则只需一个特征、一个步骤就可完成。

图 3-1 某车标

3.1.2 选取草绘平面

草绘平面的选取是三维实体建模最基础的工作，也是必不可少的工作。草绘平面就是绘制二维剖面的平面。绘制二维草绘剖面是创建三维实体特征过程中最为关键的一个基础环节。要绘制某一草绘剖面，首先必须设置合适的平面作为草绘平面。在 Pro/E 中，可以通过下面 3 种方法设置草绘平面。

1. 选取系统的基准平面作为草绘平面

在 Pro/E 设计环境中，系统提供了三个正交的标准基准平面，它们分别是 TOP 基准平面、RIGHT 基准平面、FRONT 基准平面，如图 3-2 所示。比如选择 TOP 面作为草绘平面绘制草绘剖面图，则绘制的草绘剖面图就在 TOP 基准平面上，如图 3-3 所示。

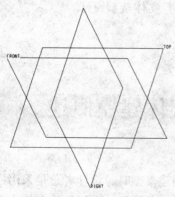

图 3-2 标准基准平面

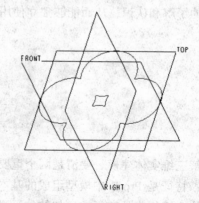

图 3-3 在 TOP 基准平面上绘制的剖面图

2. 选择已有模型特征上的平面作为草绘平面

Pro/E 允许用户选择已有特征上的平面作为下一个特征的草绘平面，这个功能使设计者能方便地在已有特征上添加新的特征。

如图 3-4 所示，在第 1 个创建的特征上面创建第 2 个特征，此时可以选择第 1 个特征的上表面作为草绘平面，创建第 2 个特征。

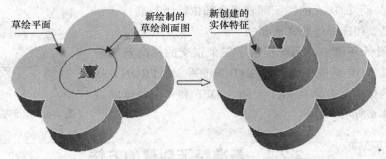

图 3-4　选取实体表面作为草绘平面创建实体特征

3. 新建基准平面作为草绘平面

当系统提供的标准基准平面和模型特征上已有的平面都不能满足设计要求时，就需要创建新的基准平面作为草绘平面，如图 3-5 所示。

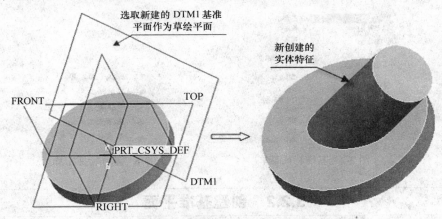

图 3-5　选取新创建的基准平面作为草绘平面创建实体特征

一般情况下，当选定某一基准平面或模型特征的某个表面作为草绘平面时，系统默认情况下已经为该草绘平面安排好了放置参照，这个参照能够满足设计要求。但有些时候在选择已有模型特征表面或新创建的辅助基准平面作为草绘平面时，系统并不能给其安排合理的放置参照，此时，设计人员要根据系统提示选取合适的基准平面或已有模型特征表面作为草绘平面放置参照。

3.2

创建基准特征

基准特征是 Pro/E 的一类重要特征，主要作为三维建模的设计参照。基准特征包括各种在

特征位置创建的点、线、面以及坐标系，在 Pro/E 中被命名为基
准点、基准轴、基准曲线、基准平面和基准坐标系。基准特征是
其他特征的基础，后面加入的特征部分或全部依赖于基准特征，
故基准特征的建立和选择是非常重要的。

在 Pro/E 设计环境中，系统提供了三个正交的标准基准平
面，它们分别是 TOP 基准平面、RIGHT 基准平面、FRONT 基
准平面，另外还有一个坐标系 PRT_CSYS_DEF 和一个特征的旋
转中心，如图 3-6 所示。

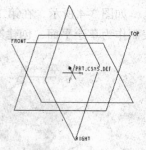

图 3-6　标准基准平面及坐标系

3.2.1　基准特征创建的方法

在零件设计模块，有两种命令调用方式可以建立基准特征。

（1）选取"插入"主菜单中的"模型基准"选项，可以利用系统弹出的菜单创建特征，如
图 3-7 所示。

（2）单击右边工具箱中的建立基准特征工具按钮，如图 3-8 所示。

图 3-7　基准特征菜单

图 3-8　基准特征工具

3.2.2　创建基准平面

基准平面是二维无限延伸、没有质量和体积的 Pro/E 基准特征，在建模时基准平面常被作
为其他特征的放置参照。基准平面不是任何实体或曲面特征的一部分，只是起到了参考作用。
创建基准平面的基本操作如下。

图 3-9　"基准平面"对话框

（1）调用基准平面命令。选取"插入"主菜单中的"模型基
准"→"平面"选项或单击 ▱（基准平面）按钮，完成基准平
面命令的调用后，系统打开"基准平面"对话框，如图 3-9 所示。

（2）选择参照。通过选取轴、边、曲线、基准点、端点、已
经建立或存在的平面或圆锥曲面等几何图形作为建立新的基准平
面的参照。在选取参照时，按住 Ctrl 键可以选取多个参照。

（3）设置约束。约束用来控制新建基准平面和其参照之间的
关系，系统提供了 6 种约束供用户选择，它们分别是"通过"、"法
向"、"平行"、"偏移"、"角度"和"相切"。其各个约束的具体含义介绍如下。

①"通过"：通过一个轴、棱线、曲线、基准点、顶点、平面或坐标系来约束新建的基准平面。

②"法向"：通过一个与其（新建的基准平面）垂直的轴、棱线、曲线或曲面来约束新建的基准平面。

③"平行"：通过一个与其平行的平面来约束新建的基准平面。

④"偏移"：通过选取某一平面或坐标系作为参照并设置偏移距离的方法来约束新建的基准平面。

⑤"角度"：通过选取某一平面作为参照并设置该平面和新建基准平面之间夹角的方法来约束新建基准平面。

⑥"相切"：通过选取某一圆柱面作为参照并定义该圆柱面和新建基准平面之间为相切关系的方法来约束新建基准平面。

下面通过一个例子来说明基准平面创建的操作过程。

（1）单击 ╱ （基准平面）按钮，打开"基准平面"对话框。

（2）选取如图 3-10 所示的平面作为参照，在"基准平面"对话框里设置"偏移"约束，输入偏移距离为 50，完成后的"基准平面"对话框如图 3-11 所示。

（3）在"基准平面"对话框里单击"确定"按钮。新创建的基准平面特征 DTM2 如图 3-12 所示。

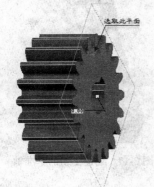

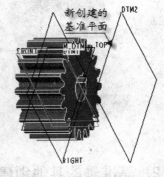

图 3-10　选取参照平面　　　图 3-11　"基准平面"对话框　　　图 3-12　创建了新的基准平面

3.2.3　创建基准轴

如同基准平面一样，基准轴也是用作其他特征创建的参照基准。基准轴在创建基准平面、放置同轴项目和创建旋转阵列特征方面特别有用。在圆柱体、孔、旋转特征中，其中心线即基准轴。在通过拉伸特征生成一个圆柱体或将一个剖面通过旋转特征生成旋转体时，基准轴将自动产生并作为其中心线。

1. 基准轴的创建过程

基准轴的创建过程和基准平面的创建过程基本相同，下面举例说明。

（1）选取"插入"主菜单中的"模型基准"→"轴"选项或单击 ╱ （基准轴）按钮，完成基准轴命令的调用后，系统打开"基准轴"对话框，如图 3-13 所示。

（2）选取如图 3-14 所示的平面作为参照，设置约束方式为"法向"。然后使用鼠标单击"基准轴"对话框中的"偏移参照"栏的白色区域，则"偏移参照"栏被激活，接着按住 Ctrl 键依次选取如图 3-14 所示的两条边作为偏移参照。

图 3-13 "基准轴"对话框   图 3-14 选取参照

（3）按照图 3-15 所示的偏移距离时基准轴进行定位，完成后的"基准轴"对话框如图 3-16 所示。

（4）完成以上操作后，在"基准轴"对话框里，单击"确定"按钮，新创建的基准轴如图 3-17 所示。

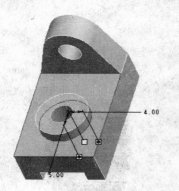

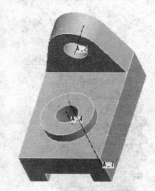

图 3-15 定位   图 3-16 "基准轴"对话框   图 3-17 创建了新的基准轴

2. 基准轴的其他创建方法

创建基准轴的方法还有很多，下面介绍一些常用的方法。

（1）建立通过实体棱线的基准轴。选取实体的棱线作为参照，约束方式选择"穿过"。

（2）建立垂直于某个基准平面并过该基准平面内某一点的基准轴。参照选取该基准平面和该基准平面上的某个基准点。

（3）在相交平面轴线处创建基准轴。参照选取两个相交的基准平面。

（4）参照是两个点，可以通过这两个点建立基准轴。

（5）指定某条曲线和一个基准点或该曲线的端点，可以建立通过基准点或该曲线的端点的相切于曲线的基准轴。

3.2.4　创建基准曲线

基准曲线主要用来建立几何的线结构，具体功能包括作为曲面特征的边线来创建和修改曲面，作为扫描轨迹或定义制造程序的切削路径。

选取"插入"主菜单中的"模型基准"→"曲线"选项或单击 〜（基准曲线）按钮，完成基准轴命令的调用后，系统打开"曲线选项"对话框，如图 3-18 所示。

"曲线选项"菜单中有 4 个选项，代表 4 种创建基准曲线的方法，其各自的具体含义介绍如下。

（1）"经过点"：通过多个基准点来建立基准曲线。

（2）"自文件"：通过输入一个文件创建基准曲线，可以由一个或多个曲线段组成，且多个曲线段可以不相连。可输入 Pro/E 的文件有 ".ibI"、".IGES"、".SET" 或 "VDA"。

（3）"使用剖截面"：通过使用某个横截面的边界建立基准曲线。

（4）"从方程"：输入方程式以建立新的基准曲线。

下面以"经过点"方式来创建基准曲线为例，详细讲述基准曲线的创建方法。

（1）单击 〰（基准曲线）按钮，系统打开"曲线选项"对话框，参考图 3-18。在该菜单中依次选取"经过点"和"完成"选项。系统打开如图 3-19 所示的内容。

（2）根据系统提示，在模型上依次选取如图 3-20 所示的两个点，然后在"选取"对话框中单击"确定"按钮，如图 3-21 所示。在"连接类型"菜单中选取"完成"选项。如图 3-22 所示。

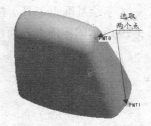

图 3-18 "曲线选项"菜单　　图 3-19 "曲线：通过点"对话框　　图 3-20 选取两个点

（3）接着单击"曲线：通过点"对话框中的"确定"按钮，最后创建的基准曲线如图 3-23 所示。

图 3-21 "选取"对话框　　图 3-22 "连接类型"对话框　　图 3-23 创建了新的基准曲线

3.2.5　创建基准点

基准点和其他基准特征一样，其作用也是作为其他特征创建的参照。只是基准点一般只能作为创建基准曲线或基准平面的参照，而不能单独作为创建其他实体特征的参照。基准点在 Pro/E 建模设计模块中的应用也非常广泛。创建基准点的方法主要有 3 种，其具体创建操作过程如下。

1. 偏移法

（1）单击 ××（基准点工具）按钮，系统打开如图 3-24 所示的"基准点"对话框。

（2）根据系统提示，按住 Ctrl 键依次选取如图 3-25 所示的两个基准平面 RIGHT 和 DTM3 作为参照，完成后的"基准点"对话框如图 3-26 所示。

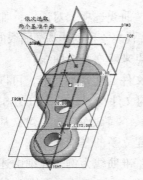

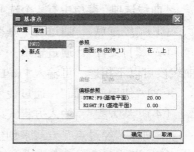

图 3-24 "基准点"对话框　　　图 3-25 定位　　　图 3-26 "基准点"对话框

（3）在"基准点"对话框中单击"确定"按钮关闭对话框，最后创建的基准点如图 3-27 所示。

2. 草绘法

单击 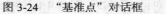（草绘基准点工具）按钮，系统打开如图 3-28 所示的"草绘的基准点"对话框。选择如图 3-29 所示的零件上表面作为草绘平面，系统自动选择 RIGHT 面作为"右"参照。

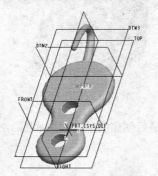

图 3-27 创建了新的基准点　　图 3-28 "草绘的基准点"对话框　　图 3-29 选择草绘平面

单击"草绘"按钮。进入草绘界面，在草绘界面用点工具绘制如图 3-30 所示的 5 个点。单击 ✔ 按钮完成草绘。完成后的基准点如图 3-31 所示。

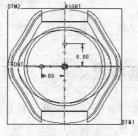

图 3-30 草绘点　　　　图 3-31 创建了新的基准点

3. 偏移坐标系基准点

单击 ⤫（偏移坐标系基准点）按钮，打开如图 3-32 所示的"偏移坐标系基准点"对话框。单击模型中的坐标系 PRT_CSYS_DEF，如图 3-33 所示。回到如图 3-32 所示的对话框中输入沿着 3 个坐标方向的偏移距离。单击"确定"按钮，完成新的基准点如图 3-34 所示。

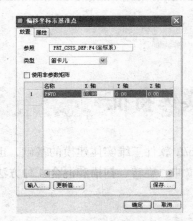

图 3-32　"偏移坐标系基准点"对话框　　图 3-33　选择坐标系　　图 3-34　创建了新的基准点

3.2.6　创建基准坐标系

创建基准坐标系也是非常有用的，可以为其他特征作为参照。常用的创建方法有两个。

（1）3 个互相垂直的面创建坐标系。选择 3 个互相垂直的平面就可以建立新的坐标系。如图 3-35 和图 3-36 所示。

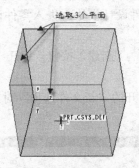

图 3-35　创建坐标系　　　　　　　　　图 3-36　"坐标系"对话框

（2）2 个互相垂直的边创建坐标系。如图 3-37 和图 3-38 所示，选择两个相互垂直的棱边就可以建立新的坐标系。

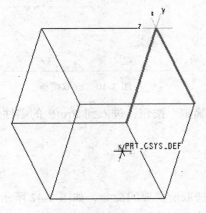

图 3-37　选取两个边　　　　　　　　　图 3-38　"坐标系"对话框

3.3

创建基础实体特征

基础实体特征在 Pro/E 实体建模中处于基础地位，是 Pro/E 软件三维实体建模的基础，也是三维实体建模中使用频率最高的特征。本节主要讲述使用拉伸、旋转、扫描和混合 4 种方法创建实体特征的一般过程。

3.3.1　概述

本节从零件设计环境的进入、基础实体特征命令的调用和基础实体特征生成原理三方面逐一讲述。

1．进入零件设计环境

Pro/E 三维实体建模主要在零件设计环境中完成，基础实体特征在三维实体建模中处于基础地位，故创建基础实体特征首先要进入 Pro/E 的零件设计模块。进入零件设计模块的操作如下。

（1）在"文件"主菜单中选取"新建"选项或单击 □（新建）按钮，打开"新建"对话框，然后取消"使用缺省模板"的勾选，如图 3-39 所示。

（2）单击"新建"对话框中的"确定"按钮，在打开的"新文件选项"对话框的模板列表中选取"mmns_part_solid"选项，如图 3-40 所示。

图 3-39　"新建"对话框

图 3-40　选取模板

（3）完成以上操作后在该对话框中单击"确定"按钮，进入到 Pro/E 的零件设计环境，如图 3-41 所示。

2．基础实体特征命令的调用

（1）菜单调用方式：在"插入"主菜单中选取所需要的命令，如图 3-42 所示。

（2）按钮调用方式：单击右工具箱中的快捷命令按钮，如图 3-43 所示。

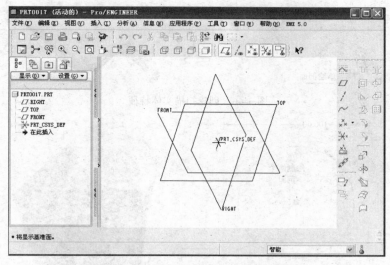

图 3-41　零件设计环境

图 3-42　菜单调用基础实体特征命令

图 3-43　快捷命令按钮

3．基础实体特征生成原理

（1）拉伸：将草绘剖面沿着垂直于绘图平面的一个或相对两个方向拉伸所生成的实体特征，如图 3-44 所示。

（2）旋转：将草绘剖面绕指定轴线旋转生成的实体特征，如图 3-45 所示。

图 3-44　创建拉伸实体特征　　　　　　　　图 3-45　创建旋转实体特征

（3）扫描：将草绘剖面沿着指定的或草绘的扫描轨迹生成实体特征，如图 3-46 所示。

（4）混合：将两个或多个草绘截面混合后连接生成实体特征，如图 3-47 所示。

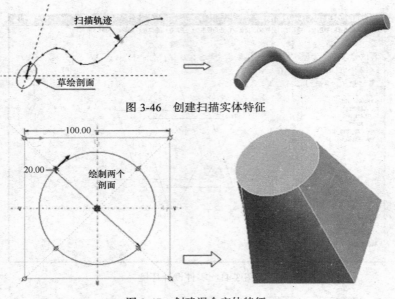

图 3-46　创建扫描实体特征

图 3-47　创建混合实体特征

3.3.2　创建拉伸实体特征

单击 （拉伸）按钮，系统在设计界面底部打开拉伸设计操控板，拉伸实体特征创建过程中所需要设置的各个参数都在此操控板上完成，该操控板上各个功能按钮的具体含义如图 3-48 所示。

对于一个拉伸实体特征来说，是通过草绘剖面和拉伸深度来完全确定特征的形状和大小的，因此拉伸深度的设置在拉伸实体特征的创建中是非常重要的。单击拉伸操控板上 （拉伸）按钮旁边的·按钮，打开如图 3-49 所示的深度设置工具条。在工具条中选用不同的工具按钮可以使用不同参数设置特征深度，下面介绍深度设置工具条上各个工具按钮的具体含义。

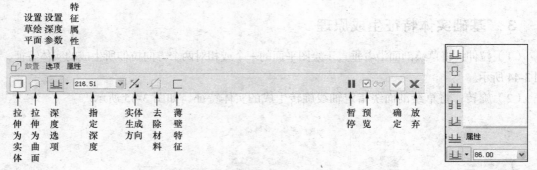

图 3-48　拉伸设计操控板　　　　　　图 3-49　深度设置工具条

（1） ：从草绘平面以指定深度值拉伸，可直接在按钮右侧的文本框中输入特征深度。

（2） ：指定深度值的一半，特征向草绘平面的两侧拉伸。

（3） ：特征拉伸至其生成方向上下一个曲面为止。

（4） ：特征穿透模型，一般用于创建切减材料特征切透所有材料。

（5） ：特征以指定曲面为参照，拉伸到该曲面为止。

（6） ：特征以选定的点、线、平面或曲面作为参照，拉伸到该参照为止。

对于双侧不对称拉伸（即两侧拉伸深度不同），可以分别指定两侧的拉伸深度。其操作为单击拉伸设计操控板上的**选项**按钮。打开深度设置参数面板，如图 3-50 所示。用户可以根据需要在该面板上设置拉伸生成的深度。

下面通过一个简单的拉伸实体来介绍拉伸实体特征的创建过程。

1. 新建零件文档

（1）单击 □（新建文档）按钮打开"新建"对话框。在"类型"选项组中选取"零件"选项，在"子类型"选项组中选取"实体"选项，在"名称"文本框里输入零件名称"Cylinder"。

（2）取消"使用缺省模板"选项的勾选，单击"确定"按钮。系统打开"新建文件"选项对话框，选取其中的"mmns_part_solid"选项，单击"确定"按钮进入三维实体建模环境。

2. 创建第 1 个拉伸实体特征

（1）单击 □（拉伸）按钮，系统在设计界面底部打开拉伸设计操控板，单击**放置**按钮，单击其中的 `定义...` 按钮打开"草绘"对话框，选取 FRONT 基准平面作为草绘平面，使用默认的参照放置草绘平面。

（2）完成后的"草绘"对话框如图 3-51 所示。然后在"草绘"对话框中单击 `草绘` 按钮，进入草绘模块。

（3）关闭系统打开的"参照"对话框，在草绘模块中绘制如图 3-52 所示的拉伸剖面图，完成后单击 ✔ 按钮，退出草绘模块。接着在拉伸设计操控板上按照如图 3-53 所示进行设置。

图 3-50　深度设置参数面板

图 3-51　"草绘"对话框

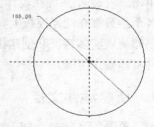

图 3-52　草绘

（4）完成以上操作以后，在拉伸设计操控板上单击 ✔ 按钮，完成设计如图 3-54 所示。

3. 创建第 2 个拉伸实体特征

（1）单击 □（拉伸）按钮，系统在设计界面底部打开拉伸设计操控板，单击**放置**按钮，单击其中的 `定义...` 按钮，打开"草绘"对话框，选取圆柱体的前端面作为草绘平面，如图 3-55 所示。

图 3-53　选择拉伸深度

图 3-54　完成的拉伸实体特征

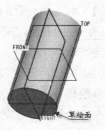

图 3-55　选取草绘面

使用默认的参照（RIGHT 面作右参照）放置草绘平面，单击"草绘"对话框中的"草绘"按钮，进入草绘界面。在草绘界面绘制如图 3-56 所示的图形，完成后单击 ✔ 按钮，退出草绘模块。接着在拉伸设计操控板上按照图 3-57 所示进行设置。

（2）完成以上操作以后，在拉伸设计操控板上单击 ✔ 按钮，完成设计如图 3-58 所示。

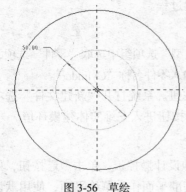

图 3-56　草绘　　　　　　　　　图 3-57　拉伸深度及拉伸方式设置　　图 3-58　创建拉伸实体特征

3.3.3　创建旋转实体特征

旋转特征是草绘剖面围绕旋转中心旋转而成的特征，具有轴对称性（即沿中心线剖开，在中心轴两侧的剖面呈对称状态）。

单击 ✥ 按钮，系统在设计界面底部打开旋转设计操控板，旋转实体特征创建过程中所需设置的各个参数都在此操控板上完成，该操控板上各个功能按钮的具体含义如图 3-59 所示。

创建旋转实体特征和创建拉伸实体特征的操作过程大致相同，在此举例说明创建旋转实体特征的具体操作步骤。

1．新建零件文档

（1）单击 ▯（新建文档）按钮打开"新建"对话框。在"类型"选项组中选取"零件"选项，在"子类型"选项组中选取"实体"选项，在"名称"文本框里输入零件名称"Bottle"。

（2）取消"使用缺省模板"选项的勾选，单击"确定"按钮。系统打开"新建文件"选项对话框，选取其中的"mmns_part_solid"选项，单击"确定"按钮进入三维实体建模环境。

2．创建旋转实体特征

（1）单击 ✥ 按钮，系统在设计界面底部打开旋转设计操控板，单击 放置 按钮，单击其中的 定义... 按钮打开"草绘"对话框，选取 FRONT 基准平面作为草绘平面，使用默认的参照放置草绘平面。

（2）完成后的"草绘"对话框如图 3-60 所示。然后在"草绘"对话框中单击 草绘 按钮，进入草绘模块。

在草绘界面里，完成如图 3-61 所示的图形，然后单击 ✔ 按钮，退出草绘模块。按照如图 3-62 所示选择旋转选项，在旋转操控板上单击 ✔ 按钮，完成设计如图 3-63 所示。

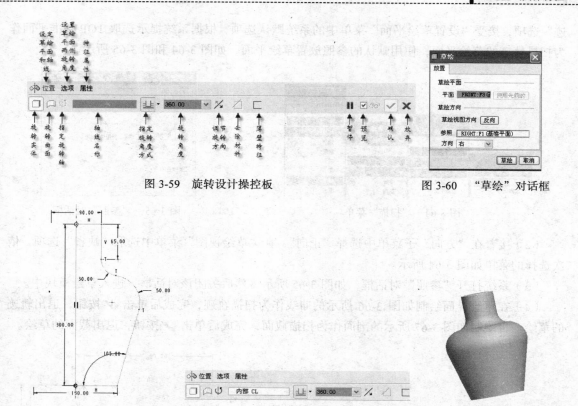

图 3-59　旋转设计操控板

图 3-60　"草绘"对话框

图 3-61　草绘　　　　　　图 3-62　旋转设计操控板　　　图 3-63　创建的旋转实体特征

在创建旋转实体特征时，必须使用┊工具绘制中心线，同时草绘的选择剖面必须是封闭曲线并位于选择中心线的一侧。

3.3.4　创建扫描实体特征

扫描实体特征是通过草绘或选取扫描轨迹，将草绘剖面沿该扫描轨迹扫描所形成的特征。在"插入"主菜单中选择"扫描"选项，打开"扫描"特征类型菜单，如图 3-64 所示。扫描特征类型可以分为"伸出项"、"切口"、"曲面"等。

扫描类型虽然较多，但其创建方法基本相同，下面通过一个实例来讲述扫描实体特征的创建方法。

1. 新建零件文档

（1）单击 □ （新建文档）按钮打开"新建"对话框。在"类型"选项组中选取"零件"选项，在"子类型"选项组中选取"实体"选项。

（2）取消"使用缺省模板"选项的勾选，单击"确定"按钮。系统打开"新建文件"选项对话框，选取其中的"mmns_part_solid"选项，单击"确定"按钮进入三维实体建模环境。

2. 创建旋转实体特征

（1）在"插入"主菜单中选择"扫描"→"伸出项"，在"扫描轨迹"菜单中选取"草绘轨迹"选项，接受"设置草绘平面"菜单中的系统默认选项，根据系统提示选取 TOP 基准平面作为扫描轨迹的草绘平面，使用默认的参照放置草绘平面，如图 3-64 和图 3-65 所示。

图 3-64　"扫描"菜单

图 3-65　"参照"对话框

（2）接着在"方向"子菜单中选择"正向"，在"草绘视图"菜单中选取"缺省"选项，依次选择的菜单如图 3-64 所示。

（3）系统打开"参照"对话框，如图 3-65 所示。然后关闭该对话框，进入草绘模块中。

（4）在草绘界面绘制如图 3-66 所示的曲线作为扫描轨迹，完成后单击✔按钮，退出轨迹的草绘。再绘制如图 3-67 所示的剖面作为扫描截面，完成后单击✔按钮，退出截面的草绘。

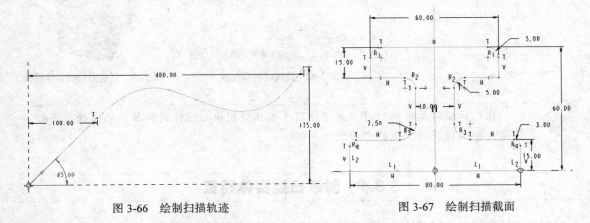

图 3-66　绘制扫描轨迹　　　　　　　　　　　图 3-67　绘制扫描截面

（5）完成以上操作后，在如图 3-68 所示的"伸出项：扫描"对话框中单击"确定"按钮，最后完成的扫描实体特征如图 3-69 所示。

图 3-68　"伸出项：扫描"对话框

图 3-69　创建的旋转实体特征

3.3.5　创建混合实体特征

混合实体特征由一系列（至少两个）平面截面组成，Pro/E 将这些平面截面在其边处用过渡曲面连接形成一个连续特征。在"插入"主菜单里选取"混合"选项，打开"混合"特征类型菜单，如图 3-70 所示。混合特征类型可以分为"伸出项"、"切口"、"曲面"等。

在"插入"主菜单中依次选取"混合"→"伸出项"选项，系统打开"混合选项"菜单，如图 3-71 所示。该菜单提示了 3 种创建混合特征的模式，它们分别是"平行"、"旋转的"和"一般"。各种方式的含义介绍如下。

图 3-70　混合实体特征命令　　　　图 3-71　"混合选项"菜单

（1）"平行"：所有混合截面都位于截面草绘中的多个平行平面上。通过该方式创建混合特征时，用户可以在同一草绘绘制窗口绘制所有的平面（不同平面之间只需通过"切换剖面"命令切换），然后指定各个平面之间的距离即可。

（2）"旋转的"：混合截面可以绕 Y 轴旋转，最大旋转角度可达 120°，每个截面都单独草绘并用截面坐标系来约束对齐。

（3）"一般"：混合截面可以绕 X 轴、Y 轴、Z 轴旋转，也可以沿着这 3 个轴平移。每个截面都单独草绘并用截面坐标系来约束对齐。

混合特征使用的截面主要有以下 4 种，其各自的功能和具体含义如下。

（1）"规则截面"：特征截面使用草绘平面。

（2）"投影截面"：指定某一曲面在参照平面上的投影作为截面建立混合特征。该选项只能用于平行混合。

（3）"选取截面"：选取截面图元作为截面建立混合特征。该选项对平行混合无效。

（4）"草绘截面"：在草绘模式下草绘截面图元建立混合特征。

混合实体特征的创建相对于其他基础实体建模来说比较复杂，在此以创建平行混合实体特征为例，来讲述混合实体特征的创建方法。

1．新建零件文档

（1）单击 ▯（新建文档）按钮打开"新建"对话框。在"类型"选项组中选取"零件"选项，在"子类型"选项组中选取"实体"选项。

（2）取消"使用缺省模板"选项的勾选，单击"确定"按钮。系统打开"新建文件"选项对话框，选取其中的"mmns_part_solid"选项，单击"确定"按钮进入三维实体建模环境。

2．创建混合实体特征

（1）在"插入"主菜单中依次选取"混合"→"伸出项"选项，系统打开"混合选项"菜单，依次选取"平行"、"规则截面"、"草绘截面"和"完成"选项。打开"属性"菜单，在其中选取"光滑"和"完成"选项，接受"设置草绘平面"菜单中系统提供的默认选项，如图 3-72 所示。

（2）根据系统提示选择 TOP 面作为草绘平面，在"方向"子菜单中选取"正向"选项，在"草绘视图"子菜单中选择"缺省"选项，依次选取的菜单如图 3-72 所示。

（3）进入草绘界面，在这里绘制如图 3-73 所示的剖面图作为第一个混合截面。然后在"草绘"主菜单中依次选择"特征工具"和"切换剖面"选项，此时刚刚绘制的第一个剖面的颜色变淡，再绘制如图 3-74 所示的剖面作为第二个混合截面。再次切换截面，绘制如图 3-75 所示的剖面图作为第三个剖面。完成后单击 ✔ 按钮，退出截面的草绘。

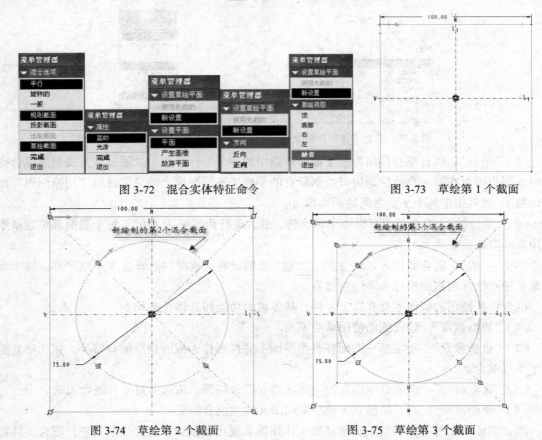

图 3-72　混合实体特征命令　　　　　　　　　图 3-73　草绘第 1 个截面

图 3-74　草绘第 2 个截面　　　　　　　　　图 3-75　草绘第 3 个截面

（4）根据系统提示输入截面 2 的深度为 150，然后按回车键。接着根据提示输入截面 3 的深度为 100，完成后按回车键。

（5）完成以上操作后，在如图 3-76 所示的"伸出项：混合，平行，规则截面"对话框里单击"确定"按钮，最后创建的混合实体特征如图 3-77 所示。

图 3-76　"伸出项：混合，平行，规则截面"对话框　　　图 3-77　完成的混合特征

3.3.6　基础实体特征的编辑

Pro/E 软件为用户提供了强大的特征编辑功能，这就为用户修改产品造型参数提供了方便。

在 Pro/E 中，如果要修改某一特征的相关尺寸，只需要通过编辑功能就可以实现，不需要删除该特征再重新绘制。

在 Pro/E 中，常用的特征编辑方法有两种，即"编辑"和"编辑定义"。其各自适用的范围和方法如下。

1．特征的编辑

该编辑方法只能修改特征的相关尺寸，不能修改特征的整体形状，如不能把矩形拉伸截面修改为圆形拉伸截面。其使用方法如下。

（1）在"模型树"上选择某个特征，然后单击鼠标右键，在出现的快捷菜单中选取"编辑"，如图 3-78 所示，或者直接在模型上双击（如无特殊说明，"双击"指"双击鼠标左键"）该特征，该特征的相关尺寸显示出来，如图 3-79 所示。

（2）双击要修改的尺寸，然后输入新的尺寸并按回车键。例如图 3-79 中修改尺寸"100"为"150"。

（3）完成上述操作后，在"编辑"主菜单中选取"再生"选项或单击 （再生）按钮，最后编辑修改的结果如图 3-80 所示。

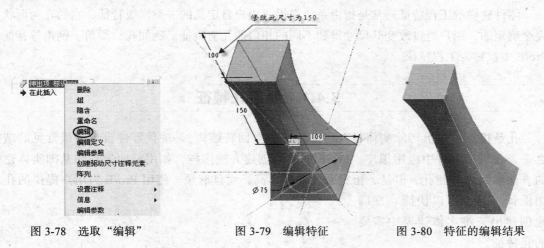

图 3-78　选取"编辑"　　　　图 3-79　编辑特征　　　　图 3-80　特征的编辑结果

2．特征的编辑定义

这种编辑方法不仅可以修改特征的相关尺寸，而且还能对特征的其他相关参数（如截面或轨迹等）进行修改。其操作方法如下。

（1）在"模型树"上选择某个特征，然后单击鼠标右键，在出现的快捷菜单中选取"编辑定义"。

（2）在图 3-81 中的"伸出项：混合，平行，规则截面"菜单中，选择"截面"，然后单击"定义"按钮。

（3）进入到如图 3-82 的截面草绘界面，切换截面到第 3 截面，将原来的正方形改为圆形，完成后单击 ✔ 按钮，退出截面的草绘。

（4）单击"伸出项：混合，平行，规则截面"菜单中的"确定"按钮，完成的编辑结果如图 3-83 所示。

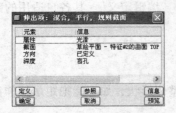

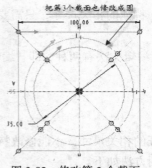

图 3-81　选择截面进行编辑定义　　　图 3-82　修改第 3 个截面　　图 3-83　特征的编辑结果

3.4 创建工程特征

　　零件建模的工程特征通常是指由系统提供或用户自定义的一类模板特征，它的几何形状是完全确定的，用户通过改变其尺寸得到不同的相似的几何特征。例如孔、圆角、倒角等特征在 Pro/E 中被称为工程特征。

3.4.1　创建孔特征

　　孔是指在模型上切除实体材料后留下的中空回转结构，是现代零件设计中最常见的结构之一，在机械零件中应用很广。Pro/E 中孔的创建方法多样，如用前面学到的基础实体建模的方法都可以创建孔，但是，相对来讲效率不高，而且麻烦。使用 Pro/E 为用户提供的孔专用设计工具，可以快捷、准确地创建出三维实体建模中需要的孔特征。

　　在"插入"主菜单中依次选取"孔"选项，或者单击右边工具箱中的　（孔）按钮，打开孔设计操控板，如图 3-84 所示。

图 3-84　孔设计操控板

　　根据孔的形状、结构和用途以及是否标准化等条件，Pro/E 将孔的特征分为直孔和标准孔两种类型，下面分别对这两种孔的具体设计方法给予简单介绍。

1.　直孔的设计

　　直孔是一种最简单也是实际设计中最常用的孔。在 Pro/E 中根据直孔截面的不同又分为"简单"和"草绘"两种，其各自的含义如下。

　　（1）"简单"：表明这个孔具有单一的直径参数，结构简单，设计时只需指定孔的直径和深度及孔在实体表面上的定位参数即可。

（2）"草绘"：表明这种孔结构可以由用户自定，用户可以通过单击▨按钮来草绘孔的形状（通过绘制旋转轴和旋转剖面来定义孔的形状），然后再定义孔的放置位置即可。

创建孔特征的关键步骤之一就是孔的定位，下面简单介绍孔的定位操作。

（1）选择主参照：主参照可以是基准平面、模型上的平面或轴线。

（2）设置孔的放置类型：系统为用户提供了3种放置类型可供选择，其具体含义如下。

①"线性"：选择两个次参照或两个线性尺寸来确定孔在主参照平面内的位置，该选项仅当选取平面作为主参照时可以用。

②"径向"：指定一个线性尺寸和一个角度尺寸来确定孔的放置位置。

③"直径"：指定一个线性尺寸和一个角度尺寸来确定孔的放置位置，用法和"径向"相似，只是"径向"需输入半径距离，而"直径"需输入直径距离。

（3）设置次参照：在主参照和孔的放置类型确定后，孔并不能准确定位，此时需要在"次参照"栏单击鼠标左键将其激活，然后给孔选择合适的次参照。

下面举一个实例。

（1）单击按钮打开孔设计操控板，选取如图3-85所示的轴作为放置孔的主参照，同时按住Ctrl键，选择零件的上表面作为次参照。

（2）在孔设计操控板上输入孔的直径为10，指定孔的深度为通孔（▤），完成后单击✔按钮。孔的最后设计结果如图3-86所示。

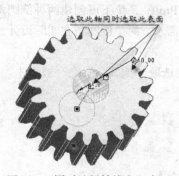

图 3-85　同时选择轴线和上表面

图 3-86　孔的设计结果

2. 标准孔的设计

标准孔是由基于工业标准紧固件表的拉伸切口组成。Pro/E 提供选取的紧固件的工业标准孔图表以及螺纹或间隙直径，用户也可创建自己的孔图表。单击孔设计操控板上的▨按钮，其上的内容显示如图3-87所示，此时可以使用图标板上的工具创建标准孔。

标准孔的创建步骤如下。

（1）确定标准孔的螺纹类型。在标准孔类型下拉列表中可以给标准孔设置不同的螺纹类型参数，系统提供了3种螺纹类型，具体介绍如下。

①"ISO"：标准螺纹，我国通用的标准螺纹。

②"UNC"：粗牙螺纹。

③"UNF"：细牙螺纹。

（2）确定标准孔的螺纹尺寸。在指定孔大小列表中选取或输入与螺纹配合的螺钉的大小。如"M1×.25"表示外径为 1 mm，螺距为 0.25 的标准螺纹。

（3）确定标准孔的螺纹深度。

（4）确定标准孔的螺纹装饰结构。单击设计图标板右边 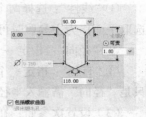 3 个按钮中的任意一个，就定义了螺纹装饰结构，如这里我们定义为埋头螺纹。然后单击图标板上的 形状 按钮，就可以看到该螺纹的结构，并可以对其结构和相关尺寸进行修改，如图 3-88 所示。

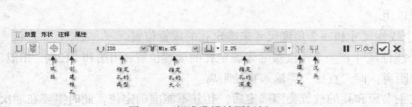

图 3-87　标准孔设计图标板

图 3-88　形状参数面板

（5）确定标准孔的定位参数。标准孔的定位参数设置方法和前面所学到的直孔的定位参数设置方法相同。

3.4.2　创建倒圆角特征

倒圆角是工程设计、制造中不可缺少的一个环节。光滑过渡的外观使产品更加精美，同时几何边缘的光滑过渡对产品机械结构性能也非常重要。Pro/E 系统下可创建两种倒圆角特征——简单圆角和高级圆角。创建何种圆角特征取决于设计的需求。简单倒圆角在实际设计过程中能满足大多数圆角结构的需求，故应用非常广泛。

打开一个已有的零件模型，在"插入"主菜单中选取"倒圆角"命令或单击 按钮，系统打开倒圆角设计操控板，如图 3-89 所示。

1．恒定圆角的设计

恒定圆角是指倒圆角特征具有单一的半径参数，用于创建尺寸均匀一致的圆角。下面举例说明恒定圆角特征的设计方法。

图 3-89　倒圆角设计操控板

（1）单击 按钮，打开倒圆角设计操控板，输入圆角半径为 20。

（2）按住 Ctrl 键依次选取如图 3-90 所示的边 1、边 2 和边 3 作为倒圆角参照。

（3）放开 Ctrl 键，然后选取边 3 作为倒圆角参照。接着在倒圆角设计操控板上输入倒圆角半径为 40。

（4）完成以上操作后，单击 按钮。最后创建的倒圆角特征如图 3-91 所示。

2．可变圆角的设计

可变圆角是指倒圆角特征具有多种半径参数，圆角尺寸沿指定方向渐变。下面举例介绍可变圆角特征的创建方法。

（1）单击 按钮，打开倒圆角设计操控板，选取如图 3-92 所示的边作为倒圆角参照。

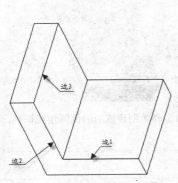

图 3-90　选取倒圆角参照

图 3-91　创建的圆角

图 3-92　选取倒圆角参照

（2）单击**设置**按钮，打开倒圆角参数面板，在 "1#" 半径处击右键，然后选取打开的 "添加半径" 选项。如图 3-93 所示。

（3）给该可变圆角添加 3 个半径并修改其半径值为如图 3-94 所示。此时模型动态显示情况如图 3-95 所示。

图 3-93　倒圆角放置参数面板

图 3-94　倒圆角放置参数面板

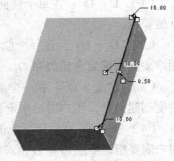

图 3-95　倒圆角放置参数

（4）完成以上操作以后，单击✔按钮，最后创建的倒圆角特征如图 3-96 所示。

3. 完全倒圆角的设计

完全倒圆角是使用倒圆角特征替换选定曲面，圆角尺寸与该曲面自动适应。通过一对边可以创建完全倒圆角，此时这一对边所构成的曲面会被删除，圆角的大小被该曲面所限制。下面通过一个例子来讲解完全倒圆角特征的设计。

（1）单击 按钮，打开倒圆角设计操控板，选取如图 3-97 所示的边作为倒圆角参照。

（2）单击**设置**按钮，打开倒圆角参数面板，在该面板上单击 完全倒圆角 按钮。

（3）完成以上操作后，单击✔按钮，最后创建的倒圆角特征如图 3-98 所示。

图 3-96　创建成功的倒圆角特征　　图 3-97　选取倒圆角参照　　图 3-98　创建成功的倒圆角特征

3.4.3　创建倒角特征

倒角是一类重要特征，该特征对边或者拐角进行斜切削。创建了基础实体特征后，在"插入"主菜单中选取"倒角"选项或单击 ![按钮] 按钮，打开倒角设计操控板，如图 3-99 所示。

Pro/E 中可创建"拐角倒角"和"边倒角"两种倒角，其各自的具体含义如下。

（1）"边倒角"：选取实体的边线作为倒角放置参数。

（2）"拐角倒角"：选取实体的顶点作为放置倒角的参照。

1．边倒角的设计

选取倒角放置参照后，将在与该边相邻的两个面间创建倒角特征。系统为用户提供了 4 种边倒角的创建方法，分别如下。

（1）"$D \times D$"：在每个曲面上距离参照边距离均为 D 处创建倒角，用户只需确定参照边和 D 值即可。

（2）"$D_1 \times D_2$"：在一个曲面距离参照边距离为 D_1，另一个边距参照边为 D_2 处创建倒角，用户要分别确定参照边和 D_1、D_2 的数值。

（3）"角度 $\times D$"：在一个曲面距参照边距离为 D 同时与另一个参照曲面之间的夹角成指定角度创建倒角，用户需要指定参照边、D 值和夹角的数值。

（4）"$45 \times D$"：创建一个倒角，它与两个曲面都成 45° 角，且与各曲面上的边距离为 D，用户需要指定参照边和 D 值。

倒角特征的创建步骤举例如下。

（1）完成基础实体特征的创建后，单击 ![按钮] 按钮，系统打开倒角设计操控板。

（2）接着在倒角设计操控板上选择倒角样式为"$45 \times D$"，输入 D 值为 10。然后根据系统提示选取如图 3-100 所示的边为倒角参照。

图 3-99　倒角设计操控板

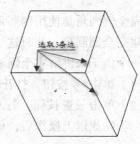

图 3-100　选取倒角参照

（3）完成以上操作后，单击 ✔ 按钮，最后创建的倒角特征如图 3-101 所示。

2. 拐角倒角的设计

拐角倒角的大小是以每条棱线上开始倒角处距顶点的距离来确定的，要输入 3 个参数。创建了基础实体特征后，在"插入"主菜单中选取"倒角"→"拐角倒角"选项，系统打开"倒角（拐角）：拐角"对话框，如图 3-102 所示。

在实体的某个顶点处创建拐角倒角时，先选取过该顶点的一条边线，系统会自动捕捉到距离鼠标单击位置最近的边线的端点作为拐角倒角的放置位置，如图 3-103 所示。

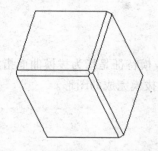
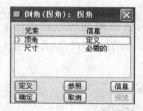
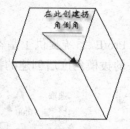

图 3-101　创建成功的倒角特征　　图 3-102　"倒角（拐角）：拐角"对话框　　图 3-103　设置拐角倒角的放置位置

选取一条边线作为拐角倒角放置参照后，该边线会被加亮，同时打开如图 3-104 所示的"选出/输入"菜单。该菜单提供了两种输入拐角倒角尺寸的方法，其各自的具体含义如下。

（1）"选出点"：在边线上选取一点作为尺寸参考点。

（2）"输入"：通过系统文本输入来确定边线长度作为倒角尺寸。

选取上述一种确定倒角尺寸的方法确定倒角的尺寸。然后选取第 2 条边线作为拐角倒角放置参照并确定倒角的尺寸，接着使用同样的方法选取第 3 条边线并确定倒角的尺寸，最后在"倒角（拐角）：拐角"对话框中单击 确定 按钮，完成拐角倒角的创建。其拐角倒角的创建过程如图 3-105 所示。

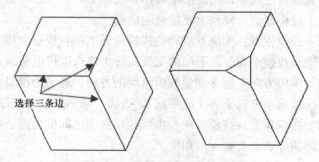

图 3-104　"选出/输入"菜单　　　　　图 3-105　拐角倒角的创建过程

3.4.4　创建拔模特征

在进行产品的结构设计时，特别是注塑件和铸件的结构设计时，往往需要在平行于开模方向的面上设计拔模斜度才能顺利脱模。Pro/E 提供了丰富的拔模斜面功能，该功能也是后面学习 Pro/E 模具设计的基础。系统提供的拔模斜度范围为-30°～30°。

在"插入"主菜单中选取"拔模"选项或单击 按钮，系统打开拔模设计操控板，如

图 3-106 所示。

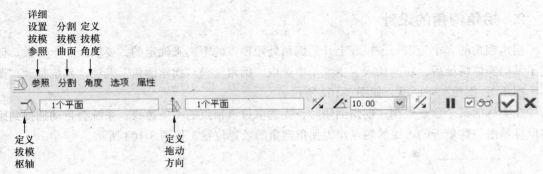

图 3-106 拔模设计操控板

Pro/E 系统提供了基本拔模和可变拔模两种拔模类型。基本拔模特征是指为拔模曲面指定单一的拔模角度后创建的拔模特征，如图 3-107 所示。图 3-108 为拔模完成的图形。

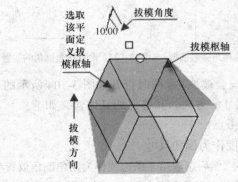

图 3-107 基本拔模设计

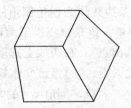

图 3-108 创建的拔模特征

拔模设计过程中常用的术语具体含义如下。

（1）拔模曲面：模型上要拔模的曲面。

（2）拔模枢轴：围绕其旋转的拔模曲面上的直线或曲线。可通过选取平面（在此情况下拔模曲面围绕拔模平面与此平面的交线旋转）或选取拔模曲面上的单个曲线链来定义拔模枢轴。

（3）拔模方向：用于测量拔模角度的方向，通常为模具的开模方向。可通过选取平面（在这种情况下拖动方向垂直于此平面）、直边、基准轴或者坐标系来定义它。

（4）拔模角度：拔模方向与生成拔模曲面之间的角度。如果拔模曲面被分割，则可为拔模曲面的两侧分别定义独立的角度。

3.4.5 创建壳特征

壳特征可将实体内部掏空，只留一个特定壁厚的壳。在创建壳特征时，用户可以指定要从壳移除的一个或多个曲面。如果未选取要移除的曲面，则会创建一个封闭壳，将模型的整个内部掏空，且空心部分没有入口。

在"插入"主菜单中选取"壳"选项或单击 ⬚ 按钮，系统打开了壳设计操控板，如图 3-109 所示。下面通过一个例子来详细说明壳特征的设计过程。

（1）单击按钮打开壳设计操控板，在壳设计操控板上输入壳的厚度为1.5。

（2）选取如图3-110所示的曲面作为移除曲面，完成后的壳特征放置参数面板如图3-111所示。

图 3-109　壳设计操控板

图 3-110　选取移除面

（3）单击 按钮调整壳特征的生成方向如图3-112所示。完成后单击 按钮，创建的壳特征如图3-113所示。

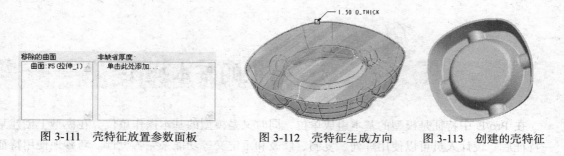

图 3-111　壳特征放置参数面板

图 3-112　壳特征生成方向

图 3-113　创建的壳特征

3.4.6　创建筋特征

筋特征是设计中连接到实体表面的薄翼或腹板伸出项。筋通常用来加固设计中的零件，也常用来防止零件出现不需要的折弯。在"插入"主菜单中选取"筋"选项或单击 按钮，系统打开了筋设计操控板，如图3-114所示。

下面通过一个例子来详细讲述筋特征的设计过程。

（1）单击 按钮打开筋设计操控板，单击参照按钮打开参照面板，单击定义.按钮打开"草绘"对话框。

（2）根据系统提示选取如图3-115所示的RIGHT面为草绘面，使用默认的TOP面为"顶"参照，完成后的"草绘"对话框如图3-116所示。

图 3-114　筋设计的操控板

图 3-115　选取草绘平面

（3）在草绘界面选择草绘参照后关闭参照对话框。绘制如图 3-117 所示的线条（只画一条线）。

（4）完成草绘后单击 ✔ 按钮，退出草绘。然后在筋设计操控板上单击 ╱ 按钮调整筋生成方向。

（5）在筋设计操控板上输入筋的厚度为 3，完成上述操作后单击 ✔ 按钮，创建的筋特征如图 3-118 所示。

图 3-116　草绘对话框

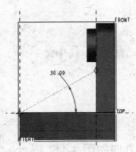

图 3-117　草绘

图 3-118　创建的筋特征

3.5

特征的基本操作

在 Pro/E 中特征是模型的基本组成单位，同时又是模型的基本操作单位。在模型上创建某一特征后，设计人员可以使用阵列、复制、修改和重定义等功能来完善设计。巧妙地使用特征的各项操作方法不仅可以简化设计过程，而且可以轻松地实现设计意图。

3.5.1　特征的复制

通过特征的复制命令可以准确复制现有的一个或多个特征并给予其准确定位。使用该命令可以避免重复设计，提高设计效率。

在“编辑”菜单里选取“特征操作”选项，系统弹出如图 3-119 所示的“特征”菜单，通过该菜单可以完成特征的常用操作。接着在“特征”菜单中选取“复制”选项，弹出如图 3-120 所示的“复制特征”菜单，从该菜单中选取特征复制方法并复制参数。

图 3-119　“特征”菜单

图 3-120　“复制特征”菜单

"新参考"、"相同参考"、"镜像"和"移动"4个选项用来指定特征的复制方法，其各自的含义如下。

（1）"新参考"：创建复制特征时，重新设定特征的所有参照。

（2）"相同参考"：使用原特征的所有参照创建复制特征。

（3）"镜像"：创建原特征关于选定参照对称的新特征。

（4）"移动"：将原特征按照指定方式进行平移或旋转创建新特征。

"选取"、"所有特征"和"不同模型"等5个选项用于指定特征的来源，其各自的具体含义如下。

（1）"选取"：从模型上直接选取特征。

（2）"所有特征"：把模型的所有特征作为复制对象，该选项仅在"镜像"和"移动"选项被选中时才可以使用。

（3）"不同模型"：从不同模型上选取特征进行复制，仅在"新参考"选项被选中的情况下才可以使用。

（4）"自继承"：使用继承方式复制特征。

"独立"和"从属"用于指定复制后的新特征与原特征之间的关系，其各自的含义如下。

（1）"独立"：选用此方式，复制后的新特征与原特征之间不再关联，故对原特征的修改操作不会影响到新特征，反之亦然。

（2）"从属"：选用此方式，复制后的新特征与原特征之具有关联，故对原特征的修改操作会反映到新特征，反之亦然。

复制在 Pro/E 上分为镜像复制、平移复制和旋转复制，这几种复制特征的创建方法都很常用。下面举例说明其各自的详细设计步骤。

1. 创建旋转复制特征

（1）在"编辑"菜单里选取"特征操作"选项，系统弹出"特征"菜单，通过该菜单可以完成特征的常用操作。接着在"特征"菜单中选取"复制"选项，从该菜单中选取"移动"、"选取"和"从属"选项，然后选取"完成"选项。

（2）根据系统提示选取如图 3-121 所示的特征作为操作对象，然后在"选取特征"菜单中选取"完成"选项。接着在系统打开的"移动特征"菜单中选取"旋转"选项，再在"选取方向"菜单中选取"曲线/边/轴"选项。根据系统提示选取如图 3-122 所示的"A_2"轴作为参照。

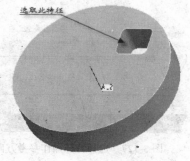
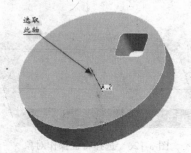

图 3-121　选取复制特征　　　　　　图 3-122　选取旋转轴

（3）在系统打开的"方向"菜单中选取"正向"选项，再根据系统提示输入旋转角度为100°，然后按回车键。在打开的"组可变尺寸"菜单中选取"完成"选项。从进入"编辑"菜单里选取"特征操作"选项开始，到最后完成复制过程依次选取的菜单，如图 3-123 所示。

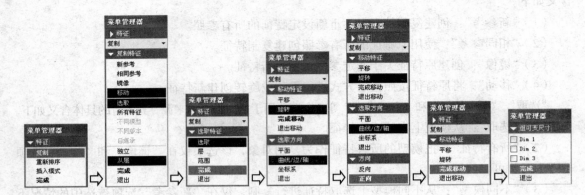

图 3-123　依次选取的菜单

（4）完成以上操作后，在如图 3-124 所示的"组元素"对话框中单击 确定 按钮，最后创建的旋转复制特征如图 3-125 所示。

图 3-124　"组元素"对话框

图 3-125　创建的复制特征

2．创建平移复制特征

（1）在"编辑"菜单里选取"特征操作"选项，系统弹出"特征"菜单，接着在"特征"菜单中选取"复制"选项，弹出"复制特征"菜单，从该菜单中选取"移动"、"选取"和"从属"选项，然后选取"完成"选项。

（2）根据系统提示选取如图 3-126 所示的特征作为操作对象，然后在"选取特征"菜单中选取"完成"选项。接着在系统打开的"移动特征"菜单中选取"平移"选项，再在"选取方向"菜单中选取"平面"选项。根据系统提示选取如图 3-127 所示的 RIGHT 面作为参照。

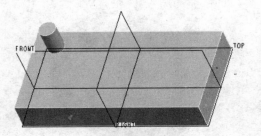

图 3-126　选择特征操作对象

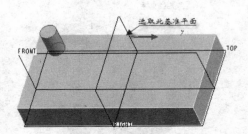

图 3-127　选择特征操作参考方向

（3）在系统打开的"方向"菜单中选取"正向"选项，再根据系统提示输入平移距离为 50，然后按回车键。在打开的"组可变尺寸"菜单中选取"完成"选项。从进入"编辑"菜单里选取"特征操作"选项开始，到最后完成平移复制过程依次选取的菜单如图 3-128 所示。

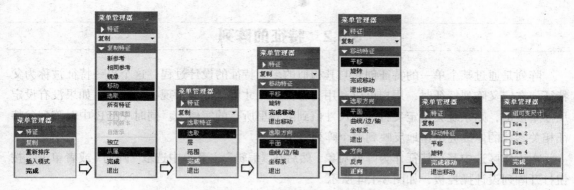

图 3-128　依次选取的菜单

（4）完成以上操作后，在如图 3-129 所示的"组元素"对话框中单击 确定 按钮，最后创建的旋转复制特征如图 3-130 所示。

3. 创建镜像复制特征

（1）在"编辑"菜单里选取"特征操作"选项，系统弹出"特征"菜单，接着在"特征"菜单中选取"复制"选项，弹出"复制特征"菜单，从该菜单中选取"镜像"、"选取"和"从属"选项，然后选取"完成"选项。

（2）根据系统提示选取如图 3-131 所示的特征作为操作对象，然后在"选取特征"菜单中选取"完成"选项。接着在系统打开的"设置平面"菜单中选取"平面"选项。依次选取的菜单如图 3-132 所示。

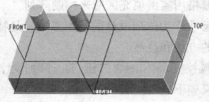
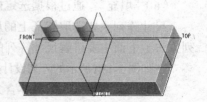

图 3-129　"组元素"对话框　　　图 3-130　创建的复制特征　　　图 3-131　选取镜像复制对象

（3）根据系统提示选取 FRONT 基准面作为镜像平面，最后创建的镜像复制特征如图 3-133 所示。

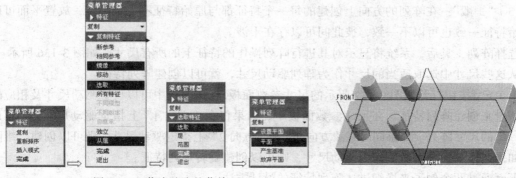

图 3-132　依次选取的菜单　　　　　图 3-133　创建的镜像复制特征

3.5.2　特征的阵列

阵列是通过某个单一的特征创建与其相似的多个特征的设计过程，这个单一特征被称为父特征。在定义阵列特征时，用户可以利用父特征的尺寸增量或参考现有的阵列。如果没有设定尺寸增量值，则系统会指定父特征的尺寸值到阵列里所有的实体上。同时 Pro/E 中对阵列父特征相关参数的修改会迅速地反映到整个阵列当中。

在工作区选中某一特征作为阵列对象，然后在"编辑"主菜单中选取"阵列"或者单击⊞按钮打开阵列设计操控板，如图 3-134 所示。

在 Pro/E 中，有许多方法可以设计阵列特征。

（1）"尺寸"：通过使用驱动尺寸并指定阵列的增量变化来控制阵列。

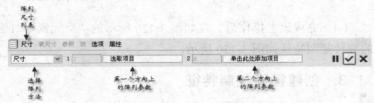

图 3-134　阵列设计操控板

（2）"方向"：通过指定方向并使用拖动句柄设置阵列增长的方向和增量来创建自由形式阵列。

（3）"轴"：通过使用拖动句柄设置阵列的角增量和径向增量来创建自由形式径向阵列，也可将阵列拖动为螺旋形。

（4）"表"：通过使用阵列表并为每一阵列实例指定尺寸值来控制阵列。

（5）"参照"：通过参照另一阵列来控制阵列。

（6）"填充"：通过根据选定栅格用实例填充区域来控制阵列。

尺寸阵列主要选取特征上的尺寸作为阵列设计的基本参数，是特征阵列中最常用的一种阵列方法。下面主要讲解尺寸阵列的方法和技巧。

在如图 3-134 所示的阵列设计操控板上单击选项按钮，打开阵列设计选项面板，如图 3-135 所示。阵列特征再生方式的具体含义如下。

（1）"相同"：在阵列方向上创建的每一个阵列特征都与原始特征完全一样，同时其放置平面也与原始特征一致且彼此间不能有干涉。

（2）"可变"：在阵列方向上创建的每一个阵列特征都与原始特征不一定完全一样，同时其放置平面也与原始特征可以不一致，但彼此间不能有干涉。

（3）"一般"：在阵列的方向上创建的每一个特征都与原始特征不完全一样，放置平面可以与原始特征一致也可以不一致，彼此间可以存在干涉。

选择阵列工具后，系统将显示对其进行阵列操作的特征上的所有尺寸，如图 3-136 所示。从这些尺寸中选取适当的尺寸作为阵列驱动尺寸，就可以创建阵列特征。

单击尺寸按钮打开如图 3-137 所示的尺寸参数面板，在该面板中可以设置驱动尺寸及相应的尺寸增量来创建阵列特征。在尺寸参数面板中，如果仅在"方向 1"上指定驱动尺寸，则可以创建一维的尺寸阵列。如果同时在"方向 1"和"方向 2"上指定驱动尺寸，则可以创建二维阵列。如果选择某一角度数值作为驱动尺寸，则可以创建旋转阵列特征。

下面通过两个例子来详细讲述阵列特征的设计方法。

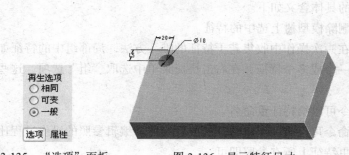

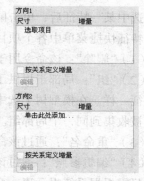

图 3-135　"选项"面板　　　图 3-136　显示特征尺寸　　　图 3-137　尺寸参数面板

（1）选中如图 3-138 所示的特征作为要对其进行阵列的特征，然后单击 ▦ 按钮打开阵列设计操控板。

（2）选取如图 3-139 所示的尺寸 1 作为阵列驱动尺寸，接着在阵列操控板上单击尺寸按钮，打开阵列"尺寸"列表。在"尺寸"列表中输入阵列增量为"40"，完成的阵列"尺寸"列表如图 3-140 所示。

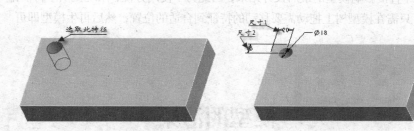

图 3-138　选取阵列对象　　　图 3-139　添加驱动尺寸　　　图 3-140　阵列尺寸表

（3）激活"方向 2"选项组，选取如图 3-139 所示的"尺寸 2"作为阵列驱动尺寸，接着在"尺寸"列表中输入阵列增量为"35"，完成后的阵列"尺寸"列表如图 3-141 所示。

（4）在阵列设计操控板上输入"方向 1"的阵列个数为"5"，"方向 2"的阵列个数为"3"，完成后单击 ✔ 按钮，最后创建的阵列特征如图 3-142 所示。

图 3-141　完成的阵列尺寸表　　　图 3-142　创建完成的阵列特征

3.5.3　特征的其他常用操作

为了方便用户设计和修改产品，Pro/E 还提供了特征的隐藏、删除、排序等操作。在模型树上选中某一特征后，单击鼠标右键，打开快捷菜单。

特征快捷菜单中各个项目的具体含义如下。

（1）"删除"：该命令用于删除模型树上选中的特征。

（2）"组"：局部组提供了在一次操作中收集若干特征的唯一方法，局部组中的特征如同单个特征一样。在模型树上选中一个或多个特征，在右击快捷菜单中选取"组"选项，这些特征就会被收集到同一个局部组。

（3）"重命名"：通过该命令可以给特征重命名。

（4）"编辑参照"：通过该命令可以重新编辑特征的放置参照。编辑参照的操作过程比较简单，只需根据系统提示逐一变更特征上所有参照即可。

（5）"隐藏"：隐藏选定的对象，使其不可见，但该对象依然存在于模型中并能和模型一起再生。

（6）"隐含"：将选定的对象暂时排除在模型之外，系统再生模型时不再生该对象。

"隐藏"和"隐含"的对象都是可以恢复的。选定一个或多个隐藏对象，然后在鼠标右击快捷菜单中选取"取消隐藏"选项，就可以取消对其的隐藏。要取消对某一对象的隐含，可以在"编辑"主菜单中依次选取"恢复"→"选定"选项，可以恢复选定对象；选取"恢复"→"上一个"选项可以依次恢复各个特征；选取"恢复"→"全部"可以恢复全部隐含的特征。

由于 Pro/E 特征放置顺序直接影响模型的最后设计结果，因此为了使用方便，系统提供了特征排序功能。排序操作很简单，只需在模型树上拖动需要移动的特征到合适的位置，然后再生模型即可。

3.6

模型的渲染

渲染通过调整各种样式来改进模型的外观，增强细节部分的显示效果。对模型渲染后模型将随之更新，可以通过移动模型从不同的角度观看渲染的效果。

3.6.1　为模型设置材质和外观

现实生活当中的任何产品的每一个零部件都是由某种特定的材料制成的。产品被赋予一定材料不仅能够满足零件的物理性能，同时也在某种程度上满足了产品的外观需求。同样的道理，在进行虚拟产品三维设计时，也可以给实体赋予材质，设置色彩以及纹理等，这样可以获得更加逼真的实体模型。

在"视图"主菜单中选取"颜色和外观"选项，系统打开如图 3-143 所示的"外观编辑器"对话框，为模型添加材质的所有操作都在该对话框中完成。

"外观编辑器"对话框主要包含 3 个部分，其各自的含义如下。

（1）材质列表：显示当前可用的材质，可以在该列表中选取合适的材质。

（2）材质名称：显示被选中材质的名称。

（3）"指定"折叠式面板：指定操作对象，可以指定整个模型为操作对象，也可以指定模型某些曲面、面组或曲线等作为操作对象。

（4）"属性"折叠式面板：通过对其中的"基本"、"映射"和"高级"3 个选项卡中参数的调整，可以编辑出用户需求的外观颜色。

1. 定义材质

在"外观编辑器"对话框的材质列表中选取设计所需要的材质，被选中的材质被添加了一个图框，同时其名称显示在其下的文本框中。

系统自带的外观材质有限，不能完全满足设计要求。用户可以在系统提供的基础材质上进一步编辑，建立自己的材质库，保存这些材质以便日后使用。单击右侧的 **＋** 按钮，可以在材质列表中创建新的材质，单击 **━** 按钮可以从材质列表中删除选定的材质。

2. 定义对象的外观

定义对象的外观也就是定义模型的外观渲染区域。Pro/E 软件为对象的外观定义提供了零件曲面、所有曲面、面组、基准曲线以及所有对象等方式。

首先在"指定"折叠式面板中选取一种定义对象方式。

然后根据系统在模型上选取的元素作为外观对象，完成后单击"选取"对话框中的按钮完成外观对象的选取。最后单击 应用 按钮，就可为选定的对象添加外观材质。

如果选取了错误的渲染对象，可以直接单击"指定"折叠式面板上的 清除 按钮，把定义好的材质从模型上清除。当单击 从模型 按钮时，可以从已经附着了颜色和材质的模型上提取材质。

3. 定义材质的属性

材质的属性定义主要在"属性"折叠式面板上完成，其内容主要包括定义外观材质的颜色、强度和纹理图案等。"属性"折叠式面板上有"基本"、"映射"、"高级" 3 个选项卡，下面分别进行介绍。

（1）"基本"选项卡。"基本"选项卡中包括了两个选项组——"颜色"选项组和"加亮"选项组，如图 3-144 所示。可以拖动其中的滑块来调整材质的颜色和亮度。

在"基本"选项卡上，用户也可以设置材质的外观颜色。其方法为单击选项卡上的颜色按钮，打开"颜色编辑器"对话框，如图 3-145 所示。该对话框中有"颜色轮盘"、"混合调色板"和"RGB/HSV 滑块"折叠式面板。其具体功能如下。

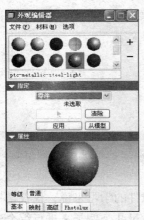

图 3-143　"外观编辑器"对话框

图 3-144　"基本"选项卡

图 3-145　"颜色编辑器"对话框

①"颜色轮盘"：使用鼠标从颜色轮盘中拾取需要的颜色。

②"混合调色板"：如果对颜色轮盘中的颜色不满意，可以从颜色轮盘中拾取一组颜色在调色板中混合后生成新的调色板，然后拾取满意的颜色。

③"RGB/HSV 滑块"：该折叠面板可以调节颜色的 RGB（红绿蓝三原色）和 HSV（色调、饱和度和数值）参数来配置需要的颜色。

（2）"映射"选项卡。

（3）"高级"选项卡。

3.6.2　编辑光源

美术中的素描非常讲究视角，视角就是光源的位置。同一个人在不同的光源下看同一个东西的感觉也不尽相同。在"视图"主菜单中依次选取"模型设置"→"光源"选项，打开"光源编辑器"对话框，如图 3-146 所示。

下面对在光源选择过程中常用的一些专业术语做一下介绍。

（1）环境光源：环境光源能均匀地照亮所有曲面。不管模型与光源之间的夹角如何，光源在房间中的位置对于渲染没有任何影响。环境光源默认存在，而且不能创建。

（2）光源：一种类似于灯光的光源，由一个点光源发射而来，模型上会因各个部位的位置、角度、曲面状况的不同而呈现不同的感光效果。

图 3-146　"草绘"对话框

（3）聚光灯：聚光灯与灯泡相似，其光线被限制在一个圆锥体内。

（4）远光源：一种类似于太阳光的光源，它投射的光线是定向的，且是平行光线。无论模型位于何处，均以相同角度照亮所有曲面。

光源的创建步骤如下。

（1）在"视图"主菜单中依次选取"模型设置"→"光源"选项，打开"光源编辑器"对话框。

（2）在该对话框的"光源"菜单中依次选取"新建"→"聚光灯"创建新的聚光灯。

（3）在"光源编辑器"对话框的"属性"折叠面板中设置光源的属性参数，完成后关闭该对话框。

3.7 综合训练

前面讲了三维建模过程中常用特征的创建方法。对于 Pro/E 软件的学习来说，仅仅掌握这些基本的方法是不够的，还需要用一些实例来加以练习。这一节通过几个例子来进行综合建模训练，进一步讲解一些高级特征的创建方法，比如建模螺旋扫描等。

<h2 style="text-align:center">3.7.1 烟灰缸设计</h2>

1. 新建文件

（1）单击 ▯（新建文档）按钮打开"新建"对话框。在"类型"选项组中选取"零件"选项，在"子类型"选项组中选取"实体"选项，在"名称"文本框里输入零件名称"YHG"。

（2）取消"使用缺省模板"选项的勾选，单击"确定"按钮。系统打开"新建文件"选项对话框，选取其中的"mmns_part_solid"选项，单击"确定"按钮进入三维实体建模环境。

2. 创建拉伸实体特征

（1）单击 ▱ 按钮，系统在设计界面底部打开拉伸设计操控板，单击放置按钮，单击其中的 定义... 按钮打开"草绘"对话框，选取 TOP 基准平面作为草绘平面，使用默认的参照放置草绘平面。

（2）完成后的"草绘"对话框如图 3-146 所示。然后在"草绘"对话框中单击 草绘 按钮，进入草绘模块。

在草绘界面里，完成如图 3-147 所示的图形，然后单击 ✔ 按钮，退出草绘模块。

按照图 3-148 所示选择拉伸选项，输入拉伸深度为 30。在拉伸操控板上单击 ✔ 按钮，完成设计如图 3-149 所示。

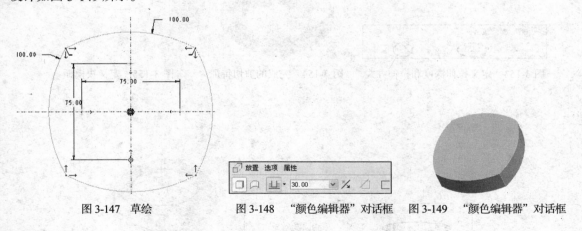

图 3-147　草绘　　　　图 3-148　"颜色编辑器"对话框　　图 3-149　"颜色编辑器"对话框

3. 创建第 1 个剪切实体特征

（1）单击 ▱ 按钮，系统在设计界面底部打开拉伸设计操控板，单击放置按钮，单击其中的 定义... 按钮打开"草绘"对话框，选取模型上表面作为草绘平面，使用默认的参照放置草绘平面。如图 3-150 所示。

（2）完成后的"草绘"对话框如图 3-151 所示。然后在"草绘"对话框中单击 草绘 按钮，进入草绘模块。

在草绘界面里，完成如图 3-152 所示的图形，然后单击 ✔ 按钮，退出草绘模块。按照如图 3-153 所示选择拉伸选项，输入拉伸深度为 28。在拉伸操控板上单击 ✔ 按钮，完成设计如图 3-154 所示。

4. 创建拔模特征

（1）外表面的拔模。单击 图标，选择图 3-155 所示的 4 个面，然后单击图 3-156（a）中所示的"单击此处添加项目"（添加定义枢轴平面），在模型中选择上表面作为枢轴平面，如图 3-156（b）所示。

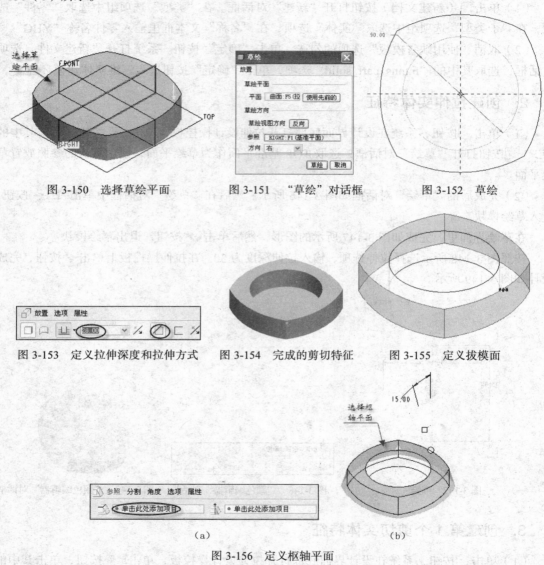

图 3-150　选择草绘平面　　　图 3-151　"草绘"对话框　　　图 3-152　草绘

图 3-153　定义拉伸深度和拉伸方式　　图 3-154　完成的剪切特征　　图 3-155　定义拔模面

图 3-156　定义枢轴平面

按照图 3-157 中输入拔模角度并单击 选择拔模的方向。然后单击 按钮，完成外表面拔模，如图 3-158 所示。

图 3-157　定义拔模角度和方向

图 3-158　完成外表面拔模

（2）内表面的拔模。用同样的方法，选择模型的内表面，然后选择凹槽底面作为枢轴平面，如图 3-159 所示。输入拔模角度 10°并单击 ⁄ 选择拔模的方向。然后单击 ✓ 按钮，完成拔模如图 3-160 所示。

5. 创建第 2 个剪切实体特征

（1）单击 ⌐ 按钮，系统在设计界面底部打开拉伸设计操控板，单击 放置 按钮，单击其中的 定义… 按钮打开"草绘"对话框，选取模型 FRONT 面作为草绘平面，使用默认的参照放置草绘平面。如图 3-161 所示。

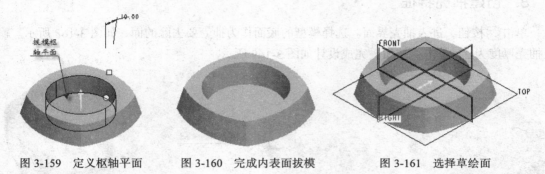

图 3-159　定义枢轴平面　　　图 3-160　完成内表面拔模　　　图 3-161　选择草绘面

（2）完成后的"草绘"对话框如图 3-162 所示。然后在"草绘"对话框中单击 草绘 按钮，进入草绘模块。

在草绘界面里，完成如图 3-163 所示的图形，然后单击 ✓ 按钮，退出草绘模块。按照如图 3-164 所示选择拉伸选项。在拉伸操控板上单击 ✓ 按钮，完成设计如图 3-165 所示。

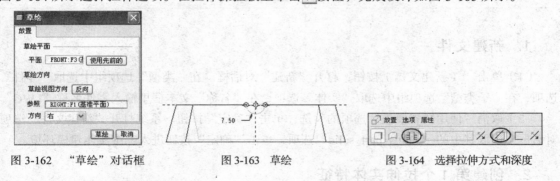

图 3-162　"草绘"对话框　　　图 3-163　草绘　　　图 3-164　选择拉伸方式和深度

6. 创建阵列特征

单击选择刚刚建立的第 2 个剪切特征，单击 ▦ 图标，选择阵列方式为"轴"，单击选择轴"A_2"，阵列数量为 4，阵列角度为 90。单击 ✓ 按钮，完成设计如图 3-166 所示。

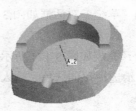

图 3-165　完成第 2 个剪切特征　　　图 3-166　阵列特征

7. 创建圆角特征

（1）完成第 2 个剪切特征的圆角设计。单击 图标，进入圆角设计界面，单击选择刚才完成的剪切特征的边缘，在圆角设计操控板中输入圆角半径为 3。

（2）完成 4 条边的圆角设计。选择 4 条边，选择圆角半径为 30。

（3）完成其他圆角设计。选择其余需要做圆角的边，选择圆角半径为 5。完成的圆角特征如图 3-167 所示。

8. 创建抽壳特征

单击 按钮，进入抽壳界面。选择模型的底面作为抽壳要去除的面，如图 3-168 所示。输入抽壳厚度为 2，单击 按钮，完成设计如图 3-169 所示。

 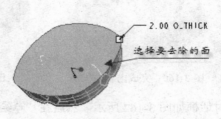 

图 3-167　完成所有的圆角　　　图 3-168　选择抽壳去除面　　　图 3-169　完成抽壳特征

3.7.2　螺纹管设计

1. 新建文件

（1）单击 （新建文档）按钮，打开"新建"对话框。在"类型"选项组中选取"零件"选项，在"子类型"选项组中选取"实体"选项，在"名称"文本框里输入零件名称"LWG"。

（2）取消"使用缺省模板"选项的勾选，单击"确定"按钮。系统打开"新建文件"选项对话框，选取其中的"mmns_part_solid"选项，单击"确定"按钮进入三维实体建模环境。

2. 创建第 1 个拉伸实体特征

（1）单击 按钮，系统在设计界面底部打开拉伸设计操控板，单击 放置 按钮，单击其中的 定义... 按钮打开"草绘"对话框，选取 TOP 基准平面作为草绘平面，使用默认的参照放置草绘平面。

（2）完成后的"草绘"对话框如图 3-170 所示。然后在"草绘"对话框中单击 草绘 按钮，进入草绘模块。

在草绘界面里，完成如图 3-171 所示的图形，然后单击 按钮，退出草绘模块。

如图 3-172 所示选择拉伸选项，输入拉伸深度为 38。在拉伸操控板上单击 按钮，完成设计如图 3-173 所示。

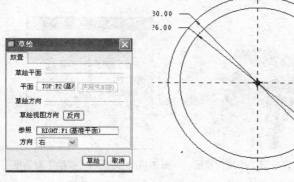

图 3-170　"草绘"对话框　　　图 3-171　草绘　　　　　图 3-172　拉伸选项

3. 创建第 2 个拉伸特征

（1）单击 按钮，系统在设计界面底部打开拉伸设计操控板，单击放置按钮，单击其中的 定义… 按钮打开"草绘"对话框，选取第 1 个拉伸特征的顶平面作为草绘平面，使用默认的参照放置草绘平面。完成后的"草绘"对话框如图 3-174 所示。然后在"草绘"对话框中单击 草绘 按钮，进入草绘模块。

（2）在草绘界面里，完成如图 3-175 所示的图形，然后单击 ✔ 按钮，退出草绘模块。

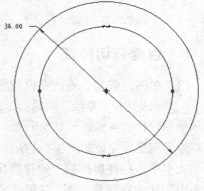

图 3-173　完成的拉伸特征　　　图 3-174　"草绘"对话框　　　图 3-175　草绘

　　如图 3-176 所示选择拉伸选项，输入拉伸深度为 5。在拉伸操控板上单击 ✔ 按钮，完成设计如图 3-177 所示。

4. 创建第 3 个拉伸特征

（1）单击 按钮，系统在设计界面底部打开拉伸设计操控板，单击放置按钮，单击其中的 定义… 按钮打开"草绘"对话框，选取第 1 个拉伸特征的顶平面作为草绘平面，使用默认的参照放置草绘平面。完成后的"草绘"对话框如图 3-178 所示。然后在"草绘"对话框中单击 草绘 按钮，进入草绘模块。

（2）在草绘界面里，完成如图 3-179 所示的图形，然后单击 ✔ 按钮，退出草绘模块。

　　单击拉伸操控板上的拉伸深度方式图标 ，选择图 3-180 所示的第 2 个拉伸特征的底面作为拉伸截止面。在拉伸操控板上单击✔按钮，完成设计如图 3-181 所示。

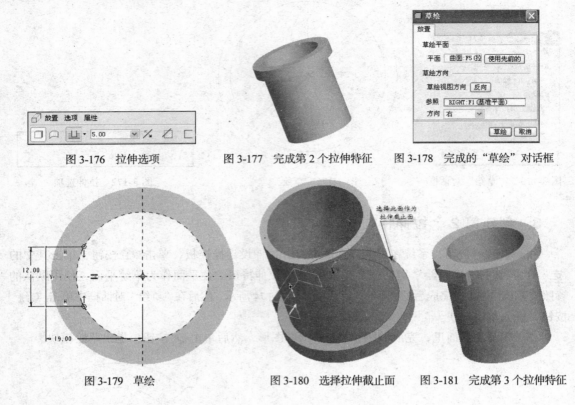

图 3-176　拉伸选项　　　　图 3-177　完成第 2 个拉伸特征　　　图 3-178　完成的"草绘"对话框

图 3-179　草绘　　　　　　图 3-180　选择拉伸截止面　　　图 3-181　完成第 3 个拉伸特征

5．创建剪切特征

（1）单击☐按钮，系统在设计界面底部打开拉伸设计操控板，单击放置按钮，单击其中的 定义... 按钮打开"草绘"对话框，选取第 3 个拉伸特征的侧平面作为草绘平面，如图 3-182 所示使用默认的参照放置草绘平面。然后在"草绘"对话框中单击 草绘 按钮，进入草绘模块。在草绘界面里，完成如图 3-183 所示的图形，然后单击✔按钮，退出草绘模块。

（2）单击拉伸操控板上的拉伸深度方式图标⊥，选择图 3-184 所示的第 1 个拉伸特征圆管内表面作为拉伸截止面，并单击╱图标。在拉伸操控板上单击✔按钮，完成设计如图 3-185 所示。

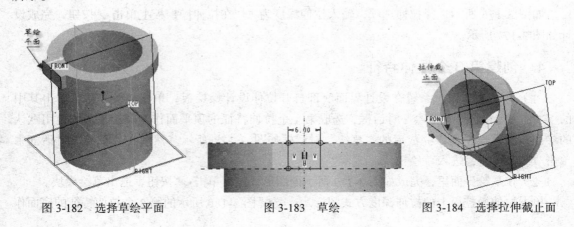

图 3-182　选择草绘平面　　　　　图 3-183　草绘　　　　　图 3-184　选择拉伸截止面

6. 创建螺纹特征

如图 3-186 所示，单击主菜单上的"插入"→"螺旋扫描"→"伸出项（P）"，出现如图 3-187 所示的"伸出项：螺旋扫描"对话框和如图 3-188 所示的菜单管理器，按照图中的默认选择，单击"完成"，出现下级菜单和"选取"菜单，选取 FRONT 面作为草绘平面，系统给出"方向"菜单，单击"正向"，单击"缺省"，如图 3-189 所示，进入草绘界面。

图 3-185　完成的剪切特征

图 3-186　插入螺旋扫描

图 3-187　"螺旋扫描"对话框

图 3-188　菜单管理器

在草绘界面里，绘制如图 3-190 所示的图形，然后单击 ✔ 按钮，退出草绘模块。

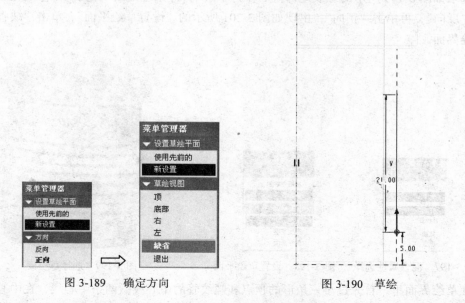

图 3-189　确定方向　　　　　　　　　　图 3-190　草绘

按照信息栏提示，输入螺距 2.2。在如图 3-191"方向"菜单中单击"正向"，单击如图 3-192 所示的"伸出项：螺旋扫描"中的"确定"按钮。完成了螺纹扫描特征的设计如图 3-193 所示。

图 3-191　确定材料成长方向　　　图 3-192　完成的"伸出项：螺旋扫描"对话框　　　图 3-193　完成的螺纹特征

7. 创建螺纹尾部旋转混合特征

做好的螺纹特征的头和尾没有收尾，是不符合要求的，所以要用旋转混合的方法做螺纹的收尾。

单击主菜单上的"插入"→"混合"→"伸出项（P）"，如图 3-194 所示，出现如图 3-195 所示的"混合选项"菜单。选择"旋转的"、"规则表面"、"草绘截面"，单击"完成"。

接着出现"伸出项：混合，旋转"对话框如图 3-196 所示和如图 3-197 所示的"属性"菜单，选择"光滑"、"开放"，单击"完成"，出现如图 3-198 所示的"设置草绘平面"菜单。

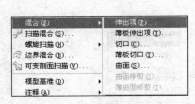

图 3-194　插入混合　　　　图 3-195　选择混合类型　　　　图 3-196　"混合"对话框

选取如图 3-199 所示的螺纹尾部截面作为草绘平面，系统给出"方向"菜单，单击如图 3-200 中的"反向"，再单击"正向"，出现如图 3-201 所示的"设置草绘平面"，单击"缺省"菜单进入草绘界面。

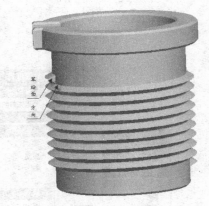

图 3-197　混合属性选择　　　图 3-198　设置草绘平面　　　　图 3-199　选择草绘面

在草绘界面里，首先过小三角形的顶点和螺纹管的中心线做两条中心线，在中心线的交点处放置一个坐标系，然后单击 □ 抓取如图 3-202 所示的三角形的三条边。完成草绘后，单击 ✓ 按钮，退出第 1 个截面的草绘模块，进入第 2 个截面的草绘界面。如图 3-203 所示，首先放置一个坐标系，然后绘制一个点。完成草绘后，单击 ✔ 按钮，退出草绘模块。

图 3-200 选择参考方向

图 3-201 选择方向参照

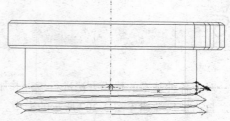

图 3-202 草绘第 1 个截面

在信息栏里输入旋转角度 90°。单击前面的图 3-196"伸出项：混合，旋转"中的"确定"按钮，完成了螺纹的收尾。如图 3-204 所示。

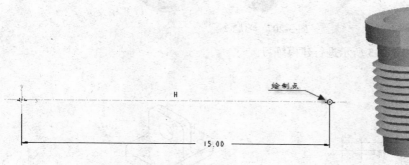

图 3-203 草绘第 2 个截面

图 3-204 完成螺纹收尾

下面还有一个螺纹起头的地方需要收尾，其做法和上面相同，在这里不再赘述，读者可以自己试做。

8．创建倒角特征

单击 图标，选择需要倒角的边输入倒角的参数，如图 3-205 所示。单击 ✔ 按钮，完成倒角的设计如图 3-206 所示。

图 3-205 倒角选项

图 3-206 完成倒角

小 结

本章的重点是拉伸、旋转、扫描、混合 4 种基本的建模方法，这 4 种建模方法是最为常用的，也是非常有用的方法。本章的难点是基准特征的建立方法，基础特征虽然不直接建模但它是建立复杂模型的基础，也是很重要的特征，要通过大量练习加以掌握。

习 题

1. 对于各种基本的建模方法进行梳理并加以练习。
2. 自己定尺寸建立图 3-207 所示的模型。

图 3-207　习题 2

3. 按照图 3-208～图 3-213 所示进行建模练习。

（1）

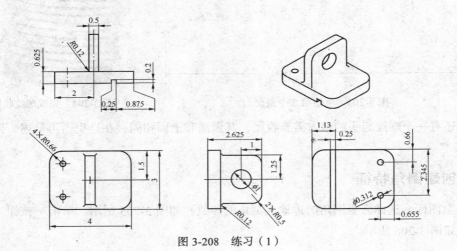

图 3-208　练习（1）

（2）

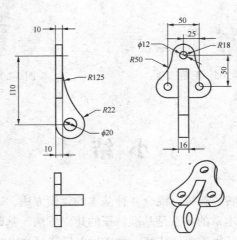

图 3-209　练习（2）

（3）

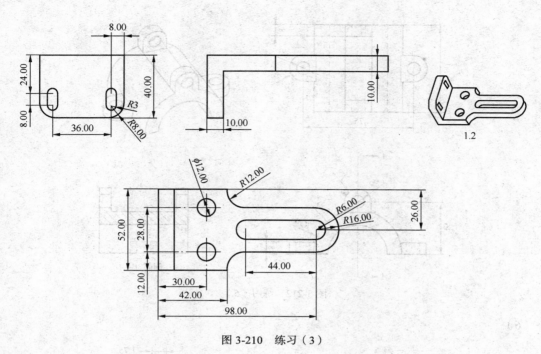

图 3-210　练习（3）

（4）

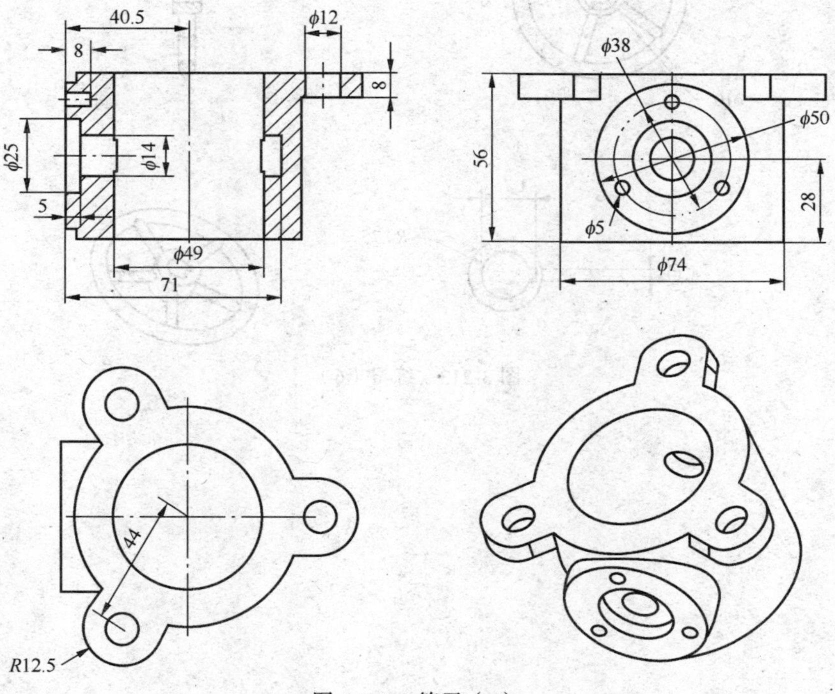

图 3-211　练习（4）

（5）

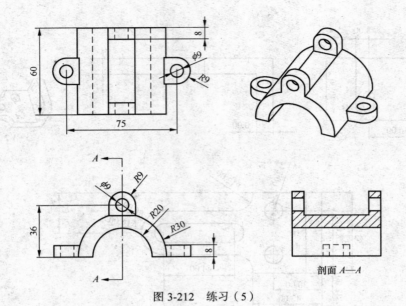

图 3-212　练习（5）

（6）

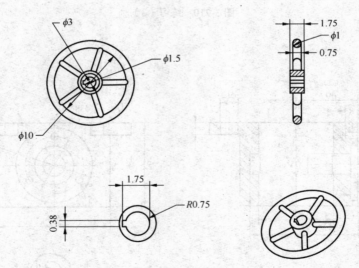

图 3-213　练习（6）

第4章

曲面特征

【学习目标】

1. 掌握曲线创建的基本方法
2. 掌握基本曲面的建模方法
3. 掌握曲面修整基本操作

　　曲面特征的创建是产品开发与设计中一项非常重要的内容，也是产品造型设计中经常采用的手段和方法。本章主要介绍基础曲面特征的创建方法和基本操作，涉及到的相关指令包括拉伸曲面、旋转、扫描、混合、平整曲面等。

4.1

曲线的创建

4.1.1　草绘曲线

　　创建曲面特征，必须首先创建构成曲面特征的空间线框，而草绘曲线工具是实现构建空间线框的主要手段和基本途径。由于草绘曲线相关知识点已经在第 2 章做过介绍，所以有关草绘曲线创建的基本操作就不再赘述。

　　下面将通过实例演示来说明利用草绘曲线构建空间线框的操作过程。图 4-1 所示是通过草绘方法绘制的空间构架线框，图 4-2 所示是根据空间曲线创建的曲面特征，其操作过程如下。

　　（1）创建草绘曲线 1。单击"草图工具"按钮，弹出"草绘"对话框，选择 TOP 基准面为"草绘平面"，接受系统默认的参照方向，单击"确定"按钮，进入草绘界面。绘制如图 4-3 所示的图形，单击✔按钮，离开草绘环境。

　　（2）创建阵列曲线特征 1。首先在绘图区单击草绘曲线 1，然后单击"阵列"工具按钮，按照图 4-4（a）的要求输入阵列参数，旋转轴为"A_1"轴，单击✔按钮，结果如图 4-4（b）所示。

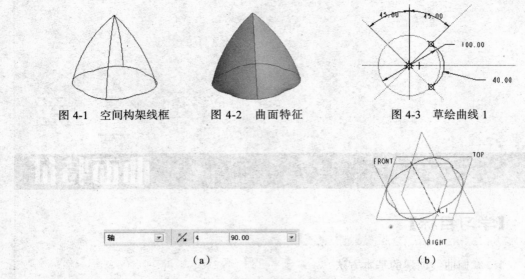

图 4-1 空间构架线框　　图 4-2 曲面特征　　图 4-3 草绘曲线 1

（a）　　　　　　　　　　　　（b）

图 4-4 阵列曲线特征 1

（3）创建参照点。单击"基准点工具"按钮，分别创建 PNT0、PNT1 两个参照点，如图 4-5 所示。其中 PNT0 点的坐标为（0，0，100）；PNT1 点为"草绘曲线 1"与 FRONT 基准平面的交点。

（4）创建草绘曲线 2。单击"草图工具"按钮，选择 FRONT 基准面为"草绘平面"，绘制如图 4-6 所示的草绘曲线 2。其中曲线的两个端点分别过 PNT0、PNT1 两个参照点。

（5）创建阵列曲线特征 2。按照步骤 2 的操作方法，创建阵列曲线 2，结果如图 4-7 所示。

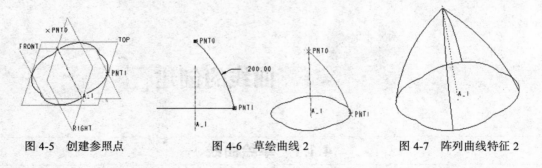

图 4-5 创建参照点　　　图 4-6 草绘曲线 2　　　图 4-7 阵列曲线特征 2

4.1.2 基准曲线

"基准曲线"工具也是绘制空间构架线框的主要工具，通过"基准曲线"绘制的空间曲线主要以"样条曲线"的形式具体表现。

单击按钮，弹出"菜单管理器"菜单如图 4-8 所示。"曲线选项"中显示了创建基准曲线的四种类型：经过点、自文件、使用剖截面和从方程。其中"经过点"和"从方程"是构建基准曲线的主要手段。下面将详细介绍这两种常用的操作方法。

1. 经过点

"经过点"实际上就是根据给定的两个或两个以上已知点，以"样条曲线"形式创建出一条空间曲线的过程。如果给定的是两个点，则创建的是一条直线。

打开"实例/CH4/4-2"如图 4-9 所示，单击～按钮，弹出"菜单管理器"菜单如图 4-8 所示。选择"经过点"选项命令，单击"完成"，随即弹出"曲线：通过点"对话框和菜单管理器菜单，如图 4-10 所示。

图 4-8　菜单管理器　　　图 4-9　书稿/实例/CH4/4-2　　　图 4-10　"曲线：通过点"对话框及菜单管理器

在绘图区，依次单击 PNT0、PNT1、PNT2、PNT3 四个点，单击菜单管理器中的"完成"，结果如图 4-11 所示。

2．从方程

利用数学方程创建基准曲线是基于建模的需要。如：创建齿轮特征时，必须首先构建渐开线曲线，而渐开线曲线是通过"从方程"的方式来构建的。

"从方程"构建基准曲线的操作步骤如下。

（1）选择参照坐标系：一般选择系统提供的默认坐标系；

（2）选择坐标系的类型：坐标系包括笛卡尔坐标系、柱坐标系和球坐标系三种类型；

（3）输入曲线的曲线方程：在系统提供的记事本中输入曲线的方程。

下面通过一个实例来具体演示一下利用"从方程"创建正弦曲线的操作过程。

首先单击工具栏中"基准曲线"按钮～，弹出"菜单管理器"菜单如图 4-12 所示。选择"从方程"选项命令，单击"完成"。

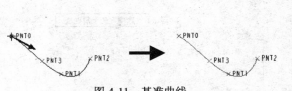

图 4-11　基准曲线　　　　　　　图 4-12　菜单管理器

随即弹出"曲线：从方程"对话框和菜单管理器菜单，如图 4-13 所示。然后在绘图区单击系统提供的坐标系 PRT_CSYS_DEF，如图 4-14 所示，在弹出的图 4-15"菜单管理器"中，系统要求："选择坐标系的类型？"这里只选择"笛卡尔"，然后打开"记事本"对话框。

图 4-13　"曲线：从方程"对话框及菜单管理器　　　图 4-14　系统坐标系　　　图 4-15　菜单管理器

在"记事本"对话框中输入参数方程，如图 4-16 所示，保存后关闭对话框。

最后单击"曲线：从方程"对话框中的"确定"按钮，如图 4-17 所示。创建的基准曲线如图 4-18 所示。

图 4-16　记事本对话框

图 4-17　"曲线：从方程"对话框

图 4-18　基准曲线

4.2 曲面类型

4.2.1　拉伸曲面

创建拉伸曲面特征和创建拉伸实体特征的操作方法基本相同。单击工具面板中的"拉伸"按钮 ，进入拉伸建模绘图界面，将系统默认的"拉伸为实体"按钮 切换为"拉伸为曲面"按钮 ，这时便可以创建拉伸曲面特征。

拉伸工具面板如图 4-19 所示，图中详细注释了拉伸建模工具面板中各按钮的名称及其相关功能。

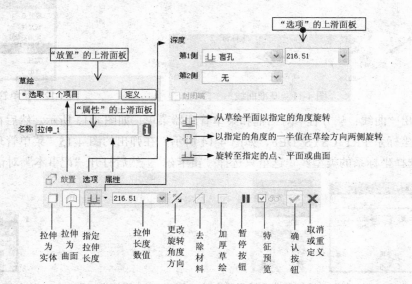
图 4-19　拉伸工具面板

若要创建封闭曲面，只需打开"选项"的上滑面板，并勾选面板中的"封闭端"
方框即可。

提示

4.2.2　旋转曲面

　　旋转曲面特征的建模方法可参照旋转实体特征。单击工具栏中"旋转"工具按钮⚙，进入
旋转建模工作界面。旋转工具面板如图 4-20 所示。

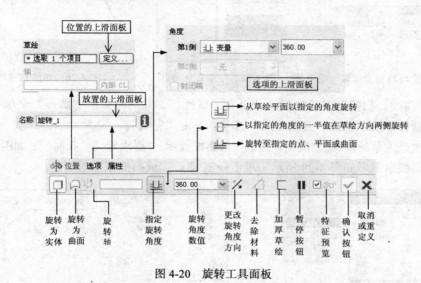

图 4-20　旋转工具面板

4.2.3　扫描曲面

　　创建扫描曲面特征时，必须具备一条扫描轨迹线和一个扫描截面，否则扫描曲面不可创建。
下面通过实例来说明操作流程。

　　首先单击菜单下"插入"→"扫描"→"曲面"命令，如图 4-21 所示。

　　系统随即弹出"曲面：扫描"对话框和"菜单管理器"分别如图 4-22、图 4-23 所示。系统
提示："扫描轨迹是通过'草绘轨迹'方式还是通过'选取轨迹'来获取？"

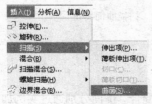

　　图 4-21　系统菜单　　　　图 4-22　"曲面：扫描"对话框　　图 4-23　菜单管理器

　　若选取"草绘轨迹"选项，系统自动进入草绘界面，要求绘制一条扫描轨迹线；若选取"选
取轨迹"选项，则系统要求在绘图区直接选取已创建好的扫描轨迹线，或直接在某实体上选取
轮廓线作为扫描轨迹线。

单击"草绘轨迹"选项，弹出"菜单管理器"和"选取"菜单，如图 4-24 所示。选取 FRONT 平面为草绘平面，在弹出的菜单管理器中，依次单击"正向"和"缺省"选项，进入草绘工作界面如图 4-25 所示。

在绘图区，绘制扫描轨迹线如图 4-26 所示。单击✔按钮，完成扫描轨迹线的创建。

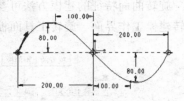

图 4-24　菜单管理器和"选取"菜单　　图 4-25　菜单管理器　　图 4-26　草绘扫描轨迹线

这时，"曲面：扫描"对话框提示"定义'属性'"，并同时弹出"属性"菜单管理器如图 4-27 所示，选择系统默认的"开放终点"选项，单击"完成"。

系统再次进入草绘界面，"曲面：扫描"对话框提示："要求定义'截面'"，如图 4-28 所示。绘制扫描截面图形如图 4-29 所示。单击✔按钮，完成扫描截面的创建。

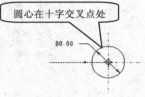

图 4-27　菜单管理器　　图 4-28　"曲面：扫描"对话框　　图 4-29　截面草图

至此创建扫描曲面特征的所有准备工作已经到位，最后单击"曲面：扫描"对话框中的"确定"按钮，创建的扫描曲面特征如图 4-31 所示。

图 4-30　"曲面：扫描"对话框　　　图 4-31　扫描曲面特征

4.2.4　混合曲面

混合曲面特征包括 3 种类型：平行混合、旋转混合以及一般混合。下面分别通过实例加以说明。

1．平行混合

单击菜单下的"插入"→"混合"→"曲面"命令，如图 4-32 所示。弹出"混合选项"菜单管理器，如图 4-33 所示。

选择系统默认的"平行"→"规则截面"→"草绘截面"选项，单击"完成"。

系统弹出的"曲面：混合，平行，规则截面…"对话框以及"属性"菜单管理器如图4-34所示。选择系统默认的"直的"→"开放终点"选项，单击"完成"。

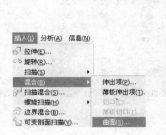

图4-32 系统菜单　　　图4-33 菜单管理器　　　图4-34 "曲面：混合，平行…"对话框及系统菜单

在弹出的"设置草绘平面"菜单管理器中，系统提示："选择草绘平面？"如图4-35所示。这时选择TOP基准平面。

在随后弹出的菜单管理器中，依次单击"正向"和"缺省"选项，如图4-36所示，进入草图绘制工作界面，绘制草绘图形如图4-37所示，绘制完毕后，单击✔按钮，完成混合截面扫描截面图形1的创建。

图4-35 菜单管理器　　　　　　图4-36 系统菜单

在绘图区，单击鼠标右键，在弹出的快捷菜单中单击"切换剖面（T）"选项，绘制如图4-39所示的混合截面图形2。绘制完毕后，单击✔按钮，完成混合截面扫描截面图形2的创建。

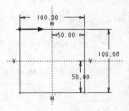

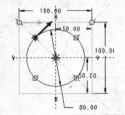

图4-37 混合截面图形1　　　图4-38 快捷菜单　　　图4-39 混合截面图形2

提示　　一定要用"分割图元"工具┌将圆弧与两条45°线在交点处打成4段，并且使两次截面图形的旋转方向保持一致（图示均为顺时针方向）。

系统弹出"深度"菜单管理器，选择"盲孔"选项，单击"完成"。这时在绘图区的下方信息栏窗口提示："输入截面2的深度"。在窗口中输入深度值60，单击✔按钮。

单击图 4-42 所示的"曲面：混合，平行，规则截…"对话框中的"确定"按钮，创建的平行混合曲面特征如图 4-43 所示。

图 4-40　菜单管理器　　　图 4-41　信息提示窗口　　图 4-42　"曲面：混合，平行，规则截…"对话框

2. 旋转混合

单击菜单下的"插入"→"混合"→"曲面"命令，弹出"混合选项"菜单管理器。选择"旋转的"→"规则截面"→"草绘截面"选项，如图 4-44 所示，单击"完成"。

随后弹出"曲面：混合，旋转的，草绘…"对话框和"属性"菜单管理器，选择"光滑"、"开放"和"开放终点"选项，如图 4-45 所示，单击"完成"。

图 4-43　平行混合曲面特征　　图 4-44　菜单管理器　　图 4-45　"曲面：混合，旋转…"对话框

系统弹出"设置草绘平面"菜单管理器，如图 4-46 所示，选择 FRONT 基准平面为草绘平面，在随后弹出的菜单管理器中依次单击"正向"和"缺省"选项，进入草图绘制工作界面，如图 4-47 所示。

在绘图区，首先单击"创建参照坐标系"工具按钮 ，将临时坐标系建立在十字交叉点处，并绘制如图 4-48 所示的截面图形 1。草图绘制完毕后单击✔按钮，完成截面图形 1 的创建。

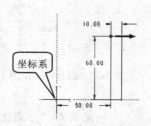

图 4-46　菜单管理器　　　图 4-47　菜单管理器　　　图 4-48　截面图形 1

这时在绘图区的下方信息栏窗口提示："为截面 2 输入 y_axis 旋转角（范围：0～120）"。在窗口中输入旋转角度 90，如图 4-49 所示，单击✔按钮。

再次进入草绘界面，首先单击"创建参照坐标系"工具按钮，建立临时坐标系，再绘制如图 4-50 所示的截面图形 2，单击✔按钮，完成截面图形 2 的创建。

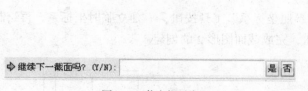

图 4-49 信息提示窗口

图 4-50 截面图形 2

系统再次提示："继续下一个截面吗？"如果要创建截面图形 3，就单击"是"按钮，这里不需要，直接单击"否"按钮，如图 4-51 所示。

所有截面和相关参数设置完毕后，单击"曲面：混合，旋转…"对话框中的"确定"按钮，如图 4-52 所示，创建的旋转混合曲面特征如图 4-53 所示。

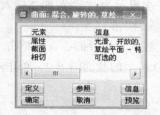

图 4-51 信息提示窗口

图 4-52 "曲面：混合，旋转…"对话框征

3. 一般混合

单击菜单下的"插入"→"混合"→"曲面"命令，弹出"混合选项"菜单管理器，选择"一般"、"规则截面"和"草绘截面"选项，如图 4-54 所示，单击"完成"。

随后弹出"曲面：混合，一般…"对话框和"属性"菜单管理器，选择"光滑"和"开放终点"选项，如图 4-55 所示，单击"完成"。

图 4-53 旋转混合曲面特征   图 4-54 菜单管理器   图 4-55 "曲面：混合，一般…"对话框及菜单管理器

系统弹出"设置草绘平面"菜单管理器，如图 4-56 所示，选择 FRONT 基准平面为草绘平面，在随后弹出的菜单管理器中，依次单击"正向"和"缺省"选项，如图 4-57 所示进入草图绘制工作界面。

在绘图区，首先单击"创建参照坐标系"工具按钮，将临时坐标系建立在十字交叉点处，并绘制如图 4-58 所示的截面图形 1。然后单击✔按钮，完成截面图形 1 的创建。

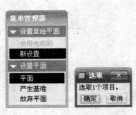

图 4-56　菜单管理器

图 4-57　菜单管理器

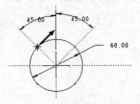

图 4-58　截面图形 1

这时在绘图区的下方信息栏窗口出现三次提示，三次操作根据图 4-59 和操作说明来进行。

第一次提示为："为截面 2 输入 x_axis 旋转角度（范围：+ −120）"。在窗口中输入旋转角度 0，单击 按钮。

第二次提示为："为截面 2 输入 y_axis 旋转角度（范围：+ −120）"。在窗口中输入旋转角度 0，单击 按钮。

第三次提示为："为截面 2 输入 z_axis 旋转角度（范围：+ −120）"。在窗口中输入旋转角度 90，单击 按钮。

再次进入草绘界面，首先单击"创建参照坐标系"工具按钮 ，建立临时坐标系，再绘制如图 4-60 所示的截面图形 2，单击 按钮，完成截面图形 2 的创建。

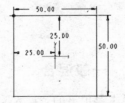

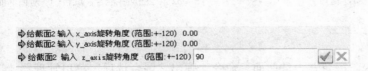

图 4-59　信息提示窗口

图 4-60　截面图形 2

信息窗口再次提示："继续下一个截面吗？"如图 4-61 所示。不需要创建了，直接单击"否"按钮。

系统继续提示："输入截面 2 的深度"。在窗口输入 60，如图 4-62 所示，单击 按钮。

图 4-61　信息提示窗口

图 4-62　信息提示窗口

所有参数设置完毕后，单击图 4-63"曲面：混合，一般，草绘截…"对话框中的"确定"按钮，创建的一般混合曲面特征如图 4-64 所示。

图 4-63　"曲面：混合，一般，草绘截…"对话框

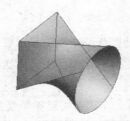

图 4-64　旋转混合曲面特征

4.2.5　填充曲面

填充曲面又称平整曲面，一般用于将封闭曲线用平面填充起来。下面通过实例演示填充曲面的创建过程。

草绘实例图形如图 4-65 所示。在模型树中单击"草绘 1"选项，如图 4-66 所示。

图 4-65　草绘 1　　　　　　　　　　　　图 4-66　模型树

单击菜单下"编辑"→"填充"命令，如图 4-67 所示，绘图区立刻出现填充曲面特征，如图 4-68 所示。

图 4-67　系统菜单　　　　　　　　　　图 4-68　填充曲面特征

4.2.6　偏移曲面

创建偏移曲面时，首先要选定某曲面，然后才能单击菜单下"编辑"→"偏移"命令或单击工具栏中偏移图标按钮 ⤵，偏移曲面工具面板如图 4-69 所示。

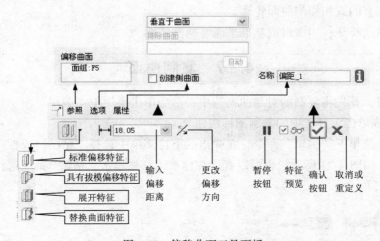

图 4-69　偏移曲面工具面板

利用"偏移"工具可创建以下类型的偏移特征，具体参见表 4-1 所示。

表 4-1   偏移曲面特征的四种类型

类 型	偏移前图形	偏移后图形
标准偏移特征		20.00
展开特征		5.00 12.45
具有拔模偏移特征		20.00 20.00 ◉ 整个曲面 ◉ 草绘区域
替换曲面特征		

（1）标准偏移特征：可以偏移某一面组、曲面或实体面。

（2）展开特征：在封闭面组或实体草绘的选定面之间创建一个连续体积块，当使用"草绘区域"选项时，将在开放面组或实体曲面的选定面之间创建连续的体积块。

（3）具有拔模偏移特征：偏移包括在草绘内部的面组或曲面区域，并拔模侧曲面。还可使用此选项来创建直的或相切侧曲面轮廓。

（4）替换曲面特征：用面组或基准平面替换实体面。

4.2.7 复制曲面

复制曲面时，首先将复制的对象曲面选中，然后单击菜单下"编辑"→"复制"命令，如图 4-70 所示，或单击工具栏中的复制图标按钮 📋。

这时再单击菜单下"编辑"命令，在弹出的下拉菜单中选择"粘贴"或"选择性粘贴"命令来复制对象，如图 4-71 所示，也可以直接在标准工具栏单击"粘贴"或"选择性粘贴"图标按钮，如图 4-72 所示。

图 4-70 "编辑"→   图 4-71 "编辑"→"粘贴"或   图 4-72 标准工具栏
"复制命令"   "选择性粘贴"命令

“粘贴”和“选择性粘贴”的主要区别在于：“粘贴”只是对原对象进行复制，并附着在原对象上；而“选择性粘贴”可以将复制对象按照选定的参照方向进行平移或旋转，具体可参照表 4-2。

表 4-2　　“粘贴”与“选择性粘贴”的特征比较

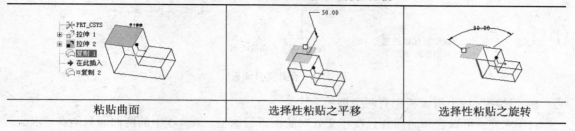

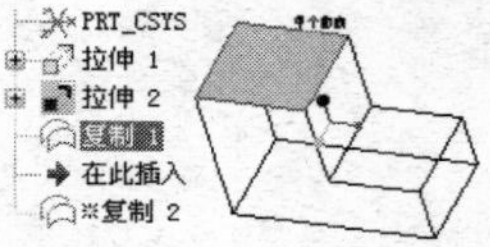	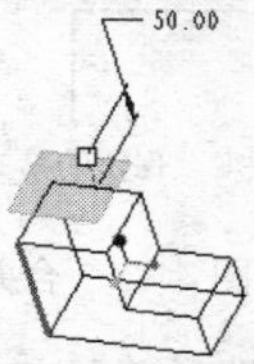	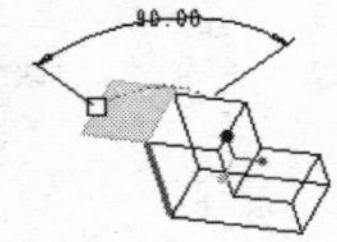
粘贴曲面	选择性粘贴之平移	选择性粘贴之旋转

4.2.8　曲面倒圆角

创建曲面倒圆角特征的方法如下。

单击菜单下“插入”→“倒圆角”命令或直接单击工具栏中“倒圆角”图标按钮，通过设定相关参数即可完成曲面倒圆角特征的创建。倒圆角工具面板如图 4-73 所示。

由于创建曲面倒圆角特征和创建实体倒圆角特征是相同的，本节将不再展开叙述。仅以图 4-74 为例说明曲面倒圆角的几种常见类型。

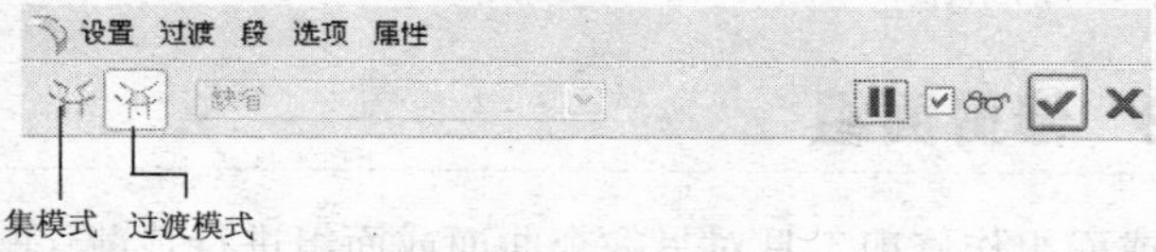

图 4-73　倒圆角工具面板

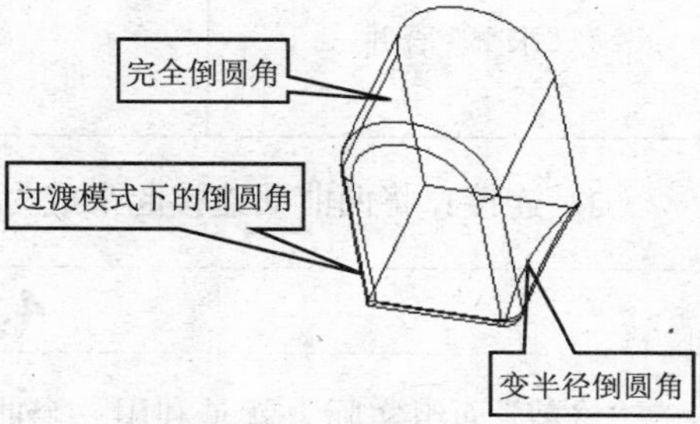

图 4-74　曲面倒圆角特征

4.3 曲面特征修整

4.3.1　合并面组

合并工具可以将两个相交曲面或面组合并成为一个独立的面组。创建合并曲面的操作步骤如下。

首先选中要合并的两个曲面，然后单击菜单下“编辑”→“合并”命令或直接单击工具栏中的按钮，进入合并特征界面，如图 4-75 所示。

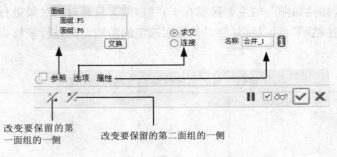

图 4-75　合并工具面板

在"选项"的上滑面板中有两个选项。

（1）求交：可以合并曲面并且在相交处对曲面进行修整。表 4-3 中的两曲面只能在"求交"模式下进行合并。

表 4-3　　　　　　　　　　　　　"求交"模式下合并曲面

合并前两曲面	调整要保留面组的一侧	合并后的曲面
"求交"合并		

（2）连接：将两曲面连接起来成为一个整体面组。

4.3.2　修剪面组

"修剪"面组实际上就是利用一个曲面或面组作修剪工具对另一个曲面或面组进行裁剪，其操作流程如下。

首先要选中两个曲面对象，然后单击菜单下"编辑"→"修剪"命令，或单击编辑工具栏中的修剪图标按钮 ▱。

修剪面组工具面板如图 4-76 所示，部分功能按钮在以前的图中已经介绍过，这里就不再赘述。

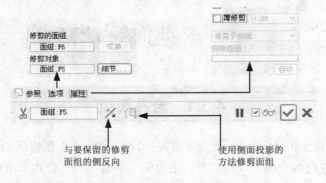

图 4-76　修剪面组工具面板

其次，在修剪面组工具面板中对修剪对象进行相应的修剪操作，具体操作过程可参照表 4-4 "曲面修剪的几种类型"。

表 4-4　　　　　　　　　　　　曲面修剪的几种类型

类　　型	修剪前特征	特征预览	修剪结果
无修饰			
保留修剪曲面			
薄修剪			

4.3.3　延伸面组

"延伸"面组命令的主要作用是沿着曲面的边界使曲面向外延伸出去以形成新的曲面。创建延伸曲面的方法如下。

首先选择某一曲面的边界，然后单击菜单下"编辑"→"延伸"命令或者单击编辑工具栏的延伸特征图标按钮 ，打开延伸面组工具面板，如图 4-77 所示。

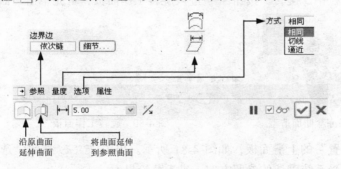

图 4-77　延伸面组工具面板

"延伸"面组工具面板中的几个重要选项及功能解释如下。

（1）参照："边界边"反映目前选取的曲面边界链状况，单击"细节"按钮可选取更多有关联的曲面边界线。

（2）量度：有 2 种量度方式，其中， 表示测量参照曲面中的延伸距离； 表示测量到选定平面的距离。

（3）选项：此选项有"相同"、"相切"和"逼近"3 种方式。

表 4-5　　　　　　　　　　　　曲面延伸的 2 种不同方式

延伸前特征	沿原曲面延伸	将曲面延伸到参照平面
	指定延伸的距离	将曲面延伸到 DTM1 参照面

> **提示**　以上是通过"选取曲面边界进行延伸"来创建的延伸特征，都是单一距离的延伸。如果要创建可变距离的延伸特征，可以在延伸面板中打开"量度"上滑面板，单击增加点，再改变距离值和位置调整，如图 4-78 所示。

图 4-78　"量度"的上滑面板及可变距离延伸特征

4.4 综合设计实例

本小节选用果冻盒作为曲面造型设计对象，如图 4-79 所示。下面详细介绍操作过程。

1．创建旋转曲面特征

（1）单击工具栏中"旋转"按钮，进入旋转工作面板，首先单击"曲面旋转"按钮，如图 4-80 所示。

图 4-79　果冻盒曲面造型　　　　　　　图 4-80　旋转工作面板

（2）打开"位置"的上滑面板，如图 4-81 所示。单击 定义… 按钮，选择 FRONT 基准平面为草绘平面，接受系统默认的参照方向，进入草绘界面。

（3）在草绘界面绘制旋转截面的草绘图形 1，如图 4-82 所示，单击 ✔ 按钮，完成草绘。

（4）再次返回到旋转工作界面，单击 ✔ 按钮，完成旋转曲面特征的创建，结果如图 4-83 所示。

2．创建扫描轨迹线

单击"草绘工具"按钮，选择 FRONT 基准平面为草绘平面，绘制如图 4-84 所示的扫描轨迹线。

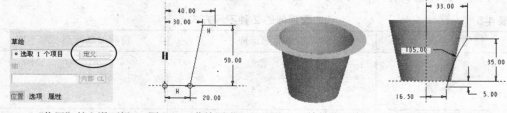

图 4-81　"位置"的上滑面板　　图 4-82　草绘图形 1　　图 4-83　旋转曲面特征　　图 4-84　扫描轨迹线

3. 创建扫描曲面特征

（1）单击菜单下"插入"→"扫描"→"曲面"命令，如图 4-85 所示，弹出"曲面：扫描"对话框（如图 4-86 所示）和菜单管理器。

（2）单击图 4-87 所示的"扫描轨迹"菜单管理器中的"选取轨迹"选项，弹出"属性"菜单，接受系统默认的"开放终点"选项，单击"完成"按钮，如图 4-88 所示。

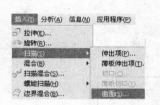

图 4-85　系统菜单　　　　图 4-86　"曲面：扫描"对话框　　　图 4-87　"扫描轨迹"菜单管理器

（3）在绘图区，绘制长轴为 6，短轴为 3 的椭圆截面图形，如图 4-89 所示。

（4）单击"曲面：扫描"对话框中的"确定"按钮，创建的扫描曲面特征如图 4-90 所示。

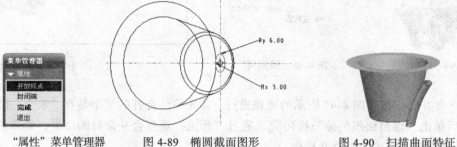

图 4-88　"属性"菜单管理器　　　图 4-89　椭圆截面图形　　　　图 4-90　扫描曲面特征

4. 创建环形阵列特征

（1）首先将创建的扫描曲面特征选中，然后单击工具栏中的"阵列"按钮▦，进入阵列工作面板。

（2）首先将阵列方式选择为"轴"（环形阵列），如图 4-91 所示。

（3）单击工具栏中的"基准轴"按钮 ✎，弹出"基准轴"对话框，如图 4-92 所示。首先单击 FRONT 基准平面，然后按住 Ctrl 不放，再单击 RIGHT 基准平面，两个基准平面的交线就是创建的轴线，如图 4-93 所示。最后单击"基准轴"对话框中的"确定"按钮，完成基准轴线的创建。

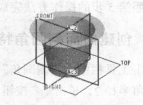

图 4-91　环形阵列工作面板　　　图 4-92　"基准轴"对话框　　　图 4-93　创建基准轴线

（4）再次回到阵列工作界面，单击"退出暂停"按钮 ▶ ，激活工作界面。设置阵列参数为5，阵列角度 360/5，单击 ✔ 按钮，创建阵列特征如图 4-94 所示。

5. 合并曲面

（1）在模型树（如图 4-95 所示）中，首先选中图 4-96 所示的两个曲面特征，然后单击工具栏中的"合并"按钮 🗊 ，进入合并曲面工作界面。

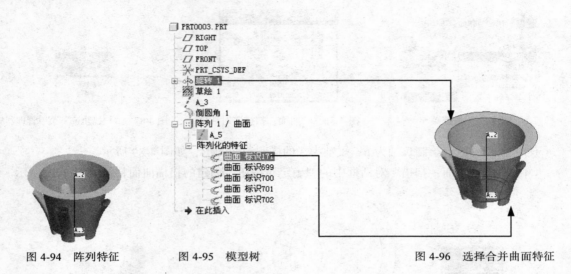

图 4-94 阵列特征　　　　图 4-95 模型树　　　　图 4-96 选择合并曲面特征

（2）合并操作按照图 4-97 所示的流程进行。首先确认合并的类型是在"求交"模式下进行的，然后单击"保留面组的侧"按钮 ✂ ，通过"预览"观察合并修剪的结果，如果修剪正确，则单击 ✔ 按钮，完成曲面合并操作。

图 4-97 合并曲面操作

6. 其余 4 个曲面的合并操作

按照第 5 步的操作方法完成其余 4 个曲面的合并操作，结果如图 4-98 所示。

7. 创建曲面倒圆角特征

单击工具栏中的"倒圆角"按钮 🝌 ，选中所有修剪部位的相交曲面轮廓，如图 4-99 所示，输入倒角半径 2，单击 ✔ 按钮。

至此，果冻盒曲面建模全部结束。

图 4-98 合并曲面特征　　　　图 4-99　倒圆角

小　结

通过本章的学习可以了解并掌握基础曲面建模的有关理论知识和基本操作方法。本章的难点是扫描、混合曲面创建的操作方法，以及曲面合并与曲面延伸等相关知识点。

习　题

1. 简述 Pro/E 基础曲面建模的基本指令。
2. 曲面建模和实体建模的区别有哪些?
3. 根据给定三视图及轴测图（如图 4-100 所示）构建三维实体特征。
4. 根据给定三视图及轴测图，构建如图 4-101 所示的薄板滑槽实体特征。

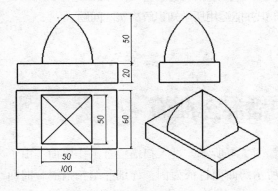
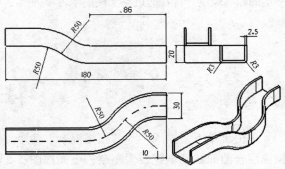

图 4-100　实体特征　　　　图 4-101　薄板滑槽特征

第5章
高级曲面建模

【学习目标】

1. 掌握扫描混合曲面建模方法
2. 掌握边界曲面建模方法
3. 掌握圆锥曲面和 N 侧曲面建模方法
4. 掌握相切曲面的建模方法
5. 掌握自由曲面的建模方法

所谓的高级曲面建模实际上是建立在基础曲面建模基础之上的，并在建模方法、实施途径与手段等方面比基础曲面建模更高级的一种曲面建模方法。本章只对高级曲面建模中的一些常用指令进行了重点剖析，如：扫描混合曲面、边界曲面、自由曲面等。本章的综合实例——斧头曲面造型设计具有一定的训练难度，旨在通过本实例的学习掌握所学知识并能运用所学知识解决实际问题。

5.1 扫描混合曲面

单击菜单下"插入"→"扫描混合"命令，如图 5-1 所示，进入扫描混合工作界面。由于扫描混合曲面特征创建较为复杂，下面以图 5-2 所示的曲面特征为例，详细介绍扫描混合曲面特征的操作过程。

图 5-1　系统菜单

图 5-2　曲面实例特征

1. 新建一个 Pro/e 零件

单击"新建"按钮，接受系统的默认名称，选择"零件"建模方式，不使用默认面板，单击"确定"按钮，选用公制模板 mm_part_solid，单击"确定"按钮，进入建模工作界面。

2. 创建扫描轨迹线

单击"草绘工具"按钮，弹出"草绘"对话框，选择 FRONT 基准面为"草绘平面"，接受系统默认的参照方向，单击"确定"按钮，进入草绘界面。绘制如图 5-3 所示的扫描轨迹线。

3. 创建基准点

单击"基准点"按钮，弹出"基准点"对话框如图 5-4 所示。选取图 5-5 的曲线段，并设置比例为 0.4。单击"确定"按钮，完成"基准点"的创建。

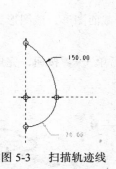

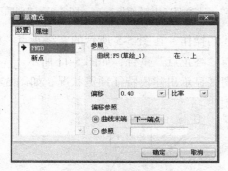

图 5-3　扫描轨迹线　　　　　　图 5-4　"基准点"对话框

 如果"参照点"位置不对，可单击"基准点"对话框中的"曲线末端"的 下一端点 按钮来调节。

4. 创建扫描混合曲面特征

（1）单击菜单下"插入"→"扫描混合"命令，如图 5-1 所示，进入扫描混合工具面板。首先将实体建模切换至曲面建模方式，如图 5-6 所示。

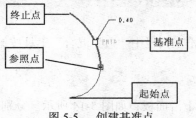

图 5-5　创建基准点

图 5-6　扫描混合工具面板

（2）打开"参照"的上滑面板，如图 5-7 所示，在绘图区中选取第 2 步创建的扫描轨迹线为"轨迹"。

（3）打开"剖面"的上滑面板，如图 5-8 所示。选择系统默认的"草绘截面"选项，这里一共要创建三个截面图形。

首先在绘图区单击图 5-5 的"起始点"作为第一个剖面的绘图位置点，再单击"草绘"按钮，进入草绘工作界面，绘制截面图形 1，如图 5-9 所示。

然后再单击"插入"一个剖面，选取图 5-5 中创建的"基准点"为第二个剖面绘图位置点，绘制如图 5-10 所示的截面图形 2。

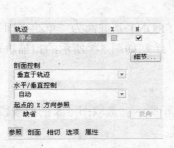

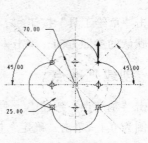

图 5-7　"参照"上滑面板　　　图 5-8　"剖面"上滑面板　　　图 5-9　截面图形 1

按照上述的操作，在图 5-5 所示的"终止点"处创建第三个截面图形，该图形为一个点，其点的位置与"终止点"重合，如图 5-11 所示。

这时绘图区显示出建模特征预览状况，如图 5-12 所示，最后单击 ✔ 按钮，完成扫描混合曲面特征的创建。

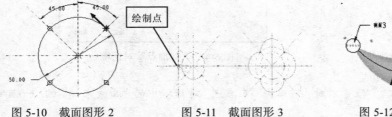

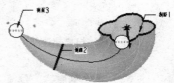

图 5-10　截面图形 2　　　　　图 5-11　截面图形 3　　　　　图 5-12　扫描混合特征预览

5.2 | 边界混合曲面

单击菜单下"插入"→"边界混合"命令或单击工具栏中"边界混合"工具按钮 ，打开边界混合工具面板，如图 5-13 所示。

边界混合工具面板功能按钮及相关解释如下。

（1）曲线。单击"曲线"选项，打开"曲线"上滑面板，如图 5-14 所示。分别选取第一、第二方向的曲线或边链，如果是多对象选取，一定要按住 Ctrl 键。

图 5-13　边界混合工具面板　　　　　　图 5-14　"曲线"上滑面板

（2）约束。单击"约束"按钮，打开"约束"上滑面板，如图 5-15 所示。其主要功能在于控制边界条件，包括边对齐的相切条件。约束的条件包括：自由、相切、曲率和垂直（法向）四项内容。

（3）控制点。单击"控制点"按钮，打开"控制点"，上滑面板如图 5-16 所示。其功能是通过输入曲线上映射位置来添加控制点并形成曲面。

图 5-15　"约束"上滑面板　　　　图 5-16　"控制点"上滑面板

（3）选项。单击"选项"按钮，打开"选项"上滑面板，如图 5-17 所示。选取曲线链来影响用户界面中混合曲面的形状或逼近方向。

（4）属性。单击"属性"按钮，打开"属性"上滑面板，如图 5-18 所示。"属性"的功能是重命名混合特征，或在 Pro/E 浏览器中显示混合特征的相关信息。

下面通过实例演示边界混合曲面的创建过程。

（1）打开"CH5/实例/5-2bjhh 零件"，如图 5-19 所示。

图 5-17　"选项"上滑面板

图 5-18　"属性"上滑面板　　　　图 5-19　CH5/实例/5-2bjhh 零件

（2）单击工具栏中的"边界混合"工具按钮，进入边界混合工作界面。按照图 5-20 所示的操作要求，分别选取第一边界和第二边界线条。

（3）单击边界混合工具面板中的"确定"按钮，结果如图 5-21 所示。

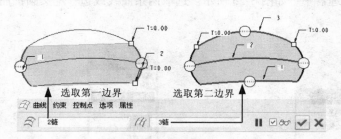

图 5-20　创建边界混合曲面　　　　图 5-21　边界混合曲面

5.3 圆锥曲面和 N 侧曲面

圆锥曲面或多边曲面的建立也是基于边界的方式。创建圆锥曲面需要利用圆锥曲线形成曲面，即曲面的截面为圆锥线。圆锥线的参数值的范围见表 5-1。

表 5-1　　　　　　　　　　　圆锥曲线的参数值表

范　　围	形　　状
0.5 ＜ 参数 ＜ 0.95	双曲线
参数 = 0.5	抛物线
0.05 ＜ 参数 ＜ 0.5	椭圆

1. 创建圆锥曲面

创建圆锥曲面的步骤如下。

（1）单击菜单下"插入"→"高级"→"圆锥曲面和 N 侧曲面片"命令，如图 5-22 所示。

（2）在随后弹出的"边界选项"菜单管理器中，单击"圆锥曲面"选项，如图 5-23 所示。此选项有两项内容："肩曲面"、"相切曲面"。择其一者后，单击"完成"，打开"曲面：圆锥，肩曲线"对话框，如图 5-24 所示，包括下列元素。

图 5-22　创建圆锥曲面命令菜单　　　　　图 5-23　"边界选项"菜单管理器

① 曲线——指定该特征的几何参照。

② 圆锥参数——指定圆锥参数。

（3）在"曲线选项"菜单管理器中，如图 5-25 所示。选取两条曲线或边，定义圆锥曲面的相对边界。

图 5-24　"曲面：圆锥，肩曲线"对话框　　　图 5-25　"曲线选项"菜单管理器

（4）定义"边界"曲线后，在"曲线选项"菜单中，再单击"肩曲线"或"相切曲线"，并使用与选取边界曲线相同的方法，选取圆锥曲线。

（5）在"曲线选项"菜单管理器中，单击"确认曲线"。

（6）输入圆锥参数值，该值必须在 0.05 到 0.95 之间。可以参考表 5-1。

（7）在"曲面：圆锥，肩曲线"对话框中单击"确定"按钮，完成圆锥曲面特征创建。

2. 创建多边曲面（N 侧曲面）

创建多边曲面就是创建 N 侧曲面，可以使 5 条首尾相连的曲线构成一多边形曲面。由于创建 N 侧曲面的方法和创建圆锥曲面的方法有雷同之处，所以这里仅对几点区别加以介绍。

（1）区别一：进入"边界选项"菜单管理器后，单选"N 侧曲面"，如图 5-26 所示。

（2）区别二：N 侧曲面的定义元素包括"曲线"、"边界条件"两项内容，如图 5-27 所示。图 5-28 所示的是创建 N 侧曲面特征的过程。

图 5-26 "边界选项" 菜单管理器

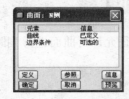

图 5-27 "曲面：N 侧"对话框

图 5-28 创建 N 侧曲面特征的过程

5.4 | 相切曲面

创建相切曲面的操作步骤如下。

（1）单击菜单下"插入"→"高级"→"将切面混合到曲面（T）"命令，如图 5-29 所示。打开"曲面：相切曲面"对话框，如图 5-30 所示。

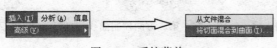

图 5-29 系统菜单

图 5-30 "曲面：相切曲面"对话框

（2）在弹出的"曲面：相切曲面"对话框中，选定"结果"选项的构建类型，并对曲面构成方式或拔模方向进行选择，如图 5-31 所示。

（3）单击"曲面：相切曲面"对话框中"参照"选项，选择拔模线，选择"拔模线"方向和"相切到"的"参照曲面"。

（4）单击预览按钮 ，查看曲面构建状况，确认后单击 ✔ 按钮，完成曲面的建立。图 5-31 所示即为创建的由曲线驱动的相切曲面。

图 5-31 创建相切曲面特征

5.5 自由曲面

创建自由曲面即创建自由形状曲面特征。自由形状曲面特征允许对曲面进行"推"或"拉"，通过交互改变其形状，以创建新曲面特征或修改实体或面组。

下面用实例阐述自由曲面创建过程。

1. 创建拉伸曲面

单击工具栏中的拉伸按钮 ⬜，选择 RIGHT 平面作为草绘平面，拉伸一个长 150 mm，宽 100 mm 的长方形平面。

2. 选择基本曲面并设定网格数

（1）单击菜单"插入"→"高级"→"曲面自由形状"命令，如图 5-32 所示，打开"自曲面：自由形式"对话框，如图 5-33 所示。

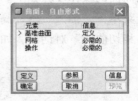

图 5-32 创建自由形状曲面菜单　　图 5-33 "曲面：自由形式"对话框

（2）在弹出的"曲面：自由形式"对话框中定义"基准曲面"元素时，选择步骤 1 创建的自由形式的基本曲面——长方形平面。

（3）在信息提示文本输入框输入经、纬方向的曲线数：输入第一方向的控制曲线数量为 5，单击 ✔ 按钮，如图 5-34 所示；再输入第二方向的控制曲线数量为 9，单击 ✔ 按钮，如图 5-35 所示。绘图区域的曲面上立刻显示网格形状，如图 5-36 所示。

➪ 输入在指定方向的控制曲线号 5 　　　　✔ ✕　　➪ 输入在指定方向的控制曲线号 9 　　　　✔ ✕

图 5-34 第一方向控制曲线数量信息提示文本输入框　　图 5-35 第二方向控制曲线信息提示文本输入框

3. 创建局部自由形状曲面

（1）打开"修改曲面"对话框中的"区域"设置面板，如图 5-37 所示。

图 5-36　基准网格显示　　　　图 5-37　"修改曲面""设置面板"对话框

（2）确定第一方向的区域。选取第一方向的两条控制线，如图 5-38 所示，单击"确定"按钮。当在选定第一根控制线条时，基本曲面中出现一红色箭头，同时系统提示在箭头所指方向选取第二条控制曲线。

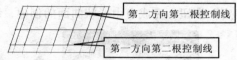

图 5-38　选定第一方向的移动区域

单击图 5-38 所示的"区域"左上角的三角符号，勾选第一、第二方向"区域"旁边的方框，即可对区域进行设置。

（3）确定第二方向的区域。操作方法同第一方向控制线的选取，当第二方向的控制线选定以后，自由曲面的区域也就确定下来。如图 5-39 所示。

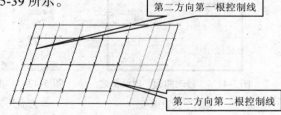

图 5-39　选定移动区域

选第二方向控制线时，应勾画第二方向区域边的方框，如图 5-39 所示。

4. 创建自由形状曲面 1

在"移动平面"对话框中选择"动态平面"选项，如图 5-37 所示，勾选"第一方向"或"第二方向"时，选择区域内的网格点进行拖动，调整到适当位置。

5. 创建自由形状曲面 2

（1）在"修改曲面"对话框中，将"移动平面"选项设定为"动态平面"，如图 5-37 所示。

若勾选"第一方向"或"第二方向"时，选择区域内的网格点可以在第一、第二方向上进行拖动，调整到适当位置。

（2）若勾选"法向"选项时，可垂直拖动限定区域的网格点，调整到一个适当的位置，结果如图 5-40 所示。

图 5-40　创建自由曲面

6. 诊断分析曲面

（1）单击"修改曲面"对话框中的"诊断"选项，打开"诊断"设置面板，如图 5-41 所示。使用该面板，可对构建的曲面进行高斯曲率、截面曲率、斜率、阴影、曲线曲率分布、网格等方面的分析。

（2）选择模型中的基本曲面作为参考，在诊断面板中选择"网格"（或任一选项）时，单击 👁 👁 按钮，此时拖动网格点可以调整自由曲面的形状。

7. 完成自由曲面的创建

单击图 5-42 所示的"曲面：自由形式"对话框中的"预览"，观察设计结果。确认后单击"确定"按钮，完成自由形状曲面的创建，结果如图 5-43 所示。

图 5-41　"修改曲面"对话框之

"诊断"设置面板

图 5-42　"曲面：自由

形式"对话框

图 5-43　自由形状曲面

5.6　综合设计实例

1. 新建 Pro/e 零件

（1）单击"新建"按钮，弹出"新建"对话框如图 5-44 所示。在"公用名称"窗口输入"futou"，采用不使用默认模板方式建模，单击"确定"按钮。

（2）在随后弹出的"新文件选项"对话框中，单击"mmns_part_solid"选项，即采用公制单位（毫米：mm）方式来建模，单击"确定"按钮，进入建模界面。

图 5-44   "新建"对话框

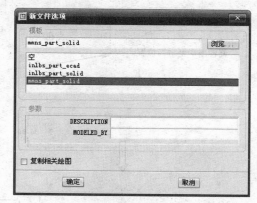

图 5-45   "新文件选项"对话框

2. 创建空间构架线框

（1）创建草图 1。单击"草绘工具"按钮，选择"FRONT"平面为草绘平面，接受系统默认的参照平面，绘制如图 5-46 所示的草绘图形 1。

（2）创建基准平面 DTM1。首先，单击"基准平面工具"按钮，弹出"基准平面"对话框，如图 5-47 所示。在绘图区选择"TOP"平面为参照，如图 5-48 所示。

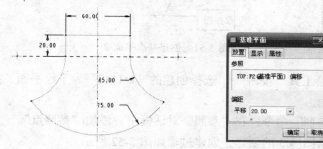

图 5-46   草绘图形 1   图 5-47   "基准平面"对话框

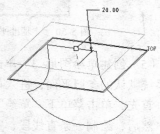

图 5-48   创建基准平面 1

其次，在"基准平面"对话框中的"偏距"窗口，输入"平移"距离 20。

最后，单击"基准平面"对话框中的"确定"按钮，完成"基准平面 DTM1"的创建。

（3）创建草绘图形 2。单击"草绘工具"按钮，选择创建的"DTM1"为草绘平面，接受系统默认的参照平面，按照图 5-49 所示的操作步骤，创建草绘图形 2。

（4）创建基准平面 DTM2。首先，单击"基准平面工具"按钮，弹出"基准平面"对话框，如图 5-50 所示。

在绘图区首先选中"RIGHT"平面为参照面，然后再按住 Ctrl 键不放，选中图中的"参照点"，如图 5-51 所示。

最后，单击"基准平面"对话框中的"确定"按钮，完成"基准平面 2"的创建。

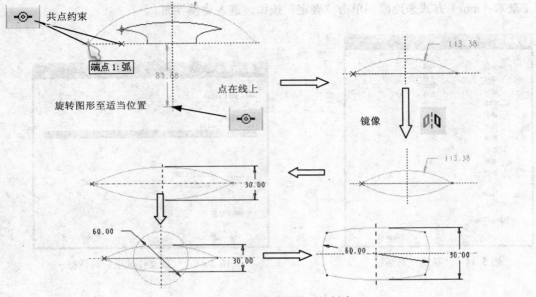

图 5-49　草绘图形 2 的创建

图 5-50　"基准平面"对话框

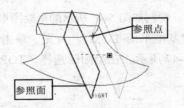

图 5-51　创建基准平面 2

（5）创建草绘图形 3。单击"草绘工具"按钮，选择创建的"DTM2"为草绘平面，接受系统默认的参照平面，进入草绘界面。

首先，单击菜单下"草绘"→"参照"命令，在"参照"对话框中，添加"参照点"。

然后，绘制一条直线段，完成草绘图形 3 的创建，创建过程如图 5-52 所示。

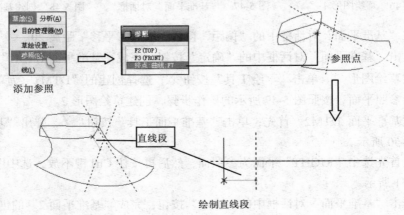

图 5-52　草绘图形 3 的创建

（6）创建基准平面 DTM3。首先，单击"基准平面工具"按钮 ▱，弹出"基准平面"对话框，如图 5-53 所示。

在绘图区首先选中"直线段"，然后再按住 Ctrl 键不放，再单击图中的"参照点"，如图 5-54 所示。

最后，单击"基准平面"对话框中的"确定"按钮，完成"基准平面 3"的创建。

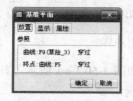

图 5-53　"基准平面"对话框

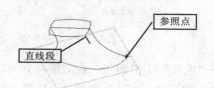

图 5-54　创建基准平面 3

（7）创建草绘图形 4。单击"草绘工具"按钮 ⌂，选择创建的"DTM3"为草绘平面，接受系统默认的参照平面，系统弹出"参照"对话框，选取如图 5-55 所示的"参照点 1"和"参照点 2"，单击"确定"按钮，进入草绘界面。

然后，在绘图区绘制一条圆弧，约束条件如图 5-56 所示，完成草绘图形 4 的创建。

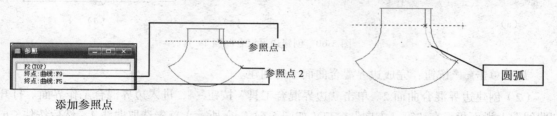

图 5-55　草绘图形 4 的创建

图 5-56　草绘图形 4

（8）创建镜像曲线 1。首先，在绘图区单击选取图 5-57（a）所示的直线和圆弧曲线，然后单击"镜像"按钮)|(，进入镜像工作界面。选取 FRONT 平面为镜像平面，如图 5-57（b）所示。最后单击 ✓ 按钮完成镜像操作，结果如图 5-57（c）所示。

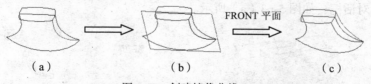

（a）　　　　　　　　（b）　　　　　　　　（c）

图 5-57　创建镜像曲线 1

（9）创建镜像曲线 2。按照步骤（8）的操作方法，以 RIGHT 平面为镜像平面，创建镜像曲线 2，如图 5-58 所示。

图 5-58　创建镜像曲线 2

3. 创建曲面特征

（1）创建边界混合曲面1。单击"边界混合工具"按钮 ，进入边界混合工作界面，如图5-59所示。

图5-59　边界混合工具面板

打开"曲线"上滑面板，在"第一方向"窗口（如图5-60（a）所示）首先选取曲线1，然后按住Ctrl键不放，再选取曲线2，如图5-60（b）所示。

在"第二方向"窗口（如图5-60（c）所示）选取另外一组方向上的两条曲线，如图5-60（d）所示。

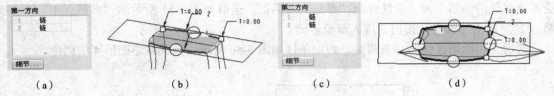

图5-60　创建边界混合曲面1

最后单击 按钮，完成边界混合曲面1的创建。

（2）创建边界混合曲面2。单击"边界混合工具"按钮 ，进入边界混合工作界面。打开"曲线"上滑面板，在"第一方向"窗口（如图5-61（a）所示）首先选取曲线1，然后按住Ctrl键不放，再选取曲线2，如图5-61（b）所示。

在"第二方向"窗口（如图5-62（a）所示），也要选取两条边界线。由于这两条边界线分别由一段直线和一段圆弧曲线组成，因此操作方法比较烦琐，具体如下。

首先在绘图区选取如图5-62（b）所示的圆弧，然后单击图5-62（a）中的"细节"按钮，随即弹出"链"对话框，如图5-63（a）所示。

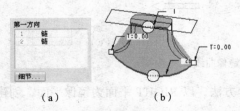

图5-61　选取第一方向的边界"链"线

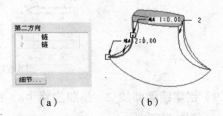

图5-62　选取第二方向的边界"链"线1

然后按住Ctrl键不放，再选取如图5-63（b）所示的直线段。把直线段和圆弧作为第一条边界"链"线。

提示　选取边界"链"线1时，也可以先打开"细节"按钮，然后在绘图区中同时选取图5-63（b）边界"链"线1。

选取第二条边界"链"线时，首先单击"添加"按钮，在"链"对话框的"参照"窗口提示"选取项目"，如图 5-64（a）所示。按住 Ctrl 键不放，依次选取如图 5-64（b）所示的曲线作为第二条边界"链"线。这时的"链"对话框中，显示了已选取的两个图素，如图 5-65（a）所示。

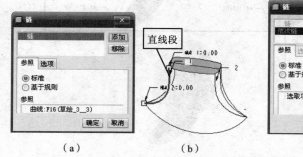
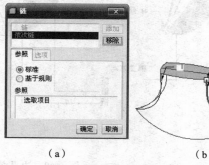

图 5-63　选取第二方向的边界"链"线 1　　　　图 5-64　选取第二方向的边界"链"线 2

最后单击 ✔ 按钮，完成边界混合曲面 2 的创建，结果如图 5-65（b）所示。

（3）创建边界混合曲面 3。单击"边界混合工具"按钮 ⟋⟋，进入边界混合工作界面，并打开"曲线"上滑面板。

要创建的曲面是一个"日"字形网格的变形，其中有一条边界线缩小为一个点，所以，"第一方向"只需选取圆弧曲线，"第二方向"选取另外三条曲线链。

在"第一方向"窗口，选取第一方向边界链线——圆弧曲线，如图 5-66 所示。

打开"第二方向"窗口中的"细节"按钮，弹出"链"对话框，如图 5-67 所示。

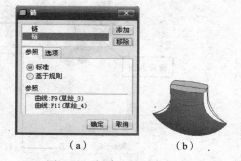

图 5-65　创建边界混合曲面 2

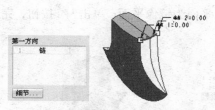
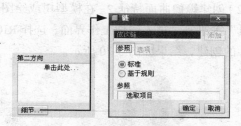

图 5-66　选取第一方向的边界曲线　　　图 5-67　"第二方向"及"链"对话框

在绘图区依次选取三条"链"作为第二方向的链线，如图 5-68 所示。每次选好一条链线后，单击"添加"按钮。

最后单击 ✔ 按钮，完成边界混合曲面 3 的创建，结果如图 5-68 所示。

4. 镜像曲面

（1）创建镜像曲面特征 1。首先在模型树或绘图区选择镜像曲面，如图 5-69 所示。然后单击"镜像工具"按钮 ⫴，进入镜像工作界面，选择 FRONT 平面为镜像平面，单击 ✔ 按钮，完成镜像曲面 1 的创建，结果如图 5-69 所示。

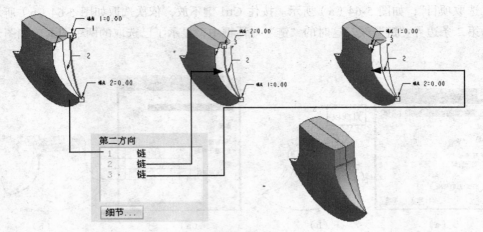

图 5-68　边界混合曲面 3

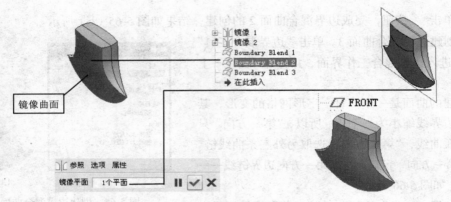

图 5-69　创建镜像曲面特征 1

（2）创建镜像曲面特征 2。在模型树或绘图区选择镜像曲面，如图 5-70 所示。然后单击"镜像工具"按钮，进入镜像工作界面，选择 RIGHT 平面为镜像平面，单击 ✔ 按钮，完成镜像曲面 2 的创建，结果如图 5-70 所示。

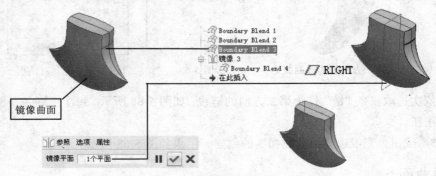

图 5-70　创建镜像曲面特征 2

5. 合并曲面

首先按照图 5-71 所示的要求，选取两个曲面，然后单击"合并工具"按钮 ，进入合并工作界面，再单击 ✓ 按钮，完成两个曲面的合并操作。

图 5-71　合并曲面

然后，按照同样的操作方法，依次将其余的面逐一合并起来。结果如图 5-72 所示。

6. 曲面实体化

（1）首先在模型树中选中"合并 4"，如图 5-73 所示。然后单击菜单下"编辑"→"实体化（Y）"命令，如图 5-74 所示。

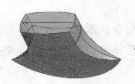
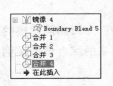

图 5-72　合并曲面　　　　图 5-73　模型树　　　　图 5-74　系统菜单

（2）系统进入"实体化"工作界面，如图 5-75 所示。单击 ✓ 按钮，完成曲面实体化操作。

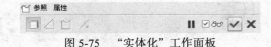

图 5-75　"实体化"工作面板

7. 创建旋转特征

（1）单击"旋转工具"工具按钮 ◊ᵥ，进入旋转建模工作界面，如图 5-76 所示。

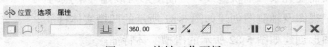

图 5-76　旋转工作面板

（2）打开"位置"上滑面板，单击"定义"按钮，如图 5-77 所示。在弹出的"草图"对话框中选择 FRONT 面为草绘平面，接受系统默认的参照基准面，单击"草绘"按钮，进入草绘界面，如图 5-78 所示。

（3）在绘图区绘制草绘图形、回转轴线并标注尺寸，如图 5-79 所示。绘制完毕后单击 ✓ 按钮，完成草绘图形的创建。

（4）再次返回到旋转建模工作界面，预览绘图区中的工作图形，确认后再单击 ✓ 按钮，完成旋转实体特征的创建，最后创建的斧头实体造型如图 5-80 所示。

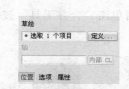

图 5-77　"位置"上滑面板　　　　图 5-78　"草绘"对话框

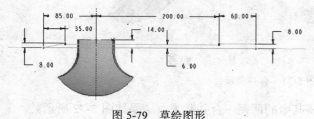

图 5-79　草绘图形

图 5-80　斧头实体造型

小 结

通过本章的学习了解并掌握 Pro/E 高级曲面建模的相关指令。本章的难点是自由曲面造型设计，重点是边界混合曲面设计。本章的综合设计实例主要是针对边界混合命令来设计的，希望读者能做到灵活掌握、融会贯通。

习 题

1. Pro/E 的高级曲面有哪些主要的功能命令？
2. 扫描混合曲面需要几条扫描轨迹线？截面图形可以是一个点吗？
3. 根据给定的三视图及轴测图创建如图 5-81 所示的凹槽实体特征。
4. 根据给定的图形创建如图 5-82 所示的滑槽实体特征。

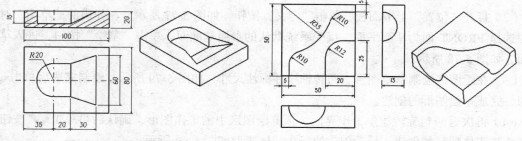

图 5-81　凹槽实体特征　　　　　　　　　图 5-82　滑槽实体特征

第6章
创建工程图

【学习目标】

1. 了解 Pro/E 工程图的基本概念
2. 了解工程三视图的建立
3. 了解局部视图、剖视图在 Pro/E 的应用
4. 了解工程图的标准设置及其应用
5. 通过实例综合掌握工程视图的使用方法

6.1
工程图的基本概念

如今大多 CAD 软件都以三维实体造型来显示产品的所有信息，然而在实际生产应用中依然离不开二维平面图，这就要求我们必须将三维实体模型转换成二维视图来适应企业的生产。我们将在这一章中着重介绍 Pro/E Wildfire 4.0 中二维工程视图的应用。

6.1.1 工程视图操作的概念

在 Pro/E Wildfire 4.0 工程图模式下可指定 7 个视图类型：一般视图、投影视图、详细视图、辅助视图、旋转视图、复制并对齐视图和展平褶视图。如图 6-1 所示。

一般视图：默认视图选择方向，与其他视图无直接关联。

投影视图：在几何图形的水平或垂直方向上的正交投影。可以通过第一视角或第三视角规则来指定绘图的投影类型。

详细视图：显示已有视图上的某一部分视图，可以放大该部分视图的比例从而更清晰地表达模型的局部特征。

辅助视图：创建一个以适当角度在选定面上或沿一个轴的投影的视图。

图 6-1 选择菜单命令

旋转视图：将已有的视图绕平面投影旋转 90°，可以是全部、局部或未分解的视图。

复制并对齐视图：对齐的视图，它是基于特定视图边界并相对于现有部分视图对齐。

展平褶视图：复合模型展平的单一褶视图。

6.1.2 Pro/E Wildfire 4.0 中工程视图的建立

建立新文件的步骤如下。

打开"文件"，单击"新建"。

在"新建"对话框中的"类型"选项中选择"零件"单选按钮，在"子类型"中选择"绘图"单选按钮，在"名称"文本框里输入"drw0001"。

（1）勾选"使用缺省模板"复选框，单击"确定"按钮（如图 6-2 所示），进入"新制图"对话框（如图 6-3 所示）。

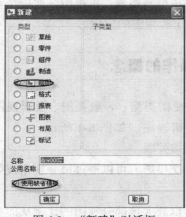

图 6-2 "新建"对话框

图 6-3 "新制图"对话框

（2）若取消勾选"使用缺省模板"复选框，单击"确定"按钮，进入"新制图"对话框（如

图 6-4 所示)。

在"新制图"对话框中有两个选项区："缺省模型"和"指定模板"。

①"缺省模型"：显示的是当前工作区内的三维模型的名称，若当前工作区内没有模型，可以单击"浏览"按钮搜索其他模型。

②"指定模板"：用来创建绘图方式，分为"使用模板"、"格式为空"和"空" 3 种模式。分别叙述如下。

"使用模板"时，在"模板"列表框内列出了各种内置的制图样板供用户选用（如图 6-5 所示）。

"格式为空"时，可以单击"浏览"按钮搜索其他格式文件（如图 6-6 所示）。

图 6-4 "新制图"对话框

图 6-5 "模板"列表框

图 6-6 "格式为空"对话框

"空"时，可以指定页面的方向与大小。方向分为纵向、横向、可变 3 种（如图 6-7 所示），大小有 A0～A4（公制）与 A～F（英制）的默认页面（如图 6-7 所示）供选择。

（3）单击"确定"按钮进入工程制图界面（如图 6-8 所示）。

图 6-7 "大小"选项区域

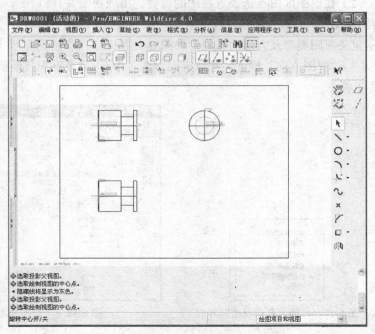
图 6-8 三视图界面

6.2 创建三视图

在绘图模块中有很多视图类型，常用的有一般视图、投影视图、详细视图、辅助视图、旋转视图、复制并对齐视图和展平摺视图。下面具体介绍这些视图的用法。

6.2.1 一般视图

在创建工程制图时，第一个要创建的就是一般视图。一般视图既是所有视图的基础，也是使用过程中自由度最高和最易于变动的视图。

在 Pro/E Wildfire 4.0 中，一般视图的创建有下列 3 种方法。

（1）单击"插入"下拉菜单中"绘图视图"命令下的"一般"命令。（如图 6-9 所示）

（2）在绘图工作区单击鼠标右键，在弹出的快捷菜单中选择"插入普通视图"命令（如图 6-10 所示）。

（3）单击 按钮创建一般视图。

创建一般视图的方法如下。

（1）单击 按钮，或者单击"插入"→"绘图视图"→"一般"命令，或者单击鼠标右键→"插入普通视图"。

（2）在绘图区内点选放置视图的位置，出现视图并且打开"绘图视图"对话框。默认选项下点选"视图类型"类别，同时显示定义视图类型及方向的选项（如图 6-11 所示）。

（3）"视图方向"框下"选取定向方法"中有："查看来自模型的名称"、"几何参照"、"角度" 3 项。

图 6-9　"绘图视图"下拉菜单

图 6-10　"插入普通视图"界面

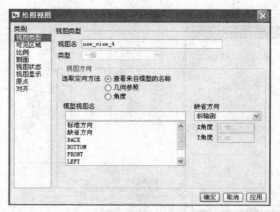

图 6-11　"绘图视图"对话框

① "查看来自模型的名称"使用来自模型的已保存的视图定向（如图 6-11 所示）。

在"模型视图名"列表框中可以选取相应的模型视图。

"缺省方向"定义了 X 和 Y 方向。

② "几何参照"通过选取几何参照定向视图（如图 6-12 所示）。

③ "角度"通过选取旋转参照和旋转角度定向视图（如图 6-13 所示）。

图 6-12 "几何参照"对话框

图 6-13 "角度"对话框

（4）根据以上步骤定义视图方向及放置位置后，点选"确定"即可创建出一般视图。

6.2.2 投影视图

投影视图是另一个视图的几何图形在水平或垂直方向上的正交投影。创建投影视图时需要指定一个视图作为父视图，通常选一般视图作为父视图，也就是说，在创建投影视图之前应该已经创建好了一个一般视图。

投影视图的创建步骤如下。

（1）单击 按钮，或者单击"插入"→"绘图视图"→"投影"命令，如图 6-14 所示，也可以先选中父视图，单击鼠标右键→"创建投影视图"。

（2）选取投影视图的父视图，父视图被选中后会出现一个黄色线框，表示投影，如图 6-15 所示。

图 6-14 选取投影视图

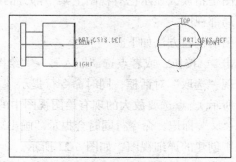

图 6-15 选取父视图

此时单击鼠标右键出现菜单栏,将"锁定视图移动"前面的勾选去掉,否则视图无法移动,如图6-16所示。

(3)将黄色线框拖到所需位置,单击放置视图。可以修改投影视图的属性:选取投影视图并单击鼠标右键,单击下拉菜单中的"属性"即出现"投影视图属性"对话框,如图6-17所示。定义属性后,单击"关闭"按钮即可。

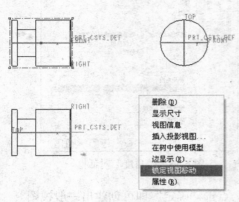

图6-16 去除锁定视图移动勾选　　　　图6-17 "投影视图属性"对话框

(4)若删除了投影视图的父视图,则所有由该父视图投影出来的视图都自动被删除。

(5)投影视图创建的结果如图6-18所示。

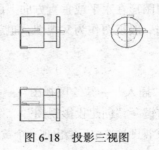

图6-18 投影三视图

6.2.3 详细视图

详细视图是指放大显示已有视图上某一部分的视图,用于表达某些细微而无法标注的部分,它也被称为局部视图。

详细视图的创建方法如下。

(1)单击 按钮,或者点选"插入"→"绘图视图"→"详细"命令,如图6-19所示。

(2)出现"选取"对话框,同时命令行提示"在一现有视图上选取要查看细节的中心点"(如图6-20所示)。点选要放大的现有绘图视图中的点(被选中的特征线条会高亮显示),点中后出现红色"×"标记,命令行同时会提示"画出环绕该标记点的样条曲线"。该封闭样条曲线区域内就是所创建的详细视图,如图6-21所示。

(3)样条曲线以中键结束,此时样条显示为一个圆和一个详细视图名称的注释,如图6-22所示。

图 6-19 详细视图

图 6-20 点选项

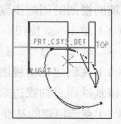

图 6-21 样条曲线区域

（4）在绘图区点选放大视图所放置的位置，即可生成一个以所绘制样条曲线区域所放大的局部视图，如图 6-23 所示。

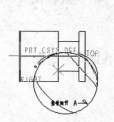

图 6-22 圆形详细视图区

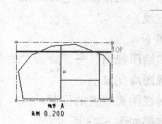

图 6-23 详细视图

（5）修改该局部视图的放大比例。

① 双击绘图区域左下角"绘图刻度"字样，命令行提示"重定义比例"。修改其数值，勾选后放大了局部视图的父视图，如图 6-24 所示。

② 单击"编辑"→"值"命令。然后双击详细视图下方"比例 0.200"字样，命令行提示"输入详细视图新比例值"，更改数值后勾选即可改变详细视图比例，如图 6-25 所示。

（6）详细视图创建的结果如图 6-26 所示。

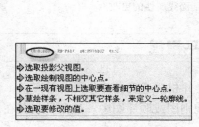

图 6-24 父视图比例的修改

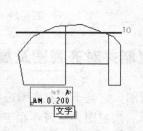

图 6-25 详细视图比例的修改

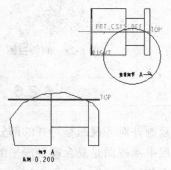

图 6-26 详细视图

6.2.4　辅助视图

辅助视图也是一种投影视图。在几何模型有斜面而无法用正投影的方式来显示真实形状时，可以利用辅助视图表达其真实几何形状。

辅助视图的创建步骤如下。

（1）单击 按钮，或者点选"插入"→"绘图视图"→"辅助"命令，打开"选取"对话框。

（2）在创建辅助视图前需要创建基准面、轴、边，点选该基准面、轴或边来显示辅助视图。

（3）点选创建的基准面、轴、边，在放置辅助视图的位置单击鼠标左键，辅助视图创建完成，如图 6-27 所示。

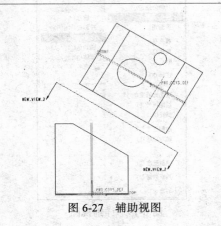

图 6-27　辅助视图

6.2.5　旋转视图

旋转视图是现有视图的一个剖视图，它绕切割平面投影旋转 90°。旋转视图和剖视图的不同之处在于它包括一条标记线。

旋转视图的创建步骤如下。

（1）点选"插入"→"绘图视图"→"旋转"命令，打开"选取"对话框。

（2）点选父视图，该视图高亮显示。

（3）在绘图区点选旋转视图要放置的位置。

（4）旋转视图创建的结果如图 6-28 所示。

（5）双击旋转视图中的剖面线，出现下拉菜单可以进行其属性的更改，如改变剖面线的角度等，如图 6-29 所示。

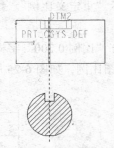

图 6-28　旋转视图

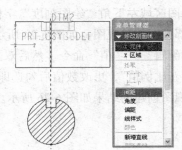

图 6-29　剖面线属性的更改

6.2.6　复制并对齐视图及展平褶视

复制并对齐视图是对齐的部分视图，它基于特定视图边界并相对于现有部分视图对齐。

展平褶视图是复合模型展平的单一褶视图，它可存在于规则图或顺序图中。这两种视图在此不再赘述。

6.3 尺寸及符号标注

工程制图中，尺寸标注和必要的注释符号是完整图纸的一部分。在创建完成三视图后必须要进行尺寸标注、公差符号标注、注释等。以下就尺寸标注及注释做一些具体的介绍。

6.3.1 尺寸标注

尺寸标注分两种方式。

（1）单击"视图"→"显示及拭除"命令对整体视图进行标注。

（2）在"插入"菜单功能下对单一尺寸进行标注。

1. 显示及拭除

在绘图模式下，单击■按钮或单击"视图"→"显示及拭除"命令，此时显示"显示/拭除"对话框，如图 6-30 所示。

在该对话框中，"类型"选项内显示了所有可以"显示/拭除"的项目。所有这些类型可以单选，也可以复选。各类型选项的说明见表 6-1 所示。

表 6-1   "显示/拭除"的类型说明

图　标	说　明	图　标	说　明
1.2→	显示/拭除尺寸	-----A.1	显示/拭除轴线
(1.2)→	显示/拭除参考尺寸	⚓	显示/拭除焊接符号
⊕Ø.1Ⓜ	显示/拭除几何公差	32	显示/拭除表面粗糙度
ABCD	显示/拭除注释	A◀	显示/拭除基准平面
⑤	显示/拭除球标		显示/拭除修饰特征

另外，在该"显示/拭除"对话框中分别有"显示方式"和"拭除方式"区域。

"显示方式"区域如图 6-31 所示，表示对视图的标注的方式分别如下。

（1）"特征"、"零件"："特征"可以选取模型特征来显示尺寸；"零件"是直接选取零件模型来显示尺寸。

（2）"视图"：对指定的视图来显示尺寸。

（3）"特征和视图"：在指定视图上选取特征进行显示尺寸。

（4）"零件和视图"：指定单个零件来显示尺寸，该功能比较适用于装配模型。

"拭除方式"区域如图 6-32 所示，表示对视图上已有的标注进行擦除的方式。

2. 标注尺寸

（1）在绘图状态下，单击■按钮或单击"视图"→"显示及拭除"命令，选取显示"类型"项，再点选"显示方式"项，如图 6-33 所示。

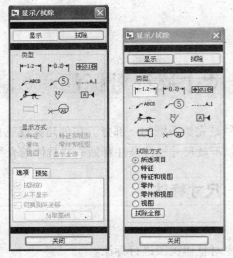 

图 6-30 "显示/拭除"对话框   图 6-31 "显示方式"区域

（2）根据上一步确定的选项，在图形区内需要标注的视图上单击左键，此时相应的尺寸会自动标注出来。

（3）单击中键，出现选取对话框，同时预览区提示选取的项目，如图 6-34 所示。

图 6-32 "拭除方式"区域   图 6-33 显示标注   图 6-34 标注"预览"对话框

（4）选取"接受全部"选项，自动标注完成。

6.3.2 符号标注

符号标注可分为几何公差和表面光洁度两项。

1. 几何公差

单击 ▥ 按钮，打开如图 6-35 所示的"几何公差"对话框。

图 6-35　"几何公差"对话框

各公差符号的含义如表 6-2 所示。

表 6-2　几何公差符号

几何公差名称	符　　号	几何公差名称	符　　号
直线度	—	平面度	▱
圆度	○	圆柱度	⌭
线轮廓度	⌒	曲面轮廓度	⌓
倾斜度	∠	垂直度	⊥
平行度	∥	位置度	⌖
同轴度	◎	对称度	⩦
径向跳动	↗	总跳动	⫲

几何公差标注完成后如图 6-36 所示。

2. 表面光洁度

首次加入符号时，需要执行菜单栏下"检索"命令，从系统安装目录下取出表面光洁度符号，显示"实例依附"菜单栏，如图 6-37 所示。

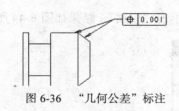

图 6-36　"几何公差"标注

图 6-37　"实例依附"菜单栏

该菜单栏下各项内容含义如下。

（1）"方向指引"：为符号加上带指引线的标注，如图 6-38 所示。

（2）"图元"：符号依附在模型边、几何草绘或尺寸上，如图 6-39 所示。

（3）"法向"：将符号附着到边、图元或尺寸上并垂直于参照图元，如图 6-40 所示。

（4）"无方向指引"：符号可以自由放置。

（5）"偏距"：符号和参照图元相距一段距离。

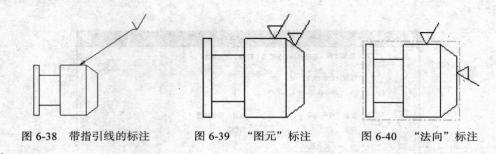

图 6-38　带指引线的标注　　　图 6-39　"图元"标注　　　图 6-40　"法向"标注

6.4

生成半视图与部分视图

6.4.1　半视图

"Half View（半视图）"是用来显示一半模型的视图。

进入工程图环境，在菜单栏中选择"插入"→"绘图视图"→"一般…"命令，如图 6-41 所示。提示栏中显示➪选取绘制视图的中心点，在图框中选择要放置视图的中心点，单击后图框内出现如图 6-42 所示的默认视图，同时出现如图 6-43 所示"绘图视图"对话框。

图 6-41　创建一般视图

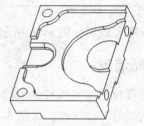

图 6-42　默认视图

在"模型视图名"中选择"LEFT"视图并单击"应用"，结果如图 6-44 所示。

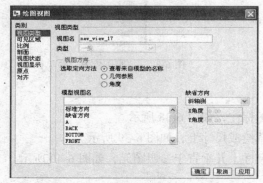

图 6-43　"绘图视图"对话框

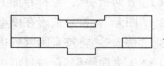

图 6-44　"LEFT"视图

继续选择"绘图视图"→"类别"→"可见区域"→"视图可见性"→"半视图"命令，如图 6-45 所示。

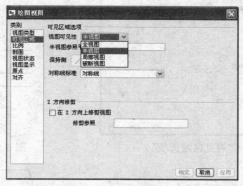

图 6-45　"可见区域选项"命令

这一步要选择一个参考平面用来指定要显示的部分，在提示栏显示"给半视图的创建选择参照平面"。如果默认视图上没有可供选择的参照平面，就要先单击基准平面显示按钮 。然后按住中键，在屏幕上移动一下就可以显示出平面。

选择"FRONT"平面，出现如图 6-46 所示的红色箭头，选择要保留的一半视图，可以通过选择"保留侧"按钮 来改变要保留部分。单击"确定"出现如图 6-47 所示的半视图。

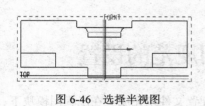

图 6-46　选择半视图

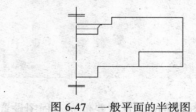

图 6-47　一般平面的半视图

6.4.2　部分视图

"Partial View（部分视图）"是显示模型部分区域的视图。

要创建一般视图的部分视图，可以执行"插入"→"绘图视图"→"一般…"命令，接着按照全视图步骤创建视图，继续选择"绘图视图"→"可见区域"→"局部视图"命令，如图 6-48 所示。再来指定显示区域的中心点，提示栏中显示"选取新的参照点。单击"确定"完成。"在需要放大的部分选择一个点或者一条边，如图 6-49 所示。参照选择"几何上的参照点"后就会显示已经选定的参照，如图 6-50 所示。最后绘制一封闭曲线作为显示区域的边界。在提示栏中显示"在当前视图上草绘样条来定义外部边界。"，在参照点的周围绘制需要放大的部分的封闭曲线，如图 6-51 所示。部分视图创建完成，如图 6-52 所示。

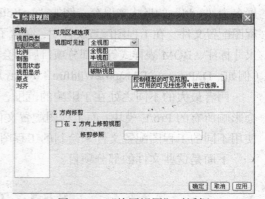

图 6-48　"绘图视图"对话框

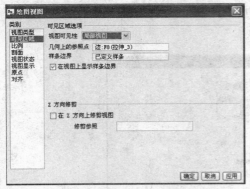

图 6-49 "可见区域选项"

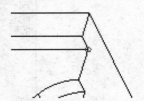

图 6-50 选定的参照点

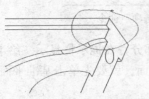

图 6-51 绘制的封闭曲线

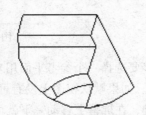

图 6-52 一般视图的部分视图

6.5

工程图规范的设置

工程图规范的设置主要依靠工程图设置文件和配置文件来完成。在工程图模块下，有两个非常重要的设置文件，一个是配置文件，统称为"config.pro"，这个文件包含了使用环境、默认的使用单位、公差的显示方式、图文交换选项等整体 Pro/E 工作环境的设置。当然，也包括了"Drawing（工程图）"的设置选项。

除此之外，工程图模块还有另外一个专门的配置文件，称为工程图设置文件，这个文件是以扩展名为"*.dtl"的形式来保存，例如"set1.dtl"、"set1.dtl"等。用户可以根据需要来设置不同的工程图配置文件。在工程图配置文件中，包含了更多的工程图设置项目，诸如箭头样式、剖面样式、尺寸标注、BOM 表样式等，部分项目后面会有说明。而且在 Pro/E 安装目录中的 TEXT 文件夹中（例如：D:\Program Files\proeWildfire 4.0\text\）也有已经设置好的工程图配置文件。

两者最大的不同之处在于影响的范围，配置文件"Config.pro"是整体性的影响，其设置值会影响所有的 Pro/E 模块；而工程图配置文件"*. dtl"则是专为某工程图量身定做的配置文件，使用不同的工程图配置文件来绘制的工程图，彼此不会相互影响。

下面是这些文件的部分项目。

6.5.1 工程图设置文件

打开工程图设置文件的步骤为"文件"→"属性"→"绘图选项"。在选项的设置值中标注有"*"者为 Pro/E 的缺省值，分为公制与英制两种设置，如图 6-53 所示。各配置选项的含义与设置见表 6-3～表 6-7。

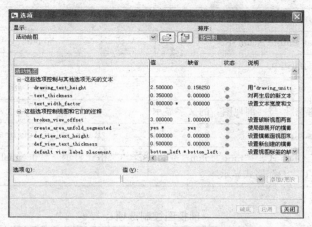

图 6-53　打开工程图设置文件的步骤

表 6-3　　　　　　　　　　　　　文本选项的设置

配置选项	设置值
drawing_text_height	数值、3.0mm*、0.15625in*
说明：设置工程图中文本大小	
text_thickness	数值、0*
说明：设置工程图中的文本粗细	

图例：	设置值为 0 时	设置值为 0.5 时
	Liang	Liang

text_width_factor	数值、0.8*
说明：设置文本长宽比例	

表 6-4　　　　　　　　　　　　　视图控制选项

配置选项	设置值
broken_view_offset	数值、1.0*
说明：设置破断视图中断裂线的间隔距离，只对新视图有效	

图例：

def_view_text_height	数值、0.0*
说明：设置剖视图及详细视图中视图注释和箭头中视图名称的文本高度	
def_view_text_thickness	数值、0.0*
说明：设置剖视图及详细视图中视图注释和箭头中视图名称的文本粗细	
half_view_line	None、solid*、symmetry、symmetry_iso…
说明：控制半视图的显示方式	

图例：　　　none　　　　　solid *　　　　symmetry　　　symmetry_iso　　symmetry_asme

续表

projection_type	third_angle*、first_angle
说明：设置视图的投影方法，third_angle *或 first_angle	
show_total_unfold_seam	No、yes*
说明：是否显示转折剖面的边	
view_note	std_din、std_ansi*…
说明：用来控制"详细视图"与"剖视图"的文字显示	
view_scale_format	Ratio_colon、decimal*、fractional
说明：设置视图比例的显示方式，"ratio_colon"是以"2：3"格式显示、"decimal*"是以"0.667"格式显示、"fractional"是以"2/3"格式显示	

表 6-5 　　　　　　　　　　　　　　　剖视图控制选项

Crossec_arrow_length	数值、5mm*、0.1875in*
说明：控制割面线指引箭头的长度	
Crossec_arrow_style	Tail_online*、head_online
说明：控制割面线指引箭头的头部或尾部接触割面线	
Crossec_arrow_width	数值、2.0mm
说明：设置割面线指引箭头宽度	
Crossec_text_place	After_head*、before_tail、above_tail、Above_line、no_text
说明：控制标示割面线名称的字母在割面线上的位置	

图例：

表 6-6 　　　　　　　　　　　　　　　视图实体特征之控制选项

Datum_point_size	数值、0.3125in*、8.0mm*
说明：此选项用来设置"零件"模式所绘制基准点或"工程图"模式所绘制之"point"（点）尺寸大小	
Datum_point_shape	Cross*circle、triangle、square、dot
说明：此选项用来设置在"Part"模式下所绘制的基准点或"Drawing"模式使用 2D 草绘指令所绘制之"Point"的外形	
图例：	
Location_radius	数值、Default(2.)*
说明：修改指示位置的节点半径，提高可见度，尤其是在打印绘图时。若设置为"default"，半径设置为 2 个绘图单位。若设置为"no"、显示位置节点，但不打印。该设置没有最大值	

表6-7　　　　　　　　　　　　　　尺寸标注设置选项

Allow_3d_dimensions	No、yes
说明：设置是否在等角视图中显示尺寸	
Associative_dimensioning	
说明：当设置为"yes"时，在标注尺寸与 2D 草绘图元间创建关联	
Angdim_text_orientation	Horizontal、Horizontal_outside、parallel_outside
说明：设置角度尺寸在图面上的位置	
Blank_zero_tolerance	No、yes
说明：当公差的偏差量为 0 时，此选项可以控制是否显示公差。仅对"正—负"公差模式有效。此选项需与 tol_dispaly 相配合	
chamfer_45deg_leader_style	Std_asme_ansi*、std_iso、std_jis、std_dim
说明：控制倒角尺寸的表示方式	

图例：　　　　std_iso　　　　　　Std_asme_ansi*　　　　　　std_dim　　　　　　std_jis

dim_leader_length	数值、5mm*
说明：当尺度线箭头位于尺度界线外时，设置箭头指线的长度	

图例：

clip_dim_arrow_style	double_arrow*、arrowhead、dot、filled…
说明：当选项"clip-dimensions"设置为"yes"时，用来控制其箭头样式	

图例：

dual_digits_diff -1	数值、−1*
说明：控制主要尺寸和辅助尺寸所显示的小数字数。例如，设置为−1*时，辅助尺寸的小数字数比主尺寸少一位	

图例：

53.66
[21]
主要尺寸
副尺寸

Draw-arrow-style	filled、closed*、open
说明：设置所有工程图中箭头的样式	

图例：　　　　closed*　　　　　　　　open　　　　　　　　filled

6.5.2 配置文件

工程图模块下用于整体 Pro/E 工作环境设置的配置文件见表 6-8。

表 6-8 配置文件

配置选项	配置值
Allow_move_attach_in_dtl_move	yes*、no
工程图模式中的"移动"和"移动附属"命令是否一起执行	
Allow_move_attach_view_with_move	yes、no*
在工程图模式中，是否可使用"移动"命令移动视图	
Allow_reps_to_geom_reps_in_drws	yes、no*
允许为几何表示建立工程图参照（包括尺寸、注释等）。但是，如果参照的几何改变，这些参照可能变为无效	
Auto_constr_offset_tolerance	数值、0.5*
设置建立偏距尺寸的自动限制公差	
Auto_regen_views	yes*、no
yes：从一个窗口变为另一个窗口时自动重画工程图。例如，在"主窗口"中处理工程图时，修改子窗口中的一个模型的情况，可以重画或重新产生该工程图，以便能反映出对该模型所进行的改动。再生该工程图时，模型更新工程图中所作的改变 No：只需从 Pro/E 菜单栏选择"再生视图"，并选择"选出检视"、"目前版本"或"所有版面"，就可以更新工程图。但当该选项设置为"no"时，即使在"工程图"模式中改动模型（如修改尺寸值），使用"检视"菜单中的"重画"命令和"工程图"菜单中的"再生"命令都无法更新工程图。可以选择要同时再生的任意多个视图	
Bom_format	#:\...\filename
设置自定义的 bom 格式文件	
Create_drawing_dims_only	yes、no*
确定系统是否将所有在零件或工程图中建立的尺寸另存为相关的草绘尺寸。yes：工程图中，将所有建立的新尺寸另存为相关的草绘尺寸	
Default_ang_dec_places	数值、1*
指定工程图中角度尺寸显示的小数位数	
Default_draw_scale	数值、1*
使用"无比例"新增视图的默认比例，该值必须大于 0。no：直到从"方向"对话框选择"默认"后模型才出现	
Disp_trmetric_dwg_mode_view	yes*、no
设置出现在工程图中的公差标签的显示。该选项不会影响尺寸公差的显示	
Draw_models_read_only	yes、no*
将工程图中模型的文件设置为只读文件，使得它们不能被修改。不能为这些模型新增驱动尺寸、几何公差和相似特征。尝试进行影响模型的改变时，系统会发出警告，而且不会进行修改	
Draw_points_in_model_units	yes、no*
将目前草图视图的坐标定义为模型单位，而不是工程单位。对于相对和绝对坐标在"信息窗口"中的输入和显示，"获得点"使用草绘视图的比例和草绘视图的模型单位	
Drawing_file_editor	editor*、protab
为编辑工程图配置文件指定默认文字编辑器。若不设置此变量，系统就使用默认编辑器；若将该变量设置为"protab"，则系统使用 Pro/TABLE 编辑器；若将该变量设置为"editor"，则系统使用系统编辑器	
Format_setup_file	Dwgform.dtl
为每个工程图格式指定一个配置文件。若要给工程图的参数值指定一个格式，必须将该工程图的配置文件提取到该格式中	
Highllght_new_dims	yes、no*
在"工程图"模式中，以红色显示新尺寸，直到它们被移动或重画屏幕为止	

6.6

工程图实例

本节以铣削类零件为例说明创建工程图的一般方法。

在制作工程图以前要做一些准备工作，主要包括：零件模型的创建、工程图设置文件和配置文件的设置、图框的制作、对零件特殊性能的了解等。由于篇幅的限制，零件模型、工程图设置文件和配置文件、图框的制作已经制作好，以方便读者调用。结果如图 6-54 所示。

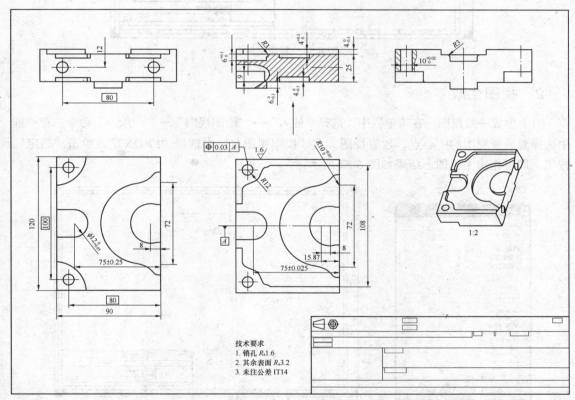

图 6-54　工程图实例

以下是具体步骤。

1. 新建文件

打开"文件"，单击"新建"。

在"新建"对话框中的"类型"选项中单击"绘图"按钮；在"名称"文本框里输入"mill"，并确定"使用缺省模板"复选框已经被选中，单击"确定"按钮，如图 6-55 所示。出现"新制图"对话框，在"缺省模型"中单击"浏览"，找到已经制作好的模型"ds_3_1.prt"。在"指定模板"中点选"使用模板"，模板名称为"template"，如图 6-56 所示。单击"确定"按钮。

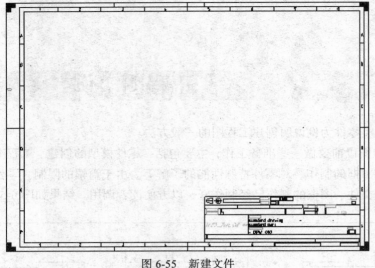

图 6-55　新建文件

2.　视图生成

（1）生成一般视图。在菜单栏中，选择"插入"→"绘图视图"→"一般…"命令。在图框中选择要放置视图的中心点，放置视图。在"模型视图名"中选择"FRONT"，单击"确定"按钮。即可作出主视图。结果如图 6-57 所示。

图 6-56　"新制图"对话框

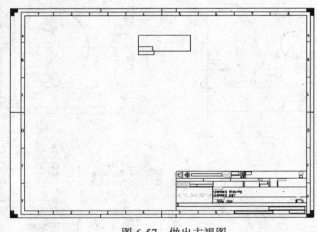

图 6-57　做出主视图

（2）生成投影视图。在菜单栏中，选择"插入"→"绘图视图"→"投影"，也可以先选中父视图，单击鼠标右键→"创建投影视图"。选取"投影视图"的父视图，父视图被选中后会出现一个框（黄色线框），表示投影。然后将黄色线框拖到所需位置，单击放置视图，即可作出俯视图。按照投影视图的操作步骤依次作出左、右视图。结果如图 6-58 所示。

（3）生成全剖视图。单击主视图，当有红色方框出现时，按下右键选择"属性"→"剖面"→"2D 剖面"（如图 6-59 所示）→" **+** "，在"名称"栏中选择" 创建新…"（如图 6-60 所示），出现如图 6-61 所示菜单，默认选项并单击"完成"。在提示栏中输入 A，并单击"✓"。

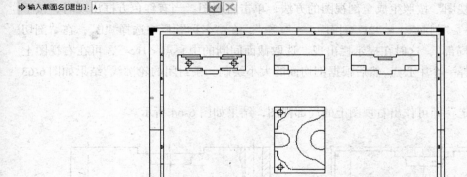

图 6-58　做出俯视图及左、右视图

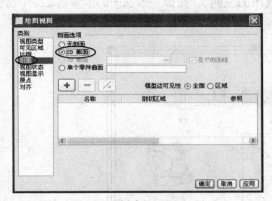

图 6-59　创建新视图（一）

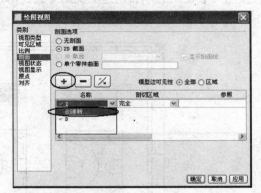

图 6-60　创建新视图（二）

接下来在目录树中选择"FRONT"。

最后在"剖切区域"栏中选择"完全"，并单击"确定"即可作出主视图上的全剖视图，结果如图 6-62 所示。

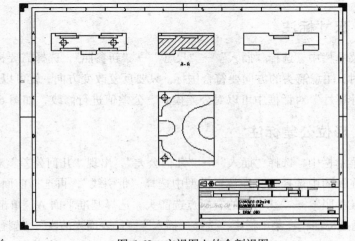

图 6-61　"菜单管理器"菜单　　　　　图 6-62　主视图上的全剖视图

（4）生成局部视图。按照生成全剖视图的方法，单击右视图，当有红色方框出现时，按下右键选择"属性"→"剖面"→"2D 剖面"→"➕"，在"名称"栏中选择"B"，在"剖切区域"栏中选择"局部"，这时在提示栏出现"选取截面间断的中心点<B>"，可在右视图上需要剖切的地方选择一个中心点，然后根据剖切面的大小绘制一条封闭的轮廓线，结果如图 6-63 所示。

最后单击"确定"即可作出右视图上的局部视图，结果如图 6-64 所示。

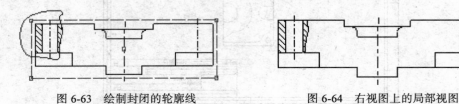

图 6-63　绘制封闭的轮廓线　　　　　　　　图 6-64　右视图上的局部视图

按照一般视图的步骤创建上视图（放在俯视图的左侧），按照一般视图的步骤创建一个比例为 1∶2 的三维视图，结果如图 6-65 所示。

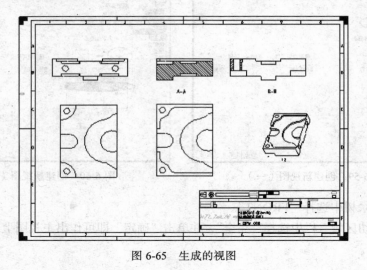

图 6-65　生成的视图

3. 尺寸标注

在菜单栏中，选择"插入"→"尺寸"→"新参照"，选择需要标注的尺寸。在标注圆弧尺寸大小时，注意箭头的方向要符合国标。只要反复改变方向，就可以找到一个符合国标的标注。在"尺寸属性"对话框中可以对公差模式、公差值进行修改，如图 6-66 所示。

4. 形位公差标注

在菜单栏中，选择"插入"→"几何公差"，出现"几何公差"对话框。在"类型"中选择"轴"，在视图中选择轴；在放置类型中选择"带引线"，再选择前面的轴并单击"确定"按钮；在"基准参照"→"基本"的右侧点选箭头，选择基准平面 A，单击"确定"按钮。

粗糙度标注：在菜单栏中，选择"插入"→"表面光洁度"，选择"检索"→"machined"→"standard1.sym"，并单击"打开"按钮；选择"图元"按钮，输入"1.6"，如图 6-67 所示。

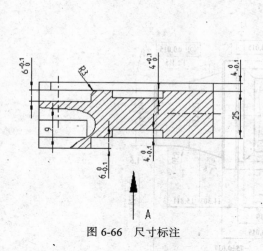

图 6-66　尺寸标注

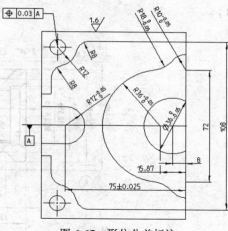

图 6-67　形位公差标注

小　结

　　本章主要介绍了 Pro/E4.0 中工程图的创建方法和尺寸标注、符号标注的建立方法。重点是掌握三视图创建的思路和方法。难点是局部视图、辅助视图等的建立及尺寸标注的方法。

习　题

　　在 Pro/E 的工程制图模块下建立下列视图。

（1）　　　　　　　　　　　　　　　　　　（2）

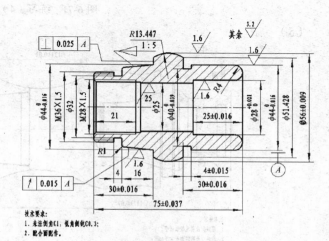

图 6-68　练习（1）　　　　　　　　　　　图 6-69　练习（2）

（3）

技术要求：
1. 未注倒角C1，锐角倒钝C0.3；
2. 配合面配作。

图 6-70　练习（3）

（4）

技术要求：
1. 未注倒角C1，锐角倒钝C0.3；
2. 配合面配作。

图 6-71　练习（4）

（5）

技术要求
1. 螺纹配合要求松紧适中；
2. 涂色检查接触面积大于60%；

图 6-72　练习（5）

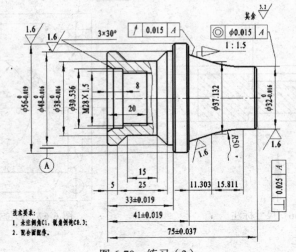

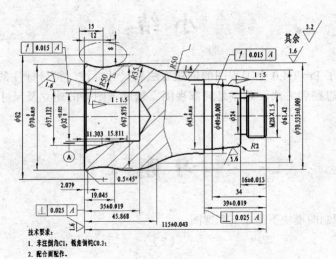

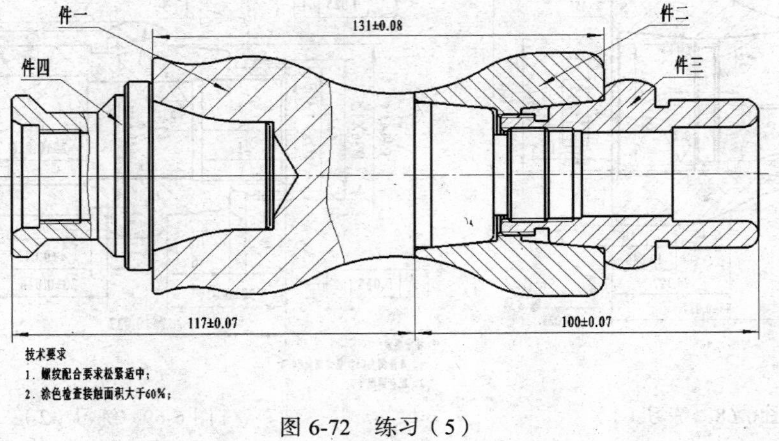

1. 了解 Pro/E 参数化设计的基本概念
2. 了解族表的应用
3. 了解程序的设计
4. 通过设计齿轮综合掌握参数化设计方法

7.1 概述

对于标准件和通用件或者某种系列产品，可以在 Pro/E 中建立相应的零件库或通用件的参数化模型，这样就可以直接调用零件或通过设置参数变量值来获得所需的零件。参数化设计是 Pro/E 的重要功能，可以提高设计效率。

本章通过轴肩挡圈族表的建立和齿轮的参数化设计介绍如何建立零件族表和程序设计，如何建立通用零件的参数化模型。

在介绍轴肩挡圈族表的建立和齿轮参数化设计之前，先简单介绍建立零件族表和程序设计的一些基础知识。

7.1.1 族表基础

在机械设计工作中，要建立族表首先需要创建一个基准零件，这个基准零件被称为"普通模型"，接着在菜单栏中选择如图 7-1 所示的"工具"→"族表"命令，打开如图 7-2 所示的对话框。

在对话框中单击"添加/删除列表"按钮，打开如图 7-3 所示的对话框。通过单击模型的方式选择模型上的尺寸、特征和参数等作为可变项目。

添加列表并创建零件之间的差异后，单击"在所选行处插入新的实例"按钮，将所选的实例模型定义为当前模型的设计变量，并可以在表列单元格中设置新的参数值来定义新实例。

图 7-1 选择菜单命令   图 7-2 设置零件族表的对话框

单击"按增量复制所选实例"按钮 ，打开如图 7-4 所示的"阵列实例"对话框，从中设置指定方向上的阵列实例数量和可变项目的增量等。

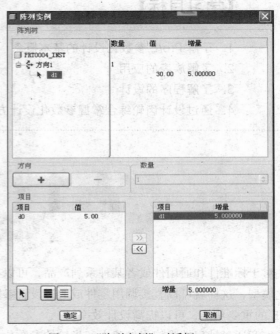

图 7-3 设置族项目的对话框   图 7-4 "阵列实例"对话框

添加阵列实例后，可以单击"校验族的实例"按钮 ，打开如图 7-5 所示的"族树"对话框，单击对话框中的"校验"按钮，则会显示校验状态，如图 7-6 所示。

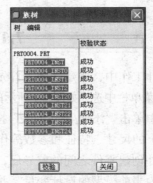

图 7-5 "族树"对话框   图 7-6 "校验状态"对话框

7.1.2 程序设计基础

除了标准件外，还有一些常用的通用零件，如弹簧、齿轮等都可以建立通用参数化模型。在需要使用这些零件时不必从头到尾进行建模，而是根据通用参数模型输入相应的参数即可得到新的通用件。

建立通用参数化模型，需要掌握程序设计的一些基础知识。这里将介绍一些必要的程序设计基础知识，以便大家更好地学习参数化设计方法。

在 Pro/E 系统中，可以将程序内容视为对建模或其他操作过程的一个记录文件。在零件模式下，进行程序设计可以实现这些主要功能：添加关系式，设置相关尺寸之间的关系；加入"IF-ELSE"判断式，实现 Pro/E 系统自动判断特征建立的方式；进行特征删除、隐含等操作。

在菜单栏中，选择"工具"→"程序"命令，如图 7-7 所示，出现如图 7-8 所示的菜单管理器。

图 7-7 进入"程序"

图 7-8 菜单管理器

在菜单管理器的"程序"菜单中，选择"显示设计"选项，打开了图 7-9 的"信息窗口"，该窗口中列出了当前模型的程序内容及相关的参数状态。这些程序信息只供参考，不能在该窗口中进行编辑。

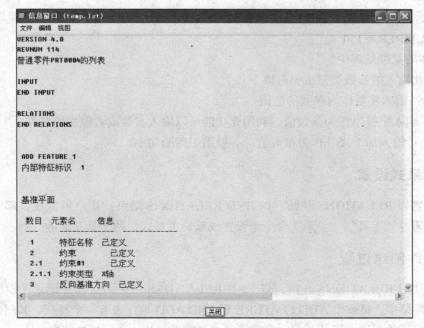

图 7-9 信息窗口

在菜单管理器的"程序"菜单中，选择"编辑设计"命令，弹出如图 7-10 所示的系统编辑器。用户可以在系统编辑器中编辑当前模型的程序内容和参数。在实际设计过程中，编辑程序时需要认真考虑一个原则，即：能够不在系统编辑器中修改的内容，尽量不在程序中修改，以免造成程序混乱，破坏模型的稳定性；能够通过修改模型而修改的内容，尽量通过修改模型来实现。

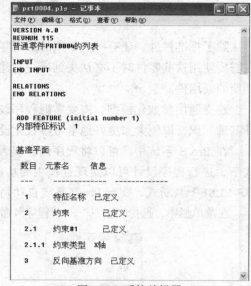

图 7-10　系统编辑器

这里简单介绍程序内容的组成。Pro/E 中程序内容可以分为如下 5 个部分。

1．标题

标题由 Pro/E 自动产生，用于列出文件的类型和名称等。在每个设计列表的标题中，REVNUM 会指出模型最新修改的版本。

2．参数输入

参数的输入以 INPUT 语句开头，以 END INPUT 语句结束。对于没有经过修改的程序而言，在 INPUT 和 END INPUT 语句之间是空的。允许用户在该处设置输入提示语句与参数，实现以人机交互的方式来进行模型的变更。

参数输入的语法如下。

参数名　参数类型

"提示语句"

例如：

D1　NUMBER = 150

"长方体的宽度是多少？"

可以在此输入的参数类型主要有以下几个。

Number：输入实数作为参数的数值。

String：输入字符串作为参数值。利用此功能可以输入参数或者模型的名称。

YES_NO：输入如 Y 或 N 作为参数值，一般用于判断句中。

3．关系式设置

关系设置以 RELATIONS 开始，以 END RELATIONS 结束。用户可以在该部分编写关系式，也可以通过"工具"、"关系"命令来设置或编辑关系式，两个是互通的。

4．文件创建过程

文件创建以 RELATIONS 开始，以 END RELATIONS 结束。这部分记录了模型的创建过程。在零件模型中，每一个 ADD FEATURE 到 END ADD 均代表着一个特征，其间的文字信息等描述了该特征的创建过程及相关的参数设置，这部分可以由 Pro/E 自动产生。

5. 设置质量性质

这部分用来设置质量性质。第一次进入时，此部分呈空白状态。

7.2 建立族表实例

本实例是根据 GB886-86 标准规定的尺寸建立轴肩挡圈的族表。

7.2.1 建立新基准模型

1. 建立新文件

打开"文件"，单击"新建"。

在"新建"对话框中的"类型"选项中单击"零件"按钮，在"子类型"中单击"实体"按钮；在"名称"文本框里输入"Gasket 使用默认模板"复选框，单击"确定"按钮。

在"新文件选项"对话框里选择"mmns_part_solid"选项。

2. 建立模型

（1）单击拉伸工具按钮，打开拉伸工具操控板。指定要创建的模型为实体。

（2）单击"放置"→"定义"按钮，弹出"草绘"对话框。

（3）选择"TOP"面作为草绘平面，以"RIGHT"作为右参考方向。单击"草绘"进入草绘界面。

（4）草绘如图 7-11 所示的拉伸剖面。单击✔按钮，完成草绘。

（5）在拉伸工具操控板中输入拉伸深度值 5。

（6）在拉伸工具操控板中单击✔按钮。完成的拉伸轴肩挡圈如图 7-12 所示。

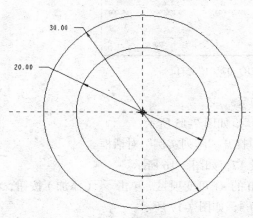

图 7-11　草绘剖面

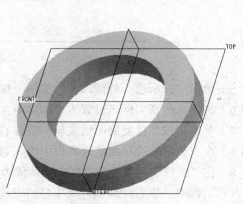

图 7-12　完成的模型

7.2.2　建立族表

（1）菜单栏中选择"工具"→"族表"命令，打开"族表GASKET"窗口。

（2）在"族表 GASKET"窗口中单击"添加/删除列表"按钮 ，打开"普通模型：GASKET"，如图7-13（a）所示。通过单击模型的方式选择模型上的尺寸、特征和参数等作为可变项目。

（3）在模型的实体特征中单击，此时模型特征显示出尺寸，接着分别单击"Φ20"、"Φ30"、"5"这几个尺寸，如图7-13（b）所示。

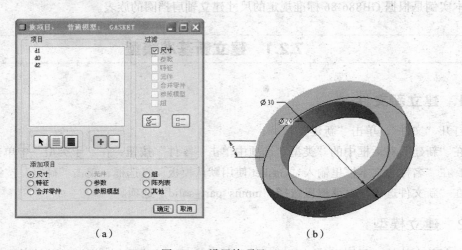

（a）　　　　　　　　　　　　　　　　（b）

图7-13　设置族项目

（4）在"普通模型：GASKET"窗口中，单击"确定"按钮，此时的"族表GASKET"窗口如图7-14所示。

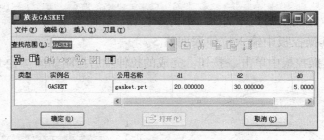

图7-14　"族表 DQ_07_01"窗口

（5）单击"在所选行处插入新的实例"按钮 。

（6）将插入的新实例名设置为"GB886_86_"，如图7-15所示。

（7）单击"按增量复制所选实例"按钮 ，打开"阵列实例"对话框。

（8）在"数量"选项组的文本框中输入数量17，如图7-16所示。

（9）在"项目"选项组的左框中初始值为20的d1可变项目。单击 >> （添加）按钮，将其加入右侧的框中。接着设置该可变项目的增量为5，如图7-17所示。

（10）在"阵列实例"对话框中，单击"确定"按钮。

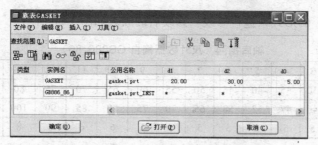

图 7-15　修改插入新实例名称

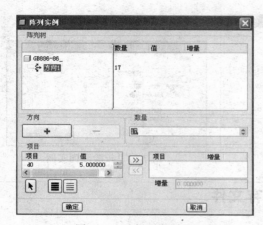

图 7-16　选择可变项目

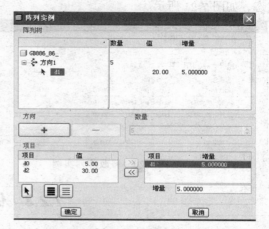

图 7-17　设置可变项目的增量

（11）在"族表 GASKET"窗口中生成所需要的阵列实例行，如图 7 -18 所示。

（12）在"族表 GASKET"窗口的表格中选择实例名为"GB886_86_"的实例，右击，出现快捷菜单，从中选择"删除行"命令，系统弹出一个"确认"对话框来询问"确认删除"，单击"是"按钮，则将实例名为"GB886_86_"的实例删除掉，如图 7-19 所示。

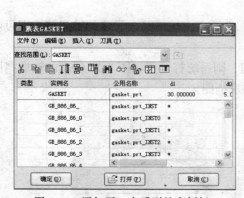

图 7-18　添加了一个系列的实例行

图 7-19　删除实例

（13）在"实例名"列的"GB886_86_0"单元格中单击，将其名称修改为"GB886_86_20X30"。该实例的 d0 和 d2 值为默认的初始值，用"*"表示。

（14）根据表 7-1 所示的尺寸值来修改相应的族表阵列实例，实例名按"GB886_86_公称直径（轴颈）*圈外径"的形式来进行修改。修改后的族表如图 7-20 所示。

表 7-1　　　　　　　　　　　　轴肩挡圈（尺寸数据摘自 GB886_86）

序号	1	2	3	4	5	6	7	8	9	10	11	12	13	14	15	16	17
公称直径	20	25	30	35	40	45	50	55	60	65	70	75	80	85	90	95	100
挡圈外径	30	35	40	47	52	58	65	70	75	80	85	90	100	105	110	115	120
厚度	5	5	5	5	5	5	5	6	6	6	6	6	8	8	8	8	10

（15）单击"校验族的实例"按钮，单击"族树"对话框中的"校验"按钮，显示校验状态，如图 7-21 所示。

图 7-20　修改阵列实例

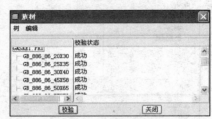

图 7-21　校验阵列实例

7.2.3　保存文件

（1）单击"保存活动对象"按钮，打开"保存对象"对话框。
（2）指定保存路径后，单击"确定"按钮。

7.2.4　调用

以后要使用轴肩挡圈时，用下述方法在族表模型中调用所需要的轴肩挡圈。

（1）单击"打开"按钮，通过"文件打开"对话框在指定的文件夹中选择"GASKET"，单击"打开"按钮。

（2）弹出"选取实例"对话框。在"按名称"选项卡中选择某个尺寸的轴肩挡圈即可。例如选取"GB886_86_50X65"，如图 7-22 所示。

（3）在"选取实例"对话框单击"打开"按钮，则系统打开了如图 7-23 所示的轴肩挡圈零件，该零件即为标记为"GB886_86_50X65"的轴肩挡圈。

图 7-22　"选取实例"对话框

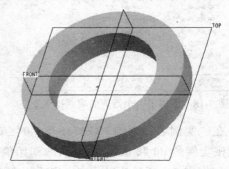

图 7-23　标记为"GB886_86_50X65"的轴肩挡圈

7.3 渐开线直齿圆柱齿轮设计实例

本节以渐开线直齿圆柱小齿轮为例说明建立满足使用要求的参数化模型的方法。

建立了通用参数化模型后，只要输入齿轮的相关参数如模数、齿数等便可以生成新的直齿圆柱齿轮。输入的齿轮参数导致其圆角直径比齿根圆直径略微大些时，可能会导致模型生成失败。这时候，可以重新定义齿廓剖面，包括更新绘图参照和修改齿根的圆角半径，从而有效地解决模型再生错误的情况。

7.3.1 新建文件

1. 打开"文件"，单击"新建"

在"新建"对话框中的"类型"选项中选择"零件"单选按钮，在"子类型"中选择"实体"单选按钮；在"名称"文本框里输入"Gear"；并清除"使用默认模板"复选框，单击"确定"按钮。

在"新文件选项"对话框里选择"mmns_part_solid"选项。

2. 定义参数

在菜单栏中选择"工具"→"参数"命令，系统弹出"参数"窗口。

在窗口添加如图 7-24 所示的 7 个参数，单击"确定"按钮，完成自定义参数的建立，如图 7-24 所示。

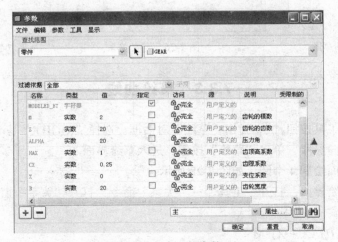

图 7-24 定义新参数

7.3.2 建立旋转实体

（1）单击"旋转"工具按钮，打开旋转操控板，选择要创建的模型为实体。单击"位置"按钮,单击"定义"按钮,弹出"草绘"对话框。

(2)选择"FRONT"基准平面为草绘平面,以"RIGHT"基准平面作为右方向参照。单击"草绘"按钮,进入草绘界面。

(3)草绘如图7-25所示的旋转截面,其中水平中心线作为旋转轴线。

(4)仍然在草绘界面,打开"工具"→"关系"命令,打开"关系"窗口,定义sd1和sd2。

$$sd1 = B$$
$$sd2 = M*Z + 2*(HAX + X)*M$$

如图7-26所示,此时草绘截面的各尺寸以变量符号显示。单击"确定"按钮。

可以直接在草绘图上单击尺寸,这个尺寸就会出现在关系窗口里,然后对其进行编辑。

(5)单击✔按钮,完成草绘并退出草绘界面。

(6)默认旋转360°。单击旋转操控板中的✔按钮,创建一个圆柱体,如图7-27所示。

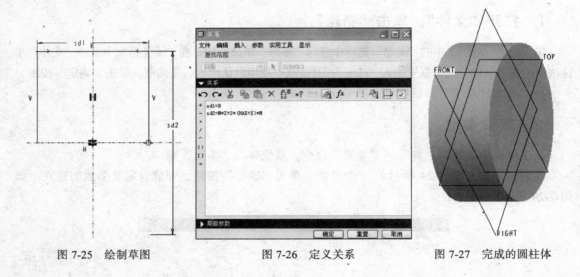

图7-25　绘制草图　　　　　　　图7-26　定义关系　　　　　图7-27　完成的圆柱体

7.3.3　草绘曲线

(1)单击草绘工具按钮，弹出"草绘"对话框。选择"RIGHT"基准平面为草绘平面,接受默认的草绘方向参照,单击"草绘"按钮,进入草绘界面。

(2)在草绘界面绘制4个圆,如图7-28所示。

(3)仍然在草绘界面,打开"工具"→"关系"命令,打开"关系"窗口,在"关系"窗口中输入如下关系式。

$$HA = (HAX + X)*M$$
$$HF = (HAX + CX - X)*M$$
$$D = M*Z$$
$$DA = D+2*HA$$
$$DB = D*COS(ALPHA)$$

$$DF = D - 2*HF$$

$$sd0 = DA$$

$$sd1 = D$$

$$sd2 = DB$$

$$sd3 = DF$$

如图 7-29 所示。之后单击"确定"按钮。单击 ✔ 按钮，完成草绘并退出草绘界面。

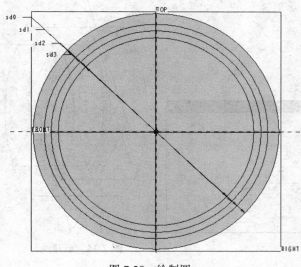

图 7-28　绘制圆

图 7-29　关系式

7.3.4　创建渐开线

（1）单击"插入基准曲线"按钮 ∿，弹出"曲线选项"菜单。

（2）在"曲线选项"菜单中，选择"从方程"→"完成"命令，弹出"曲线：从方程"对话框和"得到坐标系"菜单，如图 7-30、图 7-31 所示。

（3）在模型树中选择"PRT_CSYS_DEF"基准坐标系，此时出现"设置坐标系类型"菜单，选择"笛卡尔"，如图 7-32 所示。

图 7-30　"曲线选项"菜单

图 7-31　"得到坐标系"菜单

图 7-32　"得到坐标系"菜单

（4）弹出"记事本"编辑器，输入下列函数方程。

```
r=DB/2                    /*r 为基圆半径
theta=t*45                /*设置渐开线展角为 0 到 45°
```

```
x=0
z=r*sin(theta)-r*(theta*pi/180)*cos(theta)
y=r*cos(theta)+r*(theta*pi/180)*sin(theta)
```

（5）在"记事本"编辑器中选择"文件"→"保存"命令，接着再选择"文件"→"退出"命令，如图 7-33 所示。

在"曲线：从方程"的对话框中，单击"确定"按钮，创建的渐开线如图 7-34 所示。

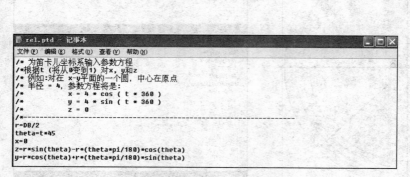

图 7-33　函数关系编辑

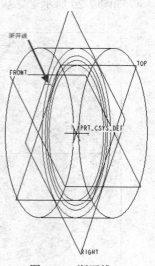

图 7-34　渐开线

7.3.5　创建新基准

1. 创建基准点

单击"基准点"工具按钮 ×ₓ，打开"基准点"对话框，如图 7-35 所示。选择刚刚建立的渐开线，同时按住 Ctrl 键选择分度圆曲线，单击"确定"按钮，如图 7-36 所示。

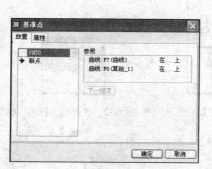

图 7-35　"基准点"对话框

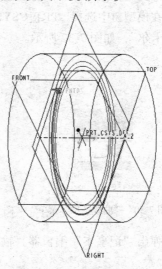

图 7-36　创建基准点

2．创建基准面

单击"基准平面"工具按钮 ⬭，打开"基准平面"对话框。选择圆柱轴线 A_2，同时按住 Ctrl 键选择刚刚建立的基准点"PNT0"。单击"确定"按钮。创建了"DTM1"，如图 7-37 所示。

3．创建基准平面

单击"基准平面"工具按钮 ⬭，打开"基准平面"对话框。选择"DTM1"，同时按住 Ctrl 键选择圆柱轴线 A_2。接着在"基准平面"对话框中"旋转"文本框里输入"360/（4*Z）"，回答"是否要添加 360/（4*Z）作为特征关系"的提问为"是"，按回车键确认，单击"确定"按钮，创建了"DTM 2"，如图 7-38、图 7-39 所示。

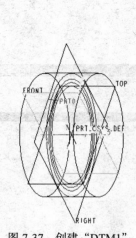

图 7-37　创建"DTM1"

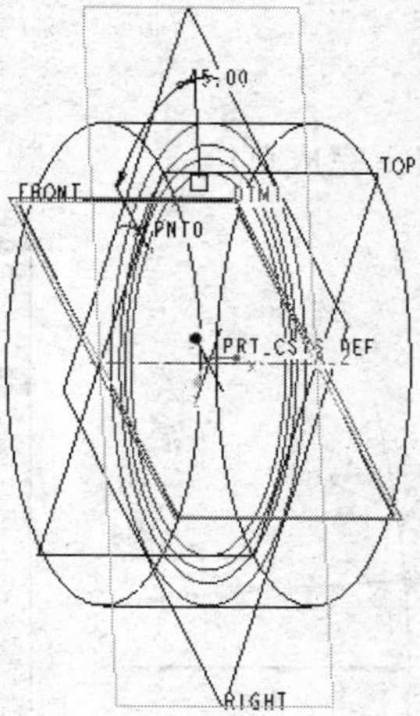

图 7-38　旋转

图 7-39　"基准平面"对话框

7.3.6　镜像渐开线

选择渐开线，单击 ⬭ 按钮，选择"DTM2"作为镜像平面，单击镜像操控板中的"完成"按钮 ✔，如图 7-40、图 7-41 所示。

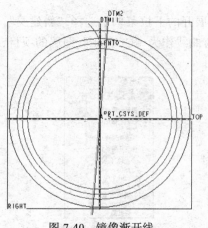

图 7-40　镜像渐开线

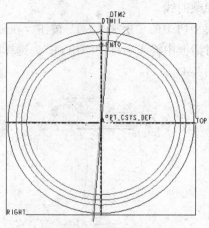

图 7-41　镜像渐开线成功

7.3.7 创建第一个齿槽

（1）单击"拉伸"工具按钮，打开拉伸工具操控板。指定要创建的模型为实体，并单击"切除"按钮。

（2）选择"RIGHT"面作为草绘平面，以"TOP"作为左参考方向。单击"草绘"进入草绘界面，草绘如图 7-42 的图形。

（3）仍然在草绘界面，打开"工具"→"关系"命令，打开"关系"窗口，输入关系式。

```
IF HAX<1
sd0=0.46*M
END IF
IF HAX>=1
sd0=0.38*M
END IF
```

如图 7-43 所示。单击✔按钮，完成草绘。

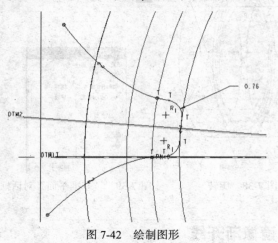

图 7-42 绘制图形

图 7-43 输入关系式

（4）在拉伸工具操控板中单击"选项"按钮，弹出"上滑"面板，在"第 1 侧"和"第 2 侧"下拉列表框中均选择"穿透"按钮，单击"完成"按钮。完成的第 1 个齿槽如图 7-44 所示。

（5）隐藏曲线。

单击模型树中的"层树（L）"按钮，在随后展开的下拉菜单中选择"新建层"，在"层属性"中的对话框中输入名称"CURVE"，选择所有曲线作为"CURVE"图层的项目，然后将其隐藏，如图 7-45 所示。

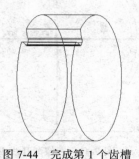

图 7-44 完成第 1 个齿槽

图 7-45 隐藏曲线层

7.3.8　阵列齿槽

（1）选择刚刚创建的第一个齿槽，单击 按钮，选择圆柱轴 A_2 作为轴，设置阵列成员数为 20，角度增量为"360/ Z"，回答系统弹出的对话框"是否增加该特征关系"为"是"，单击"完成"按钮 ✔。完成阵列如图 7-46 所示。

（2）设置阵列参数的关系式。

单击菜单栏中的"工具"按钮，单击"关系"命令，打开"关系"窗口，如图 7-48 所示。在模型树中选择阵列特征和"DTM2"，然后根据模型中显示的尺寸变量（如图 7-47 所示），在窗口中输入如下关系。

图 7-46　阵列结果

```
d16=Z
p22=1
p21=360/Z
d15=360/(4*Z)
```

如图 7-48 所示。单击"关系"窗口中的"确定"按钮。

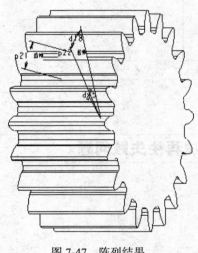

图 7-47　阵列结果

图 7-48　建立关系

7.3.9　编辑程序

单击菜单栏中的"工具"按钮，单击"程序"命令，打开"程序"菜单，选择"编辑设计"命令，弹出用于编辑设计的"记事本"编辑器。

在 INPUT 和 END INPUT 之间输入以下程序语句。

```
M  NUMBER
"请输入齿轮的模数："
Z  NUMBER
"请输入齿轮的齿数："
HAX  NUMBER
"请输入齿轮的齿顶高系数："
CX  NUMBER
```

```
"请输入齿轮的齿隙系数: "
 X  NUMBER
"请输入齿轮的变位系数: "
 B  NUMBER
"请输入齿轮的宽度: "
```

如图 7-49 所示。单击"文件"按钮,单击"保存"按钮,再单击"文件"按钮,单击"退出"按钮。

图 7-49　输入程序

单击口按钮,保存文件。

7.3.10　生成新的零件及解决再生失败问题

1.　生成新齿轮

如果要生成一个新齿轮,可以按照下面的步骤进行。

(1)单击"打开"按钮，选择目录,打开"Gear"。

(2)单击菜单栏中的"工具"按钮,单击"程序"命令,打开"程序"菜单,选择"例证"命令,在下面的文本框中输入"Gear_01",单击√按钮,如图 7-50、图 7-51 所示。

(3)单击如图 7-52 所示中的"编辑设计"命令,选择"自文件",如图 7-53 所示,打开如图 7-54 所示的"记事本"编辑器。

图 7-50　菜单管理器　　图 7-51　输入新零件名称　　图 7-52　进入"编辑设计"　　图 7-53　选择"自文件"

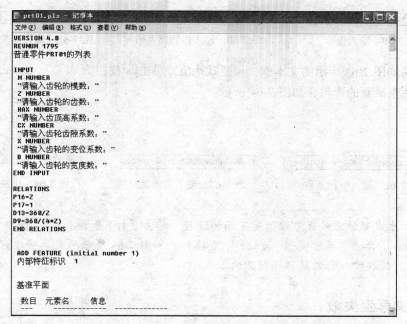

图 7-54　进入程序

（4）直接单击"文件"按钮，单击"保存"按钮。再单击"文件"按钮，单击"退出"按钮。回答系统询问为"是"，如图 7-55 所示。

要将所做的修改体现到模型中？

图 7-55　回答系统问题

（5）出现如图 7-56 所示的"得到输入"菜单，单击"输入"按钮，出现如图 7-57 所示的"INPUT SEL（输入选择）"菜单，单击"选取全部"按钮，单击"完成选取"按钮。

（6）输入新数据。在下面出现如图 7-58 所示的文本框中输入齿轮的模数为 2，单击☑按钮。

请输入齿轮的模数：[1.5000] 2

图 7-56　"得到输入"菜单　　图 7-57　输入选择　　图 7-58　输入模数

接着出现如图 7-59 所示的文本框，输入齿轮的齿数为 21，单击☑按钮。

接着出现如图 7-60 所示的文本框，接受默认值。

接着出现如图 7-61 所示的文本框，接受默认值，单击☑按钮。

接着出现如图 7-62 所示的文本框，接受默认值，单击☑按钮。

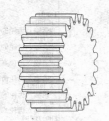

图 7-59　输入齿数　　　　　图 7-60　输入齿顶高系数　　　　图 7-61　输入齿隙系数

接着出现如图 7-63 所示的文本框，接受默认值，单击☑按钮。

系统再生生成新的齿轮，如图 7-64 所示。

图 7-62　输入变位系数　　　　图 7-63　输入齿轮宽度　　　　图 7-64　生成新的齿轮

生成新的零件也可以通过下面的途径。单击"打开"按钮 ，选择目录，打开"Gear"。单击"再生模型"按钮，直接打开如图 7-65 所示的菜单管理器，选择"输入"，通过输入新的数据得到新的零件。

2. 解决再生失败

再生 "M: 2; Z: 40; HAX: 1; CX: 0.25; X: 0; B: 18" 时会出现"诊断失败"窗口和菜单，如图 7-66 所示。在菜单管理器的"求解特征"菜单中，选择"快速修复"命令。

在"快速修复"菜单栏里单击"重定义"按钮，如图 7-67 所示。

图 7-65　直接进入"得到输入"菜单

图 7-66　再生失败

图 7-67　快速修复

单击"确认"命令，出现失败特征对应的工具操控板，如图 7-68 所示。

单击"放置"按钮，单击"编辑"按钮，进入草绘模式，如图 7-69 所示。

图 7-68　出现的操控板

此时弹出了"参照"窗口，如图 7-70 所示，提示"草图的参照基准已经失效"，这是由于原来的圆角关系式不再成立。选择第一个参照基准，单击"更新"按钮。通过同样的操作更新另外两个参照基准。单击"参照"窗口的"关闭"按钮。

在图层树中选择"CURVE"层，取消隐藏，这样可以重新选择齿根圆作为绘图参照。

单击菜单栏中的"工具"按钮，单击"关系"命令，打开如图 7-71 所示的关系窗口，从中可以看到系统提示关系式 SD4 = 0.38 的赋值语句左侧无效，此时可以修改为例如：SD19 = 0.05，SD19 为新的圆角的尺寸变量符号。也可以不修改该关系式，因为该关系式已经不成立了。

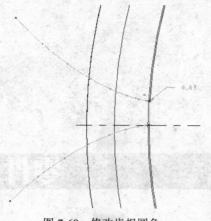

图 7-69　修改齿根圆角

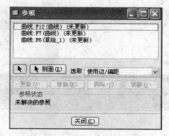

图 7-70　"参照"对话框

修改后单击 ✔ 按钮，系统自动生成新的模型，如图 7-72 所示。

图 7-71　"关系"窗口

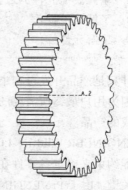

图 7-72　生成新的齿轮

小　结

本章主要介绍了 Pro/E 通用零件库族表的建立方法和参数化设计的方法，并且用两个例子分别说明了族表的建立、参数模型的建立、程序的编写和尺寸关系的建立等。本章的重点是掌握参数化设计的思路和方法，难点是程序的编写和再生失败问题的解决。

习　题

1. 简述 Pro/E 参数化设计的方法和通用零件库族表的建立方法。
2. 试通过建立螺栓的族表来建立螺栓的零件库。
3. 如果参数化设计在生成新零件时失败，应当如何处理？

第8章

零件装配

【学习目标】

1. 了解虚拟装配的概念
2. 掌握装配元件的过程
3. 了解组件操作
4. 了解元件操作

零件设计只是产品开发过程中的一个环节。当产品的零件设计创建完成后，还需进行装配操作，这是因为用户最终所需要的往往是一个装配体，即由很多个零件依各自之间的特定位置关系装配而成的产品。

在 Pro/ENGINEER Wildfire 4.0 中可以很方便地完成零件的装配工作。零件装配通过定义零件之间的装配约束来确定各零件在空间的具体位置关系。如何定义零件之间的装配约束关系是零件装配的关键。由于 Pro/ENGINEER Wildfire 4.0 建立在单一数据库基础上，零件与装配体是相关联的，因此如果修改装配体中的零件，则与其对应的单个零件也将发生相应的变化，不用再重新绘制这些零件，反之也如此。

8.1

装配元件

8.1.1　创建组件

在 Pro/ENGINEER Wildfire4.0 中，一般有两种方法进入组件环境（装配环境），读者可以根据自己设计过程的需要加以选择。

进入组件环境的第一种方法是：单击菜单栏上的"文件"→"新建"命令或者按组合键 Ctrl + N。

进入组件环境的第二种方法是：直接单击工具栏上的按钮□。这种方法更方便。

无论采用哪种方法都会出现如图 8-1 所示的"新建"对话框。该对话框的左侧为"类型"，右侧为"子类型"。进入组件环境的步骤如下。

（1）用鼠标在"类型"窗口中选择"组件"被选项。

（2）在名称栏输入需创建草图文件的名称或接受默认的文件名（如"asm0001"），如图 8-1 所示。

（3）用鼠标左键单击"确定"按钮。

如不使用默认模板，可选用"mmns_asm_design"模板，如图 8-2 所示。

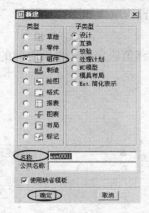

图 8-1　"新建"对话框

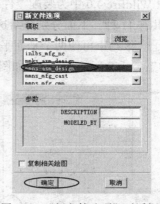

图 8-2　"新文件选项"对话框

当单击"确定"按钮后即可进入组件环境模式，如图 8-3 所示。

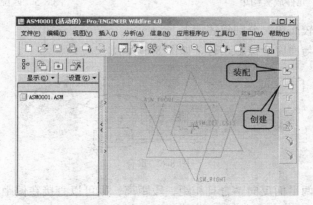

图 8-3　组件环境模式

此时系统会自动创建 3 个基准面："ASM_FRONT"、"ASM_TOP"、"ASM_RIGHT"与一个坐标系："ASM_DEF_CSYS"。另外在菜单栏中新增加了"插入"菜单，该菜单命令下的各种功能与图 8-3 中右侧组件功能按钮等效。

8.1.2　放置元件

1. 装配约束

组件约束和"草绘器"使用的约束很相似。必须有足够的约束才能在三维环境下相对一个零件完成对另一个零件的放置。设计者必须在两个方向建立参照，定义一个曲面或边关系（配对或偏移）并输入参照值。组件的零件上有足够的约束时，零件被完全约束。零件在未完全约束时可添加进组件。

设计者可以交互式地输入、放置和约束零件来逐个对象地生成组件，也可以使用自动确定放置约束加快处理过程。

开始装配新组件时，设计者必须首先确定哪个零件为基础元件。所有后续装配的元件都要直接或间接地参照此元件，因此通常使用一个不太可能从组件中移除的元件作为基础元件。Pro/ENGINEER Wildfire 4.0 中为装配零件提供了许多放置约束，如图 8-4 所示。

约束类型共有 11 种，下面分别介绍这些约束类型。

（1）匹配。该约束可使两个平面平行并相对。偏移值决定两个平面之间的距离。分为："偏距"、"定向"、"重合" 3 种状态，如图 8-5 所示。

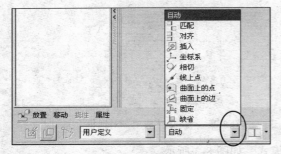

图 8-4　元件放置约束

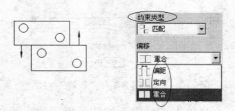

图 8-5　匹配的 3 种状态

具体操作方法比较简单，分别叙述如下。

"重合"：是指面与面完全接触贴合，如图 8-6 所示。

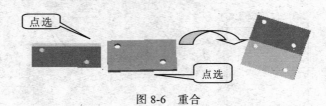

图 8-6　重合

"偏距"：如要求两平面反向贴合且相距一段距离，则可以直接在偏距栏中输入偏离值，如图 8-7 所示。

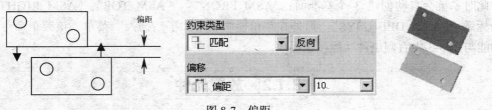

图 8-7　偏距

如果单击图 8-7 中的 "反向" 按钮，则约束类型将由 "匹配" 变为 "对齐"。

"定向"：只约束法向量的方向，无相对距离的约束。

（2）对齐 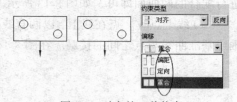。用于两平面或两中心线（轴线）相互对齐。其中两平面对齐时，它们同向对齐；两中心线对齐时，在同一直线上。分为："偏距"、"定向"、"重合" 3 种状态，如图 8-8 所示。

图 8-8　对齐的 3 种状态

 如果单击图 8-8 中的"反向"按钮，则约束类型将由"对齐"变为"匹配"。

具体操作方法分别叙述如下。

"重合"：是指两参照完全接触贴合，距离为 0，如图 8-9 所示。

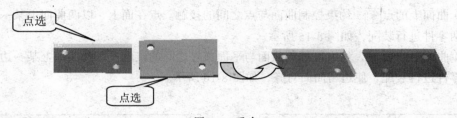

图 8-9　重合

"偏距"：如要求两平面对齐且相距一段距离，则可以直接在偏距栏中输入偏离值，如图 8-10 所示。

（3）插入 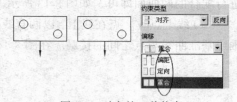。该约束可将一个旋转曲面插入另一旋转曲面中，且使它们各自的轴同轴。用于轴与孔之间的装配。当轴选取无效或不方便时可以用这个约束。选取该装配约束后，分别选取轴与孔即可，如图 8-11 所示。

图 8-10　偏距　　　　　　　　　　　　　图 8-11　插入

（4）坐标系 。通过将元件的坐标系与组件的坐标系对齐，将该元件放置在组件中。两零件的坐标系重合在一起，原点与各坐标轴完全对应。选取该装配约束后，分别选取两零件的坐标系即可，这样仅需一个约束条件就可以使两个零件达到"完全约束"状态，如图 8-12 所示。

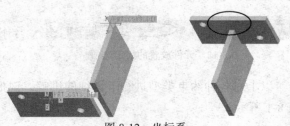

图 8-12　坐标系

（5）相切 。以曲面相切方式对两零件进行装配，使两个曲面成相切接触状态。选取该装配约束后，分别选取要进行配合的两曲面即可，如图 8-13 所示。

（6）线上点。点在线上，以两直线上某一点相接的方式对两零件进行装配。约束控制边、轴或基准曲线与点之间的接触。在图 8-14 的示例中，直线上的点与边对齐。

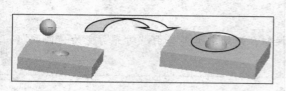

图 8-13　相切

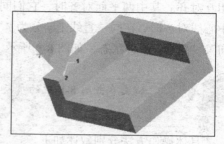

图 8-14　线上点

（7）曲面上的点。约束控制曲面与点之间的接触。点在面上，以两曲面上某一点相接的方式对两零件进行装配，如图 8-15 所示。

（8）曲面上的边。约束可控制曲面与平面边界之间的接触。以两曲面上某一边相接的方式对两零件进行装配，使边与曲面对齐，如图 8-16 所示。

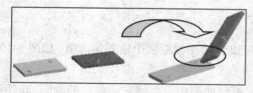

图 8-15　曲面上的点

图 8-16　曲面上的边

（9）自动。仅需点选元件及组件的参照，系统会根据设置的参照来猜测意图而自动设置最恰当的约束，并以系统默认的方式进行装配，如图 8-17 所示。

（10）固定。该约束用来固定被移动或封装的元件的当前位置，从而使单一约束达到完全约束，如图 8-18 所示。

（11）缺省。该约束将系统创建的元件的缺省坐标系与系统创建的组件的缺省坐标系对齐。系统只放置原始组件中的元件。使两组件的缺省坐标系重合也是使单一约束达到完全约束。如图 8-19 所示。

图 8-17　自动

图 8-18　元件放置的固定选项

图 8-19　元件放置的缺省选项

以上对各种约束类型进行了详细的讲解，现把所有的约束类型归纳总结并详加说明，如表 8-1 所示。

表 8-1　　　　　　　　　　　　　　　　　约束类型

约　　束	说　　明
匹配	面对面放置两个平面或基准平面。匹配类型可为"重合"或"偏距"。如将"偏距"选择设置为"定向"，则互相面对的平面被允许有一个变化的偏移
对齐	使两平面或基准平面面向同一方向，两轴同轴或两点重合。对齐可设置为"偏距"或"重合"。如"偏距"设置为"定向"，则平面都朝同一个方向且有一个恒定的偏移
插入	将一旋转曲面插入另一旋转曲面，使其各自的轴同轴
坐标系	使两基准坐标系彼此重合
相切	控制两曲面在切点的接触
线上点	用一个点控制边、轴或基准曲线的接触
曲面上的点	约束两曲面匹配以使一个曲面的基准点与另一个曲面接触
曲面上的边	约束边以接触曲面
自动	仅需点选元件及组件的参照，系统会根据设置的参照来猜测意图而自动设置适当的约束
固定	直接固定元组件在"当前位置"，从而使单一约束达到完全约束
默认	使两组件的"默认坐标系"重合，也是使用单一约束达到完全约束

2. 放置元件

（1）添加新元件有两种方式：创建元件和装配元件。

创建元件：在组合环境中创建元件。单击"插入"菜单，选择"元件"，再选择"创建"命令即可。此时系统会在鼠标下自动提示"在组件模式下创建元件"消息框。或者单击工具栏中的"在组件模式下创建元件"按钮，这样可以在组件环境下直接创建零件，如图 8-20 所示。

装配元件：将创建好的元件添加到组件中。单击"插入"菜单，选择"元件"，再选择"装配"命令即可。此时系统会在鼠标下自动提示"将元件添加到组件"消息框。或者单击工具栏中的"将元件添加到组件"按钮，如图 8-21 所示。

图 8-20　"元件"下级菜单中的"创建"命令

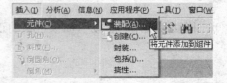

图 8-21　"元件"下级菜单中的"装配"命令

单击按钮后，系统会出现"打开"对话框，选择需添加的元件即可，如图 8-22 所示。

（2）选择好零件后，可以单击"预览"按钮，此时可以看到该元件的模型。确定后单击"打开"按钮，"元件放置"操控板出现，同时选定元件出现在图形窗口中，如图 8-23 所示。

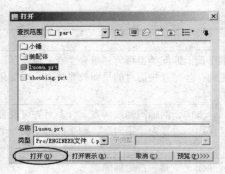

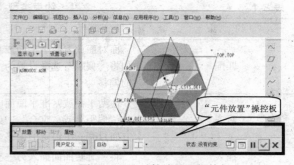

图 8-22 "打开"对话框   图 8-23 "元件放置"操控板

"元件放置"操控板是 Pro/ENGINEER Wildfire 4.0 在装配环境中相对于 Pro/ENGINEER Wildfire 2.0 有比较大的改变。

在 Pro/ENGINEER Wildfire 4.0 中,"元件放置"操控板分成"特征图标"、"上滑面板"和"对话栏"3 个部分。

① 特征图标 。表示正放入组件中的元件。该图标会显示在"插入"→"元件"→"装配"菜单和特征工具栏中。

② 上滑面板。该面板包括"放置"、"移动"、"挠性"、"属性"4 个部分。

a. 放置:该面板启用和显示元件放置和连接定义,它包含两个区域。

"导航"和"收集"区域——显示集合约束。将为预定义约束集显示平移参照和运动轴。集中的第一个约束将自动激活。在选取一对有效参照后,一个新约束将自动激活,直到元件被完全约束为止。

"约束属性"区域——与在导航区中选取的约束或运动轴相关。"允许假设"复选框将决定系统约束假设的使用,如图 8-24 所示。

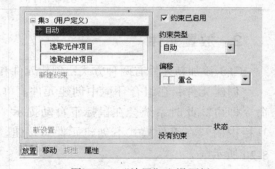

图 8-24 "放置"上滑面板

该面板的功能与"对话栏"中的功能相同。

b. 移动:使用"移动"面板可移动正在装配的元件,使元件的取放更加方便。当移动面板处于活动状态时,将暂停所有其他元件的放置操作,如图 8-25 所示。

在"移动面板"中,包括以下几个部分。

● "运动类型"。用来指定运动类型,默认值是"平移",其下拉菜单中选项含义如下。

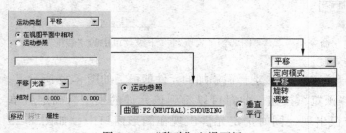

图 8-25 "移动"上滑面板

定向模式——重定向视图。

平移——移动元件。

旋转——旋转元件。

调整——调整元件的位置。

- "在视图平面中相对"（默认）。相对于视图平面移动元件。

- "运动参照"。相对于元件或参照移动元件。此选项激活运动参照收集器。

参照收集器——搜集元件移动的参照，最多可收集两个参照。运动与所选参照相关。选取一个参照以激活"垂直"和"平行"选项。

垂直：垂直于选定参照移动元件。

平行：平行于选定参照移动元件。

"平移"。默认为"光滑"，也可在此设定移动距离。

"相对"。显示元件相对于移动操作前位置的当前位置。

c. 挠性：此面板仅对于具有预定义挠性的元件可用。单击"可变项目"选项，打开"可变项目"对话框。当"可变项目"对话框打开时，元件放置将暂停。

属性："名称"框——显示元件名称。

d. 🛈——在 Pro/E 浏览器中提供详细的元件信息，如图 8-26 所示。

③ 对话栏。该栏包括"元件放置"、"约束定义集"、"约束类型"、"偏移"、"状态"和"工具选项"等内容。

a. "元件放置"。该对话框栏选项与所选集类型和约束相关。

▨——界面放置元件。

▥——手动放置元件。

▧——将用户定义集转换为预定义集，或相反。

b. "预定义集"：显示预定义约束集的列表，如图 8-27 所示。

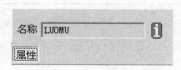

图 8-26 "属性"上滑面板

图 8-27 "用户定义集"列表

相关图标具体含义见表 8-2 所示。

表 8-2 用户定义约束

图 标	名 称	说 明
	用户定义	创建一个用户定义约束集
	刚性	在组件中不允许任何移动
	销钉	包含移动轴和平移约束
	滑动杆	包含移动轴和旋转约束
	圆柱	包含只允许进行 360° 移动的旋转轴
	平面	包含一个平面约束，允许沿着参照平面旋转和平移
	球	包含允许进行 360° 移动的点对齐约束
	焊接	包含一个坐标系和一个偏距值，以将元件"焊接"在相对于组件固定的一个位置上
	轴承	包含一个点对齐约束，允许沿轨迹旋转
	常规	创建有两个约束的用户定义集
	6DOF	包含一个坐标系和一个偏距值，允许在各个方向上移动
	槽	包含一个点对齐约束，允许沿一条非直轨迹旋转

提示 选取约束集类型时"用户定义"是默认值。然后选取一种预定义集类型来定义连接，并选取每个约束的元件参照，或者配置一个用户定义集。在通常情况下，选用默认"用户定义"选项。

c."约束类型"：参看前面介绍。

d."偏移"：该对话框包含"重合"、"定向"和"偏距"约束指定偏移类型。具体含义见表 8-3 所示。

表 8-3 偏移类型

图 标	名 称	说 明
	重合	使元件参照和组件参照彼此重合
	定向	使元件参照位于同一平面上且平行于组件参照
	偏距	根据在"偏距输入"框中输入的值，从组件参照偏移元件参照
	角度	根据在"偏距输入"框中输入的角度值，从组件参照偏移元件参照
	反向	切换"配对"和"对齐"约束

当为元件配置界面后，将出现以下列表框。

"界面放置"选项——通过下列方式使界面与组件参照匹配。

界面至界面——使元件界面与组件界面匹配。

界面至几何——使元件界面与组件几何匹配。

"已配置界面"列表——显示为元件配置的所有界面

e."状态"：显示放置状态后的约束情况，有"无约束"、"部分约束"、"完全约束"、"约束无效"4 种。

f."工具选项"：该项内容具体含义见表 8-4 所示。

表 8-4　　　　　　　　　　　　　　　　工具选项

图　标	名　　称	说　　明
	元件窗口	定义约束时，在其自己的窗口中显示元件
	组件窗口（默认）	在图形窗口中显示元件，并在定义约束时更新元件放置
	暂停	暂停元件放置以使用工具
	恢复	暂停后恢复元件放置
	确定	应用元件放置并退出操控板
	取消元件放置	从组件和窗口中移除元件并关闭操控板

（3）组合时，新加入的元件或子组件有两种显示方法。

第一种是在单独的窗口显示元件 ，如图 8-28 所示。

第二种是在组件窗口显示元件 ，如图 8-29 所示。

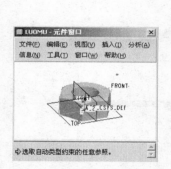

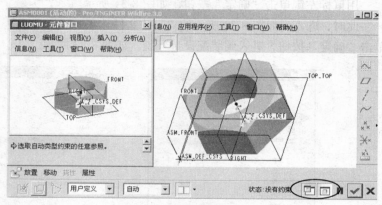

图 8-28　在单独窗口中显示元件　　　　　　图 8-29　在组件窗口中显示元件

在组合时可切换此两种显示方式，使组合参照的选取较容易。也可将两种显示模式同时打开，则元件会同时显示在元件窗口和组件窗口中。

设计者需首先选定装配的基础元件，然后按照上述的操作步骤操作，最后单击图 8-4 "元件放置"对话框中的"默认"按钮 ，此命令将零件坐标系与组件坐标系对齐。单击 按钮，则基础元件被加入到组件环境中且完全约束。

（4）基础元件设置好后，就可以开始给组件添加其他元件。继续单击 按钮，系统会出现"打开"对话框；选择需添加的元件即可。

从组件和装配的零件各选取一个参照时，Pro/E 会自动为这对指定的参照选取一个合适的约束类型，还可以根据需要进行手动设置约束，同时还要考虑零件彼此定向的方式。

8.2

实例训练——阀部件装配

本节的训练实例练习主要介绍在"组件环境"下阀体零部件的装配过程。通过对每一步骤的详细介绍，让读者掌握基本的装配技能。

装配后的效果如图 8-30 所示。

装配过程如下。

1．组件装配

（1）进入组件环境。进入 Pro/E 程序后，直接单击工具栏上的按钮□或者单击菜单栏上的"文件"→"新建"命令。接着会出现"新建"对话框（可参考图 8-2）。该对话框的左侧为"类型"，右侧为"子类型"。进入组件环境的步骤如下。

用鼠标在"类型"窗口中选择"组件"被选项。

在名称栏输入需创建草图文件的名称"FATI"，将"使用默认模板"的勾选去掉。

图 8-30　装配效果图

用鼠标左键单击"确定"按钮，如图 8-31 所示。

此时，进入到如图 8-32 所示的"新建文件选项"对话框，单击"mmns_asm_design"选项，单击"确定"按钮，进入到装配设计环境，如图 8-33 所示。

图 8-31　"新建"对话框

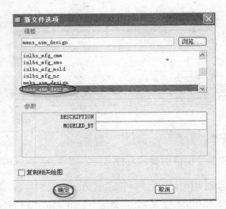

图 8-32　"新文件选项"对话框

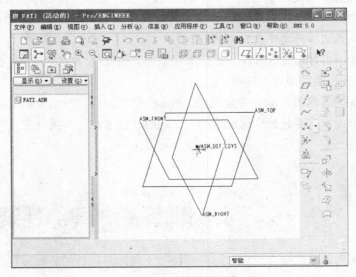

图 8-33　组件设计环境

此时新建了一个装配文件，并进入装配界面环境。

（2）装配 "FT_zhuti" 元件。

① 单击特征工具栏上的"将元件添加到组件"按钮 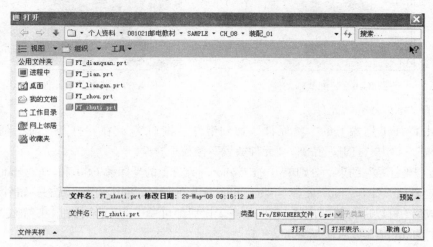，或选择"插入"→"元件"→"装配"命令。此时，会出现"打开"对话框，如图 8-34 所示。

图 8-34　"打开"对话框

② 从中选择 "FT_zhuti.prt"，单击"打开"按钮，出现"元件放置"操控板，同时选定元件出现在图形窗口中，如图 8-35 所示。

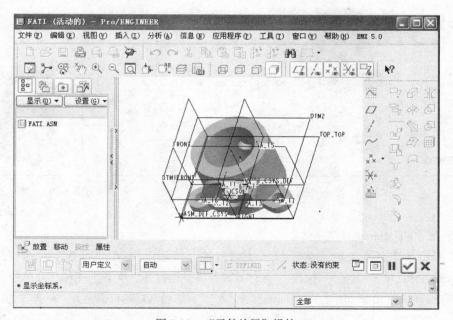

图 8-35　"元件放置"操控

③ "用户定义约束"采用默认的"用户定义"方式，约束类型选用"缺省"选项，如图 8-36 所示。接着单击 按钮，此时约束状态会变成"完全约束"，完成基础元件 "FT_zhuti.prt" 的装配，如图 8-37 所示。

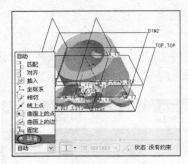

图 8-36　装配基础元件　　　　　　　　　　图 8-37　装配基础元件完成

（3）装配"FT_zhou"元件。

① 单击特征工具栏上的"将元件添加到组件"按钮，在"打开"对话框中，选择"FT_zhou.prt"，单击"打开"按钮，"元件放置"操控板打开。

② 设置"坐标系"约束。分别单击"FT_zhou"元件上的坐标系 CS0 和"FT_zhuti.prt"上的坐标系 CS0。此时，"FT_zhou"元件与"FT_zhuti.prt"元件呈"完全约束"状态，如图 8-38 所示。

③ 完成后，可以进行装配预览，预览检查无误后即可单击"确定"按钮，完成"FT_zhou"元件在"FT_zhuti.prt"元件上的装配。

装配后的结果如图 8-39 所示。

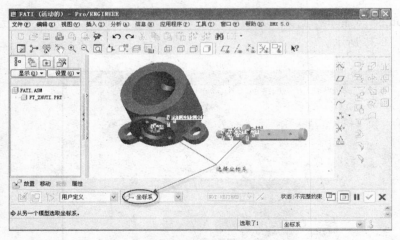

图 8-38　装配"FT_zhou"元件　　　　　　图 8-39　"FT_zhou"元件装配完成

（4）装配"FT_dianquan"元件。

① 单击特征工具栏上的"将元件添加到组件"按钮，在"打开"对话框中，选择"FT_dianquan.prt"，单击"打开"按钮，"元件放置"操控板打开。单击图标打开单独显示窗口。

② 首先选择"FT_dianquan.prt"上面的轴线"A_6"，然后选择约束类型为"对齐"，再单击选择"FT_zhuti"上的轴线"A_11"。（即图 8-40 所示的单独显示窗口的"1#轴线"和屏幕中的"1#轴线"）

③ 和第 1 步相同，选择"FT_dianquan.prt"上面的轴线"A_8"，然后选择约束类型为"对齐"，再单击选择"FT_zhuti"上的轴线"A_13"。（即图 8-40 所示的单独显示窗口的"2#轴线"和屏幕中的"2#轴线"）

④ 此时，"FT_dianquan"和元件与"FT_zhuti"元件仍然呈"不完全约束"状态。单击

"FT_dianquan"的背面，单击选择装配类型为"匹配"，再单击选择"FT_zhuti"的正面。（即图 8-40 所示的单独显示窗口的匹配面和屏幕中的匹配面）

⑤ 此时元件呈"完全约束"状态，进行装配预览，预览检查无误后即可单击"确定"按钮☑。完成"FT_dianquan"元件在"FT_zhuti"元件上的装配，如图 8-41 所示。

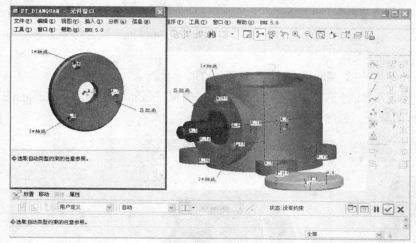

图 8-40　装配"FT_dianquan"元件　　　　　图 8-41　装配"FT_dianquan"元件完成

（5）装配"FT_JIAN"元件。

① 单击特征工具栏上的"将元件添加到组件"按钮，在"打开"对话框中选择"FT_jian.prt"，单击"打开"按钮，打开"元件放置"操控板。单击图标打开单独显示窗口。

② 在该对话框中首先单击两个"1#曲面"，约束类型中会添加"匹配"约束。再单击两个"2#曲面"，约束类型中又会添加"匹配"约束。为了使"FT_jian"元件处于完全约束状态，还需单击如图 8-42 所指的两个匹配面，约束类型中又会添加"匹配"约束。此时，"FT_jian"元件与"FT_zhuti"元件呈"完全约束"状态。

③ 完成后，可以进行装配预览，预览检查无误后即可单击"确定"按钮☑，完成"FT_jian"元件在"FT_zhuti"元件上的装配，如图 8-43 所示。

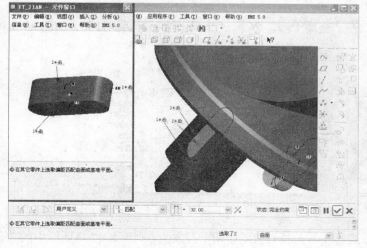

图 8-42　装配"FT_jian"元件　　　　　图 8-43　装配"FT_jian"元件完成

（6）装配"FT_liangan"元件。

① 单击特征工具栏上的"将元件添加到组件"按钮，在"打开"对话框中，选择"FT_liangan.prt"，单击"打开"按钮，打开"元件放置"操控板。单击图标打开单独显示窗口。

② 首先在该对话框中单击如图 8-44 所示的两个"1#匹配面"，约束类型中会添加"对齐"约束。再单击所指的两个轴线（单独显示零件的"A_6"和屏幕中的"FT_jian"的"A_5"），完成"对齐"约束。约束类型中又会添加"匹配"约束。为了使"FT_liangan"元件处于完全约束状态，还需单击如图 8-44 所指的两个"2#匹配面"。

此时，"FT_liangan"元件与"FT_zhuti"元件呈"完全约束"状态。

③ 完成后，可以进行装配预览，预览检查无误后即可单击"确定"按钮，完成"FT_liangan"元件在"FT_zhuti"元件上的装配，如图 8-45 所示。

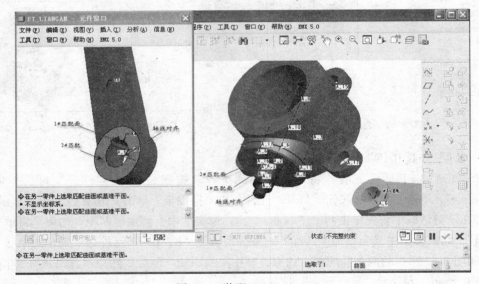

图 8-44　装配 FT_liangan

（7）干涉检查。完成组件装配后，为确保品质还需对装配体进行"干涉检查"，避免出现制造误差。

① 单击"分析"→"模型"→"全局干涉"命令，"全局干涉"对话框打开，如图 8-46 和图 8-47 所示。

图 8-45　全部装配完成后的效果图

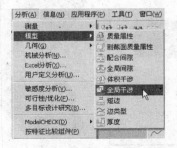

图 8-46　"全局干涉"命令路径

② 单击"计算"按钮，进行干涉分析计算。如无干涉发生，则图 8-47 对话框中的"结果"栏无任何显示，如图 8-48 所示。

图 8-47   "全局干涉"对话框

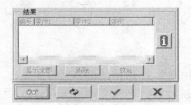

图 8-48   无干涉发生的显示结果

如有干涉发生，则在"结果"栏中显示干涉的零件名称及干涉体积量。干涉部分以红色线段显示。

2. 爆炸图

分解视图介绍如下。

为了能明了组件中各元件的相对位置，可单击"视图"→"分解"，利用"分解"来分解元件。单击"分解"选项下的"分解视图"命令，可执行炸开元件的操作，通常称之为爆炸图。元件分解后，"分解"选项下会出现"取消分解视图"命令。单击该命令，又可以回到组合状态，如图 8-49 所示。分解后如图 8-50 所示。

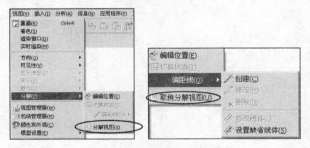

图 8-49   "分解"的下级菜单

图 8-50   装配体的爆炸视图

小 结

本章主要阐述了在 Pro/E 中如何进行元件的装配操作。首先对虚拟装配的概念进行了阐述，然后就如何装配元件进行了详细的讲解，接着对在装配环境中如何进行组件和元件的操作进行了介绍，最后通过一个实例加以综合应用。

通过本章的学习，读者应该了解虚拟装配的概念，掌握如何装配元件，如何进行组件操作，如何进行元件操作。

另外，要能准确理解系统中提供的装配功能按钮并加以灵活应用。有针对性地加强这方面的练习，是提高在 Pro/E 中装配技能的唯一方法。

习 题

1. 根据图 8-51 给出的模型进行装配。
2. 根据图 8-52 给出的模型进行装配。

图 8-51 习题 1

图 8-52 习题 2

加工篇（CAM）

第9章

模具设计

【学习目标】

1. 了解 Pro/E 模具设计的基本概念和工作流程
2. 通过实例学习塑料模具设计方法
3. 学习模架的设计

9.1

Pro/E 模具设计简介

按照成形方法的不同，模具可以分为塑料模具、冲压模具、锻造模具、压铸模具、橡胶模具等不同类型，其中应用最广泛的是塑料模具和冲压模具。不同模具的应用面向虽然存在差别，但基本结构是相同的。

Pro/E 的模具设计模块与 Pro/E 的建模模块一起为塑料模具、压铸模具、冲压模具的设计人员提供了快速创建和修改完整模具零部件的功能。模具设计选项具有易用、自动化功能强的特点。用 Pro/E 设计和校验塑料模具、冲压模具和压铸模具的性能可以缩短开发周期，提高成品质量。它能帮助设计人员和制造工程师创建复杂曲面、精密公差和所需模具嵌件等其他特征，确保注塑模具、冲压模具和压铸模具能高效地制造出精确零件。

9.1.1　Pro/ENGINEER Wildfire 4.0 模具设计模块

Pro/E 的模具模块是 Pro/ENGINEER Wildfire 4.0 软件中的可选模块。它提供了在 Pro/E 中进行虚拟模具设计的强大功能，可用 Pro/E 创造的实体模型来进行模具设计。同时利用 Pro/E 软件单一数据库的特点，可在设计零件发生变更的情况下及时更新模具文件。

1. 启动模具设计

启动 Pro/E 软件后，选择"文件"中的"新建"，打开如图 9-1 所示的"新建"菜单。在"类

型"中选择"制造";在"子类型"中选择"模具型腔"。在"名称"栏中输入模具名称。去掉
"使用缺省模板"中的勾选标记。进入"新文件选项"对话框，如图 9-2 所示。在图中选择
"mmns-mfg-mold"选项。单击"确定"按钮后进入模具设计环境，如图 9-3 所示。

图 9-1　新建模具文件

图 9-2　选择模板

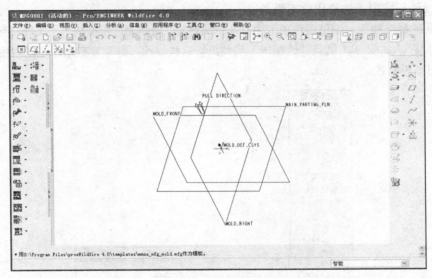

图 9-3　模具设计界面

2. 主要菜单介绍

（1）标题栏。图 9-3 的最上边的是标题栏，如图 9-4 所示，标题栏显示当前活动的工作窗
口名称，如"MFG0001（活动的）"。系统可
以同时打开几个工作窗口，但只有一个处于活

图 9-4　标题栏

动状态。如果切换到其他工作窗口，则要在"窗口（W）"中激活，才能对这个工作窗口进行
操作。

（2）菜单栏。菜单栏如图 9-5 所示。

文件(F)　编辑(E)　视图(V)　插入(I)　分析(A)　信息(N)　应用程序(P)　工具(T)　窗口(W)　帮助(H)　EMX 4.1

图 9-5　菜单栏

下面介绍菜单栏功能。

"文件"：设置工作目录，文件的存取、打开等。

"编辑"：剪切、复制以及模具的很多编辑操作，如曲面的合并、修剪、偏移、镜像等。

"视图"：3D 视角的控制等。

"插入"：插入各种特征。

"分析"：分析模具的各种几何性能、机械性能等。

"信息"：显示与模型有关的各种信息。

"应用程序"：提供标准模块和其他模块。

"工具"：提供各种应用工具。

"窗口"：窗口的控制。

"帮助"：各种命令功能的详细说明。

（3）工具栏。右击工具栏中的任一处于激活状态的命令，可以打开工具栏配置快捷菜单条，如图 9-6 所示。

工具条名称前带勾标识的表示在当前窗口中打开了此工具条。工具条名称如果是灰色的表示在当前设计环境中无法使用此工具条。

（4）浏览器选项卡。浏览器选项卡中有 4 个属性页，分别是"模型树"、"文件夹导航器"、"收藏夹"、"连接"。如图 9-7 就是"模型树"属性页。这些属性页都非常有用，在以后用到时将详细讲解。这里不再赘述。

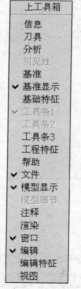

图 9-6　快捷菜单

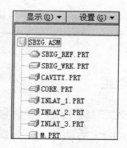

图 9-7　模型树

（5）主要工具介绍。Pro/E 模具设计模块的主要工具图标介绍如下。

　：选取零件并定义零件在模具中的放置位置和方向。

　：设置零件的收缩率。

　：根据零件的偏距和整体尺寸值加载毛坯工件。

　：创建模具体积块。

：创建自动分模线即侧面影像线。

：分型曲面工具。

：分割为新的模具体积块。

：从模具体积块中创建型腔嵌入零件。

：执行模具开口分析。

：通过其他零件、面组或平面的第一或最后曲面来修剪零件。

：转到模具布局。

：基准点工具。

：基准轴工具。

：基准平面工具。

：草绘工具。

：基准坐标系工具。

：插入分析特征。

：插入基准曲线（4.0 版本新增）。

9.1.2　Pro/ENGINEER Wildfire 4.0 模具设计流程

1．建立模具模型

创建模具模型可以有多种方法。

（1）创建模具模型的第一种方法。进入模具设计模块后，直接单击选取零件图标 ，进入"打开"对话框，如图 9-8 所示。同时打开了"布局"菜单，如图 9-9 所示。

图 9-8　打开参照模型

图 9-9　布局创建参照模型

选择如图 9-8 所示的元件，单击"打开（ 0 ）"按钮，进入"创建参照模型"菜单。默认"参照模型类型"选项中的"按参照合并"的选择。如图 9-10 所示。

提示

选择"按参照合并"选项时，系统复制一个与参考零件一模一样的参考文件来进行模型装配。如果选择"同一模型"选项时，系统直接调入参考零件进行模具模型的装配。

默认"参照模型名称"给出的名称，单击"确定"按钮。此时"布局"菜单中的"参照模型起点与定向"的拾取箭头由灰色变成黑色。单击这个拾取箭头，出现如图 9-11 所示的浮动参照模型。

单击如图 9-12 所示的"坐标系类型"中的"动态"，则浮动参照模型出现了坐标系，如图 9-13 所示。此时可以发现，坐标系中"Y"轴向上。这是不对的，应该"Z"轴向上，平行于开模方向，故要对坐标系进行调整。

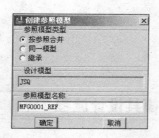

图 9-10　创建参照模型　　　　图 9-11　浮动参照模型　　　　图 9-12　坐标系类型

在同时出现的图 9-14 所示的"参照模型方向"菜单里将参照模型的"X"轴旋转"90°"。按回车键，可以看到调整后浮动参照模型的坐标系立即发生了变化，如图 9-15 所示，Z 轴向上，平行于开模方向。

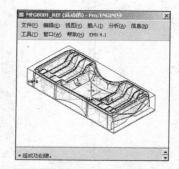

图 9-13　坐标系调整前的浮动参照模型　　图 9-14　调整参照模型方向　　图 9-15　调整坐标系后的浮动参照模型

单击"确定"按钮，返回"布局"对话框，单击"确定"按钮，单击"菜单管理器"中的"完成/返回"。完成了参照模型的加载。

（2）创建模具模型的第二种方法。单击右边的菜单管理器栏中的"模具模型"，选择"装配"，如图 9-16 所示。在随后出现的"模具模型类型"菜单中选择"参照模型"，如图 9-17 所示，同样也可进入如图 9-18（和图 9-8 相同）所示的"打开"界面，然后进行后续的工作。

图 9-16 "装配"菜单   图 9-17 "参照模型"菜单   图 9-18 "打开"对话框

2. 设置收缩率

零件从温度较高的模具中取出，冷却至室温后，其体积和尺寸发生收缩的现象叫做收缩性。零件的收缩性可用相对收缩量的百分率，即收缩率表示。收缩率不仅和热胀冷缩有关，而且还与各种成型因素有关。

考虑产品成型的收缩现象，必须通过设置收缩率来放大型腔。

型腔的放大量，即收缩量＝收缩率×尺寸。

应根据零件制品材料的特点设置零件产品的收缩率。

设置收缩率的方法如下。

单击 🔲▸ 🔲 🔲，其中 🔲 是"按比例指定零件收缩"，第 2 个图标是"按尺寸指定零件收缩"，或单击右边菜单管理器中的"收缩"，进入如图 9-19 所示的"按比例收缩"菜单和图 9-20 所示的"选取"菜单。

此时屏幕下方信息栏提示"选取坐标系"。按照提示单击坐标系拾取箭头，然后在屏幕的模型零件上单击参考坐标系"REF_ORIGINEFS"，如图 9-21 所示。此时图 9-19 的"按比例收缩"菜单中的完成按钮 🔲✔ 由灰色变为绿色。在"收缩率"栏中输入"0.005"（提示：这里举例用的材料是 ABS，每种材料都有不同的收缩率，具体可参考有关资料）。

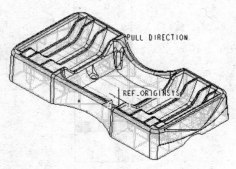

图 9-19 设置收缩率   图 9-20 "选取"菜单   图 9-21 选择坐标系

单击完成按钮 ✓ 完成设置。这里所用公式有两种：一种是"1+S"，另一种是"1/（1-S）"。S 即收缩率。输入的收缩率为正值时为放大，输入的收缩率为负值时为缩小。

在"收缩"菜单栏中选择"收缩信息"时，弹出"信息窗口"，可以查看模型的收缩报告，如图 9-22 所示。

3. 创建毛坯工件

创建模具的毛坯工件就是创建一个完全包容参照模型的组件。通过分型面等特征可以将其分割为型芯或型腔等成型零件。

创建毛坯工件可以单击创建毛坯工件图标 ▱，也可以进入右边菜单管理器的"模具模型"菜单，单击"创建"→"模具模型类型"→"工件"，选择"自动"，如图 9-23～图 9-25 所示。也可以进入如图 9-26 所示"自动工件"菜单，进行毛坯工件设置。

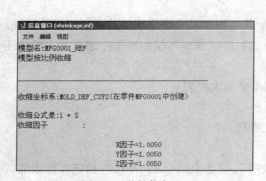

图 9-22　收缩信息　　　　图 9-23　"模具模型"菜单　　　图 9-24　"工件"菜单

图 9-25　"自动"菜单　　　　　图 9-26　创建毛坯工件对话框

这里同样也要选择参考坐标系。在选择坐标系之前，图 9-26 上半部分的"形状"栏的 3 个备选形状不能进行选择，下半部分是灰色的，也不能进行输入。

也可在图 9-25 中单击"手动"，输入新的毛坯工件名称后进入新的"创建选项"，选择"创建特征"，进入 Pro/E 的"零件创建"平台，进行毛坯工件的创建，这里不再赘述。

4. 设计浇注系统

浇注系统由主浇道、分浇道、浇口及冷料穴 4 个部分组成。不一定每个浇注系统都必须有这 4 部分，例如一模一件且只有一个浇口进料时，可没有分浇道。

（1）主浇道。主浇道是指从注塑机喷嘴与模具接触处开始到有分浇道支线为止的一段流料通道。它起将熔融料从喷射口引入模具的作用，其尺寸的大小直接影响熔体的流动速度和填充时间。

（2）分浇道。分浇道是主浇道与型腔进料口之间的一段流道。主要起分流和转向作用，即将熔料由主浇道分流到各个型腔的过渡通道，也是浇注系统的断面变化和熔料流动转向的过渡通道。

（3）浇口。浇口指熔料进入型腔前最狭窄的部分，也是浇注系统中最短的一段。其尺寸狭小且短。目的是使熔料进入型腔前加速，以便于充满型腔，且有利于封闭型腔口，防止熔料倒流。另外，也便于成型后冷料与塑件分离。

（4）冷料穴。在每个注射成型周期开始时，最前端的料接触低温模具后会降温、变硬，被称之为冷料。冷料穴为防止冷料堵塞浇口或影响制件的质量而设置的料穴，其作用就是储藏冷料。冷料穴一般设在主浇道的末端，有时在分浇道的末端也增设冷料穴。

浇道截面一般为等截面柱形，截面可为圆形、半圆形、椭圆形和梯形。

（5）建立浇道系统方法。单击右边的菜单管理器的"特征"→"型腔组件"→"实体"→"减切材料"，如图 9-27～图 9-30 所示，单击图 9-31 中的"完成"，选择草绘面，如图 9-32 所示，进行草绘来完成流道的设计。

图 9-27 "特征"菜单

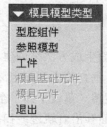

图 9-28 "型腔组件"菜单

图 9-29 "实体"菜单

图 9-30　"切减材料"菜单　　　图 9-31　进入草绘　　　图 9-32　草绘面放置

5. 设计冷却水道

单击右边菜单管理器中的"特征"→"型腔组件"→"模具特征"菜单，可以参见前面的图 9-27～图 9-29。选择图 9-33"模具特征"中的"水线"，进入图 9-34 的"水线"菜单。可以对水线的直径、回路和末端条件等进行定义。在图 9-35 中输入水线圆环的直径，然后定义回路（即草绘冷却水道的轨迹路线），完成冷却水线的设计。

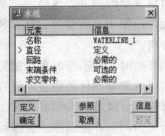

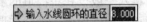

图 9-33　建立水线　　　图 9-34　"水线"对话框　　　图 9-35　输入水线直径

6. 设计分型面

设计分型面是模具设计中十分重要的一个环节。模具的分型面是打开模具取出塑件的面，分型面可以是平面、曲面或阶梯面，可以与开模方向垂直，也可与之平行或倾斜。在可能的情况下，模具的分型面应尽量选择平面形状。

一副模具根据需要可能有一个或两个以上分型面。

分型面是一种曲面特征，可用来分割毛坯工件或现有体积块，包含一个或多个参照零件。

（1）创建分型面的基本法则。创建分型曲面时有两个基本法则必须遵守。

分型曲面必须与工件完全相交。

分型曲面自身不能相交。

（2）分型面创建方法。

① 分型曲面可以通过以下几种曲面生成方法来创建。

长成（extrude）——"草绘平面"垂直长成到指定深度来创建曲面。

旋转（revolve）——绕一中心线旋转"草绘平面"至指定角度创建曲面。

扫描（sweep）——利用"草绘平面"沿着轨迹线扫出的结果创建曲面。

混合（blebd）——连接多个"草绘截面"创建直线的或平滑的混合曲面。

平坦（flat）——草绘边界创建平面曲面。

复制（copy）——复制参考零件的几何创建曲面。

圆角（fillet）——使用类似创建曲面圆角的技巧创建曲面。

阴影（shadow）——利用光线投影技巧来创建分型曲面。

裙边（skirt）——利用侧面影象曲线和一般基准曲线来生成裙边曲面。

② 模具体积块。在 Pro/E 的模具设计模块中，"模具体积块"在创建分型面、各种型芯、滑块等方面非常有用。模具体积块是一种占有体积但没有质量的三维封闭曲面特征，它可以和分型面创建的曲面或平面曲面一起进行编辑，如合并成为一个分型面。模具体积块可以和分型面一样在分割体积块时作为分型面使用。"模具体积块"是模具的组件特征，可以抽取生成 Pro/E 的实体零件。这些将在后面的模具设计范例中逐一讲解。

模具体积块的创建有 3 种方法。

a. 聚合体积块；b. 草绘体积块；c. 滑块。

7. 分割体积块

建立好分型面后，必须用分模面或体积块将毛坯工件进行分割，使之成为凸凹模或型芯、滑块、镶块等。

分割体积块的方法如下。

单击"分割体积块"按钮[图]，选择"两个体积块"→"所有工件"→"完成"，如图 9-36 所示。进入"分割"菜单，在屏幕中选择建好的分型面进行分割。

图中各项命令的选取方法如下。

（1）如图 9-36 所示的选项，"两个体积块"、"所有工件"的搭配将模具毛坯工件分割为两个部分。

（2）如果有型芯时，则先使用"两个体积块"将模具毛坯以型芯为分模面分割为型芯和型腔，然后再选择"两个体积块"和"模具体积块"将型腔分为上下（或左右）两个部分。

（3）模具设计销时，利用"一个体积块"和"模具体积块"配合，以销分型面将销的体积从凸模（或凹模）中分割出来。创建滑块的操作与创建销的操作相似。

模具分割的具体过程可见后面的模具设计范例。

图 9-36 体积块分割

8. 抽取模具元件

分割模具体积块后，此时的毛坯工件虽然被分割为凸、凹模（或其他），但仍然是只占有体积但无质量的三维曲面模型，而不是 Pro/E 的实体零件，必须将这些体积块提取使之成为实体零件模型。

抽取模具元件的过程如下。

单击"抽取模具元件"图标[图]，进入图 9-37 所示的"创建模具元件"菜单。或单击右边菜单管理器中的"模具元件"，如图 9-38 所示，单击选择"抽取"，如图 9-39 所示，也可进入图 9-37 所示的"创建模具元件"。单击"全选"图标[图]，然后单击"确定"，完成模具元件的抽取。

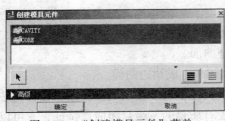

图 9-37　"创建模具元件"菜单　　　图 9-38　"模具元件"菜单　　　图 9-39　"抽取"菜单

9. 铸模

铸模是模拟将材料填入凸凹模形成的空腔中，以形成浇注完成的成品件的过程。填充的操作如下。

在右边的菜单管理器中单击"铸模"→"创建"。在随后出现的菜单中输入铸模的名称即可。

10. 开模仿真

在所有的模具模块建立好并进行铸模填充以后，就可以进行模具的开模仿真模拟。开模的操作过程如下。

单击 按钮。单击"定义间距"→"定义移动"，选择需要移动的模具零件，单击"确定"选择移动的参考方向，在随后出现的对话框中输入要移动的距离，再继续选择要移动的零件。全部选择、定义结束后，单击"完成"，即可在屏幕中看到开模后的状态。

9.1.3　精度配置

Pro/E 中有两种测量精度的设置方法：相对精度和绝对精度。

1. 相对精度

（1）相对精度的概念。相对精度是 Pro/E 中默认的测量精度的方法。相对精度是通过将模型中允许的最短边除以模型总尺寸计算得出。模型总尺寸为模型边界框的对角线长度。模型默认的相对精度是"0.0012"。精度的增加会使模型再生时间延长，文件变大。通常尽量使用默认的相对精度，这样可以使精度适应模型尺寸的变化。

（2）相对精度的设置方法。相对精度值的设置方法：打开 Pro/E 主菜单中的"编辑"，出现如图 9-40 所示的菜单，单击"设置"，进入如图 9-41 所示的"组件设置"菜单，单击"精度"，进行精度值的设置。

2. 绝对精度

（1）绝对精度的概念。绝对精度是按模型的单位设置的。当通过 IGES 文件输入或输出其他常用格式的模型时主要使用绝对精度，这有助于减小传输中的错误。

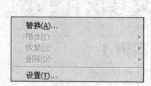

图 9-40　进入选项图　　　　　图 9-41　"组件设置"菜单

Pro/E 模具设计模块进行模具设计时，一般都使用绝对精度。

（2）相对精度改为绝对精度的设置方法。具体设置方法如下。单击 Pro/E 主菜单中的"工具"，单击"选项（O）"，如图 9-42 所示。

进入到如图 9-43 所示的"选项"菜单，首先在左上角的"显示"栏里选择"当前进程"，将"仅显示从文件载入的选项"的勾选标记去掉，然后在下面寻找"enable_absolute_accuracy"文件，系统默认的选项是"NO"，单击这个文件，在下面的"选项（O）"栏里出现了所选文件名，在"值（V）"栏里选择"YES"，单击"添加/更改"按钮，单击"应用"、"关闭"按钮。便完成了绝对精度选项的设置。

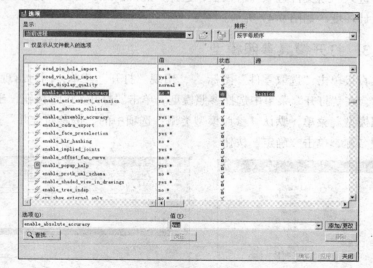

图 9-42　绝对精度设置　　　　　图 9-43　选项设置

（3）绝对精度的设置方法。

① 在启动目录的"config.pro"文件中加入"enable_absolute_accuracy　yes"，如图 9-44 所示。

② 在载入参照模型时，系统会给出提示让设计者接受统一的绝对精度，如图 9-45 所示。

图 9-44　设置"config.pro"文件　　　　　图 9-45　提示统一精度

9.2 模具设计实例

9.2.1 实例1

1. 设置工作目录

建立工作目录"F:\SAMPLE\Chapter09\Mold_01"。将已经建好的零件模型"yhg.prt"复制到"Mold-01"。打开 Pro/E,首先将"Mold-1"设置为工作目录。

2. 新建模具文件

单击"文件"→"新建",进入"新建"菜单,选择"类型"中的"制造",在"子类型"中选择"模具型腔",在"名称"栏中输入模具名称,去掉"使用缺省模板"的勾选标记,单击"确定"按钮,如图 9-46 所示。

进入"新文件选项"对话框,选择"mmns_mfg_mold"选项,单击"确定"按钮,进入模具设计环境,如图 9-47 所示。

3. 打开模具参照模型

直接单击"选取零件"图标,出现"打开"菜单,同时出现如图 9-48 所示的"布局"菜单。在"打开"菜单中选择参照模型,单击"打开(0)"按钮,出现如图 9-49 所示的"创建参照模型"菜单,默认"参照模型类型"选项中的"按参照合并"选项,默认系统给出的参照模型名称,单击"确定"按钮。

图 9-46 新建文件

图 9-47 选择模板

图 9-48 "布局"菜单

提示

选择"按参照合并"选项时,系统复制一个与参考零件一模一样的参考文件来进行模型装配。如果选择"同一模型"选项,系统直接调入参考零件进行模具模型的装配。

单击"坐标系类型"中的"动态",如图 9-50 所示,则浮动参照模型出现了坐标系,如图 9-51 所示。图 9-51 的坐标系方向是不对的,它是"Y"轴向上,应该"Z"轴向上、垂直于分模面或平行于"Pull Direction"双箭头所指的开模方向才对。

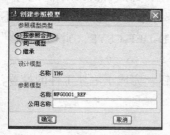

图 9-49　"创建参照模型"菜单

图 9-50　"动态"菜单

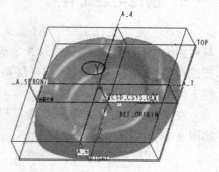

图 9-51　浮动参照模型

　　在图 9-52 所示的"参照模型方向"菜单里的"坐标系移动/定向"栏内选择"旋转","轴"选择"X"轴,旋转角度为"90",按回车键。此时可以动态地看到模型的坐标方向发生了改变,如图 9-53 所示,"Z"轴已经转向开模方向。参照模型加载成功。

图 9-52　调整坐标系

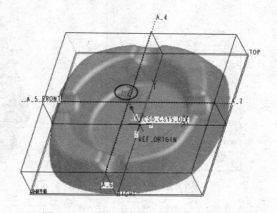

图 9-53　坐标系旋转后的浮动参照模型

4. 设置收缩

　　如图 9-54 所示,单击选中坐标系后,图 9-55 所示的"按比例收缩"菜单中的"完成"按钮 ✓ 由灰色变为绿色,在图中的"收缩率"栏里输入"0.005"(提示:这里的材料是 ABS,每种材料都有不同的收缩率,具体可参考有关资料)。单击"完成"按钮 ✓ ,完成收缩设置。

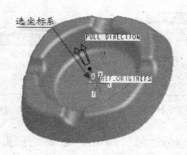

图 9-54　选坐标系

图 9-55　选取参照模型的坐标系

5．创建毛坯工件

单击"定义毛坯工件"图标 🖵，进入"自动工件"定义对话框，如图 9-56 所示，此时工具栏内上半部分"形状"栏的 3 个备选形状不能进行选择，下半部分也是灰色的，说明此时不能进行毛坯工件尺寸设置。单击屏幕中的参照模型的坐标系"MOLD-DEF-CSYS"，此时"偏移"栏下的数字由灰色变为可操作。

在"偏移"栏下"统一偏距"里输入"50"。单击"确定"按钮，完成了毛坯工件的设置，如图 9-57 所示。

图 9-56　定义工件

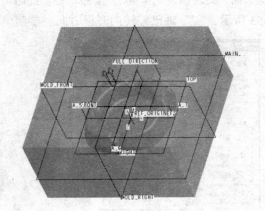

图 9-57　工件定义成功

6．设计分型面

（1）建立侧面影像线。单击"侧面影像线"图标 ⬭，或单击右边的菜单管理器中的"特征"，在"模具模型类型"菜单中单击选择"型腔组件"，在随后出现的"模具特征"菜单中单击选择"侧面影像"，如图 9-58～图 9-60 所示，出现如图 9-61 所示的"侧面影像曲线"菜单栏。

图 9-58　"特征"菜单　　　图 9-59　"型腔组件"菜单　　　图 9-60　"侧面影像"菜单

在"侧面影像曲线"菜单中选择"环路选择　可选的"，单击"定义"按钮。

出现"环选取"对话框，如图 9-62 所示。由于这个侧面影像线非常简单，就 1 个环路，因此直接单击"确定"按钮，此时可以看到模型中出现了红色的环路，如图 9-63 所示。单击图 9-61 菜单中的"确定"按钮，完成了侧面影像线的创建。

图 9-61　侧面影像线定义菜单

图 9-62　"环选取"对话框

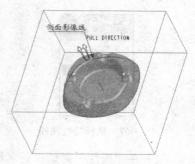

图 9-63　侧面影像线

（2）建立裙边曲面。单击右边菜单栏中的"特征"→"型腔组件"，可参考图 9-58 和图 9-59，单击"曲面"→"新建"（在"曲面"的下一级菜单里），如图 9-64 所示，单击图 9-65 中的"裙边"，单击"完成"，进入到图 9-66 的"裙边曲面"对话框。

图 9-64　选择曲面

图 9-65　选择裙边

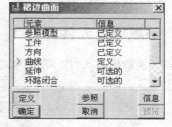

图 9-66　定义裙边曲面

同时出现了如图 9-67 所示的"特征曲线"菜单栏，单击屏幕中刚才建立的如图 9-63 所示的侧面影像曲线作为"特征曲线"，单击"特征曲线"菜单的"完成"。

单击图 9-66 所示的"裙边曲面"菜单里的"确定"按钮，完成了裙边曲面的创建，如图 9-68 所示。

7.分割体积块

（1）选取分型面。单击"分割体积块"图标，选择"两个体积块"→"所有工件"→"完成"，如图 9-69 所示，进入"分割"菜单。

在屏幕中单击刚刚建好的裙边曲面作为分型面，如图 9-70 所示。单击"选取"菜单中的"确定"按钮。再单击"分割"菜单里的"确定"按钮。

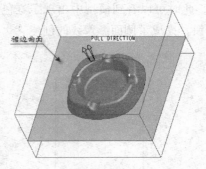

图 9-67 选择特征曲线   图 9-68 完成裙边曲面创建   图 9-69 分割体积块

（2）在"属性"对话框的名称栏输入"CORE"，单击"着色"，如图 9-71 所示。可以看到如图 9-72 所示的凸模体积块。

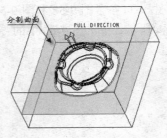

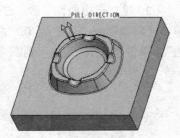

图 9-70 选择分割曲面   图 9-71 输入体积块名称   图 9-72 凸模体积块

（3）单击"属性"对话框的"确定"按钮，再次进入"属性"对话框，同样在名称栏输入"CAVITY"，如图 9-73 所示。单击"着色"，可以看到如图 9-74 所示的凹模体积块。

8. 抽取模具元件

单击"抽取模具元件"图标，进入图 9-75 所示的"创建模具元件"对话框，选择"全选"图标。

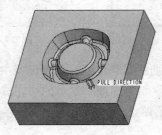

图 9-73 输入体积块名称   图 9-74 凹模体积块   图 9-75 "创建模具元件"对话框

9. 铸模

单击右边菜单管理器中的"铸模"→"创建"，如图 9-76 和图 9-77 所示，输入名称"M"。单击"完成"按钮，完成产品的填充，此时的参照模型变成了红色，说明铸模成功，如图 9-78 所示。此时左边的模型树多了一个叫做"M.PRT"的实体模型文件。且屏幕中的毛坯工件也从紫色的曲面模型转变为白色的实体模型。

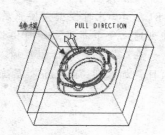

图 9-76　选择铸模　　图 9-77　"创建"菜单　　图 9-78　铸模

10. 开模仿真

在此之前要将分型面、体积块、毛坯工件、参照模型等一一进行遮蔽，其方法如下。

（1）常用方法。

单击"元件遮蔽"图标 ，进入如图 9-79 所示的"遮蔽—取消遮蔽"菜单。如果需要将"MFG001.REF"和"MFG001.WKP"遮蔽，可以单击将这两个文件选中，然后单击"遮蔽"按钮，单击"关闭"，此时屏幕中的参照模型和毛坯工件已经不再显示。

如果需要取消遮蔽，则可以再次打开"遮蔽—取消遮蔽"菜单，单击"取消遮蔽"按钮，选择需要取消遮蔽的模型或元件，单击"去除遮蔽"按钮，即可将遮蔽的元件重新显示。

（2）快捷方法。

直接右击模型树中需要遮蔽的特征或元件的名称，出现快捷菜单，如图 9-80 所示，单击"遮蔽"即可。如果需要取消遮蔽，同样直接右击模型树中需要遮蔽的特征的名称，出现快捷菜单，单击"取消遮蔽"即可。

图 9-79　遮蔽　　　　　　　图 9-80　快速遮蔽

（3）曲面遮蔽方法。

对于曲面、曲线等不能直接用遮蔽的方法隐藏。为了使其不可见，可以用如下的方法进行隐藏。

单击模型树中的"显示"按钮，在随后出现的菜单里单击"层树（L）"，如图9-81所示。此时模型树按照层树方式进行显示，在出现的快捷菜单中单击"新建层"，即可建立一个新层，如图9-82所示。

在"层属性"对话框里输入名称"surface"，然后在层树中点选所有的"SURFACE"项目，加入到"surface"层里，如图9-83所示。

图 9-81　层树

图 9-82　新建层

图 9-83　"层属性"对话框

右击层树中的"SURFACE"，出现如图9-84所示的快捷菜单，单击"隐藏"，即可将所有选入该层的曲面都隐藏。同时单击快捷菜单中的"保存状态"，就可以将层的信息保存。

以上的遮蔽和取消遮蔽、隐藏和取消隐藏，都是后面经常用到的方法。

单击"开模仿真"图标，单击"定义间距"→"定义移动"，如图9-85、图9-86所示。单击选择屏幕中的凸模（CORE.PRT），单击"选取"中的"确定"按钮，选择如图9-87中的面作为移动的参考方向，输入移动距离为"60"。

图 9-84　隐藏层

图 9-85　定义间距

图 9-86　定义移动参考面

再重复上述动作，选择模型树中的凹模（CAVITY.PRT），移动参考方向选择图9-88所示的面，移动的距离为"60"。单击"完成"，完成开模，如图9-89所示。

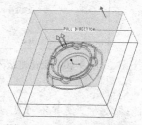

图 9-87　定义移动参考面

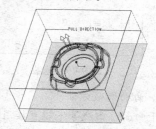

图 9-88　定义移动参考面

单击"完成/返回",完成的模具设计如图 9-90 所示。单击"保存"图标 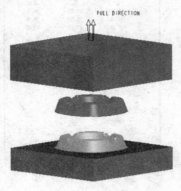，对完成的模具设计进行保存。

图 9-89　完成开模仿真 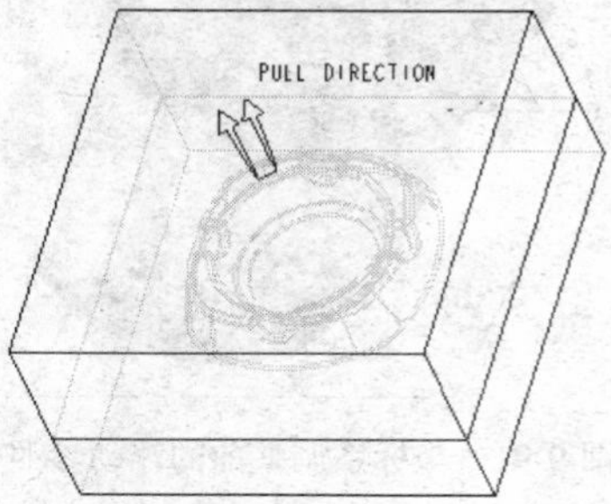　　　　　　图 9-90　完成模具

9.2.2　实例 2

1.　设置工作目录

建立工作目录"F:\SAMPLE\Chapter09\Mold_02"。将已经建好的零件模型"screw.prt"复制到"Mold-02"。打开 Pro/E，首先将"Mold-02"设置为工作目录。

2.　新建文件

单击"文件"→"新建"，进入"新建"菜单，选择"类型"中的"制造"，在"子类型"中选择"模具型腔"，在"名称"栏中输入模具名称，去掉"使用默认模板"的勾选标记，单击"确定"按钮。

进入"新文件选项"对话框，选择"mmns_mfg_mold"选项，单击"确定"按钮，进入模具设计环境。

3.　打开参照模型

直接单击"选取零件"图标 🗇，出现"打开"菜单，同时出现"布局"菜单。在"打开"菜单中选择参照模型，单击"打开（O）"按钮，出现"创建参照模型"菜单。默认"参照模型类型"选项中的"按参照合并"选项，默认系统给出的参照模型名称，单击"确定"按钮。

单击菜单管理器中"坐标系类型"中的"动态"。此时，在浮动的参考模型中出现了坐标系，如图 9-91 所示。同时出现了如图 9-92 所示的"参照模型方向"菜单。

图 9-91 的坐标系方向是不对的，它是"Y"轴向上，应该"Z"轴向上、垂直于分模面或平行于"Pull Direction"双箭头所指的开模方向才对。

在"参照模型方向"菜单里的"坐标系移动/定向"栏内选择"旋转"，"轴"选择"X"轴，旋转角度为"90"，按回车键。此时可以动态地看到模型的坐标方向发生了改变，如图 9-93 所示，"Z"轴已经转向开模方向。参照模型加载成功。

此时出现了系统提示，如图 9-94 所示，单击"确定"按钮，确认模具组件和参照模型有相同的绝对精度。

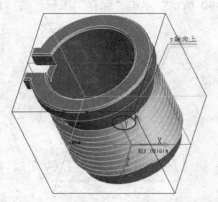

图 9-91　坐标系调整前的浮动参照模型

图 9-92　调整坐标系

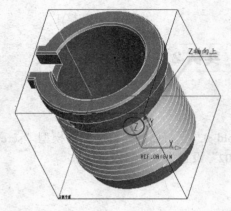

图 9-93　坐标系调整后的浮动参照模型

图 9-94　精度确认

4. 设置收缩

单击选中坐标系后，在"按比例收缩"菜单中的"完成"按钮 ✓ 由灰色变为绿色。在图中的"收缩率"栏里输入"0.005"（提示：这里的材料是 ABS，每种材料都有不同的收缩率，具体可参考有关资料）。单击"完成"按钮 ✓ ，完成收缩设置。

5. 创建毛坯工件

单击"定义毛坯工件"图标 ，进入"自动工件"定义对话框，此时工具栏内上半部分"形状"栏的 3 个备选形状不能进行选择，下半部分也是灰色的，说明此时不能进行毛坯工件尺寸设置。单击屏幕中的参照模型的坐标系"MOLD-DEF-CSYS"，此时"偏移"栏下的数字由灰色变为可操作。

在"偏移"栏下"统一偏距"里输入"20"。将"Z+"修改为"10"、"Z-"修改为"0"。单击"确定"按钮，完成了毛坯工件的设置。

为了看得清楚，便于操作，将毛坯工件设置为线框模型显示而参照模型仍然是着色显示，设置的方法如下。

单击毛坯工件，使其边框变成红色，然后单击菜单栏中的"视图"菜单，选择"显示模型"，在下级菜单中选择"线框"即可。如图 9-95、图 9-96、图 9-97 所示。

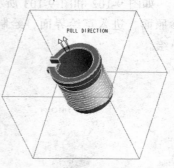

图 9-95　毛坯工件设置成功　　　图 9-96　选择显示模式菜单　　　图 9-97　改变毛坯工件显示模式

6. 设计分型面

这个分型面设计比较复杂，需要用曲面工具和体积块工具，还要用到曲面的合并等方面的知识。

另外，成型外螺纹是用螺纹型环的。为了便于脱模，螺纹型环是组合式的。对开的两半之间用销子定位。

所以，这个模具要有 3 个分型面。下面详细介绍 3 个分型面的制作。

（1）型芯的制作。

① 拉伸曲面。单击 ▢ 图标，进入分型面设计模式，单击"拉伸"工具图标 ▢，选择工件底面为草绘平面，草绘方向参照为"MOLD_RIGHT"，右。在草绘模式中绘制如图 9-98 所示的图形。单击 ✔ 图标，完成草绘。

选择拉伸截止方式为 ⊥（到选定的面或曲线），选择参照模型的顶面作为拉伸截止参照，如图 9-99 所示。在"选项"中选择"封闭端"选项，单击 ✔ 图标，生成的曲面体如图 9-100 所示。

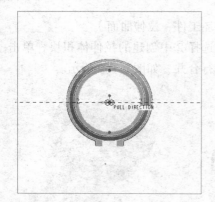

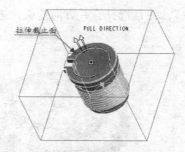

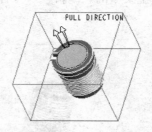

图 9-98　草绘　　　　　　图 9-99　拉伸截止面选择　　　　图 9-100　拉伸的曲面体

图 9-101 所示的曲面体是将毛坯工件和参照模型分别遮蔽后看到的情形。

② 创建体积块。单击"创建体积块"图标 ▤ ▾，进入体积块创建模块，单击"曲面体积块拉伸"图标 ▢。

如图 9-102 和图 9-103 所示，选择毛坯工件的顶面作为草绘平面，"MOLD_RIGHT"为右参照面，进入草绘界面，绘制如图 9-104 所示的图形。单击"完成草绘"图标 ✔，完成草绘。

图 9-101　单独显示的拉伸曲面体

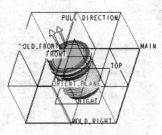
图 9-102　选择草绘平面

图 9-103　选择参照平面

单击选择"拉伸截止面（点、线、曲面）"图标 ⊥⊥，同时选择参照模型大端上部的倒角下边缘为拉伸参照曲线，如图 9-105 所示，单击"拉伸完成"图标 ✔。单击主菜单栏中的"编辑"→"修剪"→"参照零件切除"，如图 9-106 所示。此时系统显示切除参照的零件，如图 9-107 所示。然后单击曲面模块的"完成"图标 ✔。

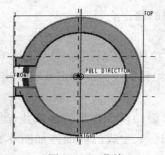
图 9-104　草绘

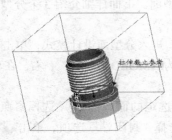
图 9-105　选择拉伸参照

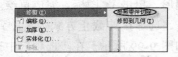
图 9-106　"参照零件切除"菜单

完成后的体积块如图 9-108 所示（遮蔽了参照模型、毛坯工件、拉伸曲面）。

③ 合并曲面。选择①中创建的拉伸曲面，按住 Ctrl 键选择②中创建的拉伸体积块，单击主菜单的"编辑"→"合并"，并且选择合并方向箭头，进行合并，如图 9-109 所示。

图 9-107　切除参照零件

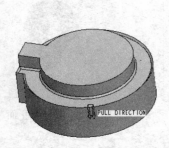
图 9-108　参照切除后的体积块

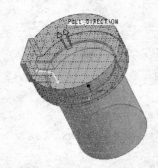
图 9-109　合并体积块和拉伸曲面

（2）创建旋转分型面。单击 ▢ 图标，进入分型面设计模式，单击"旋转工具"图标 ⟡，选择"MOLD_FRONT"面为草绘平面，草绘方向参照为"MOLD_RIGHT"，方向为右，如图

9-110 和图 9-111 所示。在草绘模式中绘制如图 9-112 所示的图形，单击 ✔ 图标，完成草绘。

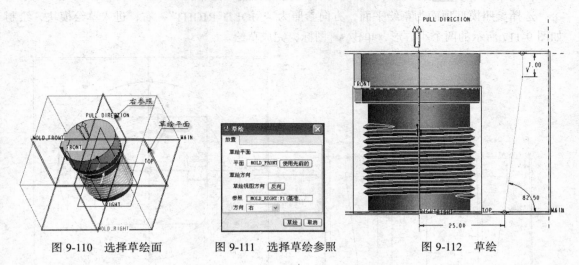

图 9-110 选择草绘面　　　图 9-111 选择草绘参照　　　图 9-112 草绘

单击"旋转完成"图标 ✔，单击曲面模块的"完成"图标 ✔，完成的旋转分型面如图 9-113 所示。

（3）拉伸主分型面。单击 ▢ 图标，进入分型面设计模式，单击"拉伸工具"图标 ▱，选择毛坯工件顶面为草绘平面，草绘方向参照为"MOLD_RIGHT"，右。在草绘模式中绘制如图 9-114 所示的图形，单击 ✔ 图标，完成草绘。

单击选择"拉伸截止面（点、线、曲面）"图标 ⊥，同时选择毛坯工件底面为拉伸截止参照面。单击曲面模块的"完成"图标 ✔，完成的拉伸分型面如图 9-115 所示。

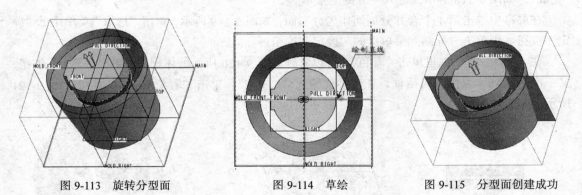

图 9-113 旋转分型面　　　图 9-114 草绘　　　图 9-115 分型面创建成功

7. 创建定位孔

（1）第 1 步。在"模具"菜单中选择"特征"→"型腔组件"→"实体"→"切减材料"命令，在弹出的菜单中选择"拉伸"→"实体"→"完成"命令。

选择"MOLD_FRONT"为草绘平面、"MOLD_RIGHT"为方向参照，进入草绘模块，绘制如图 9-116 所示的两个小圆，单击 ✔ 图标，完成草绘。

选择拉伸深度为 ⊟（对称），"10.0"，单击曲面模块的"完成"图标 ✔。

（2）第 2 步。在"模具"菜单选择"特征"→"型腔组件"→"实体"→"切减材料"命令,在弹出的菜单中选择"拉伸"→"实体"→"完成"命令。

选择参照模型顶面为草绘平面,方向参照为"MOLD_RIGHT",右,进入草绘模块,绘制如图 9-117 所示的两个小方形,单击✔图标,完成草绘。

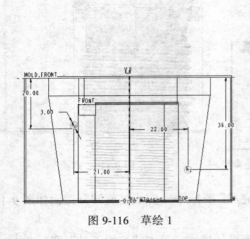

图 9-116　草绘 1

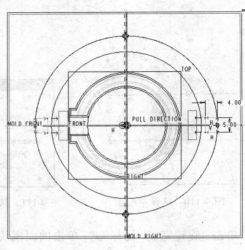

图 9-117　草绘 2

选择拉伸深度为⊥(对称),"4.0",单击曲面模块的"完成"图标✔。

8．分割体积块

(1)第 1 次分割。单击"分割体积块"图标，选择"两个体积块"→"所有工件"→"完成",如图 9-118 所示,进入"分割"菜单。

在屏幕中单击第 1 个合并分型面作为分型面,如图 9-119 所示,单击"选取"菜单中的"确定"按钮。再单击"分割"菜单里的"确定"按钮。

在"属性"对话框里单击"着色",可以看到如图 9-120 所示的体积块。单击"确定"按钮,又一次进入到"属性"对话框,在名称栏输入"CORE"。单击"着色",可以看到如图 9-121 所示的型芯体积块。

图 9-118　"分割体积块"菜单

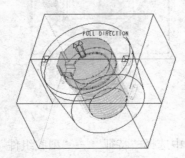

图 9-119　选择分型面

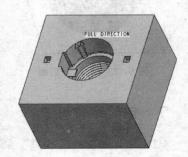

图 9-120　体积块(MOLD_VOL_2)

(2)第 2 次分割。单击"分割体积块"图标，选择"两个体积块"→"模具体积块"→"完成",如图 9-122 所示。在如图 9-123 所示的"搜索"菜单栏里,选择刚刚分解的体积块"MOLD_VOL_3",单击 >> 图标,进入"分割"菜单。

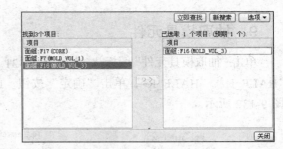

图 9-121 型芯（CORE） 图 9-122 选择模具体积块 图 9-123 选择"MOLD_VOL_3"

在屏幕中单击第 2 个旋转分型面作为分型面，如图 9-124 所示，单击"选取"菜单中的"确定"按钮，再单击"分割"菜单里的"确定"按钮。

在"属性"对话框里单击"着色"，可以看到如图 9-125 所示的体积块，单击"确定"按钮，又出现"属性"对话框，单击"着色"，可以看到如图 9-126 所示体积块。

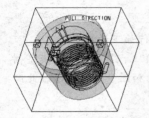

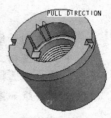

图 9-124 选择分型面 图 9-125 分割的体积块（MOLD_VOL_3） 图 9-126 分割的体积块（MOLD_VOL_4）

（3）第 3 次分割。单击"分割体积块"图标 ，选择"两个体积块"→"模具体积块"→"完成"，在如图 9-127 所示的"搜索"菜单栏里，选择刚刚分解的体积块 MOLD_VOL_5，单击 ＞＞ 图标，进入"分割"菜单。

在屏幕中单击第 3 个分型面（主分型面）作为分型面，如图 9-128 所示，单击"选取"菜单中的"确定"按钮，再单击"分割"菜单里的"确定"按钮。

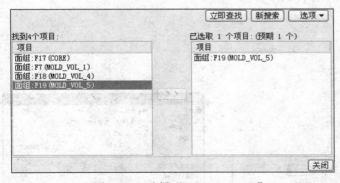

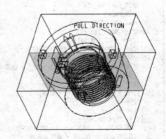

图 9-127 选择"MOLD_VOL_5" 图 9-128 选择分型面

在"属性"菜单栏的"名称"栏里输入"HALF_L"，单击"着色"按钮，可以看到如图 9-129 所示的体积块，单击"确定"按钮。在随后出现的"属性"菜单栏的"名称"栏里输入"HALF_R"，单击"着色"按钮，可以看到如图 9-130 所示的体积块，单击"确定"按钮。

9. 抽取模具元件

单击"抽取模具元件"图标 ，进入图 9-131 所示的"创建模具元件"对话框，选择"CORE"、"HALF_L"、"HALF_R"，单击"确定"按钮。此时可以看到模型树中多了 3 个实体零件，如图 9-132 所示。

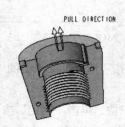

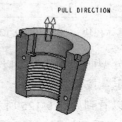

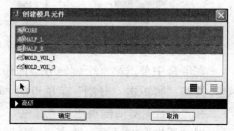

图 9-129　体积块（HALF_L）　　图 9-130　体积块（HALF_R）　　　　图 9-131　创建模具元件

> **提示**
>
> 要想看到如图 9-132 所示的显示特征的模型树，可以进行如下的操作：
> 单击模型树上面的　设置 (G) ▼图标，单击"树过滤器（F）..."，打开"模型树项目"菜单，选择"特征"，单击"确定"按钮，如图 9-133 和图 9-134 所示。此时的模型树按照如图 9-132 所示的模式显示。

10. 铸模

单击右边菜单管理器中的 "铸模"→"创建"，输入名称"MOLDING"。单击"完成"按钮 ✓，完成产品的填充。此时的参照模型变成了红色，说明铸模成功。左边的模型树多了一个叫做"MOLDING.PRT"的实体模型文件，且屏幕中的毛坯工件从紫色的曲面模型转变为白色的实体模型。

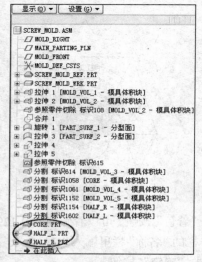

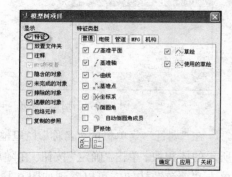

图 9-132　模型树显示　　　　　　图 9-133　树过滤器　　　　　　图 9-134　选择特征

11. 开模仿真

单击"开模仿真"图标 ⬙，单击"定义间距"→"定义移动"。单击选择屏幕中的型芯（CORE.PRT），单击"选取"中的"确定"按钮，选择如图 9-135 中的面作为移动的参考方向，输入移动距离为"60"。

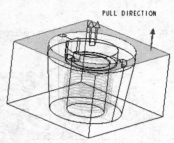

图 9-135　选择移动参考方向

再重复上述动作，选择模型树中的凹模"HALF_R"，移动参考方向选择图 9-136 所示的面，移动的距离为"-30"。再重复上述动作，选择模型树中的凹模"HALF_L"，移动参考方向选择图 9-136 所示的面，移动的距离为"30"。单击"完成"，完成开模，如图 9-137 所示。

单击"完成/返回"，完成的模具设计如图 9-138 所示。单击"保存"图标 🖫，对于完成的模具设计进行保存。

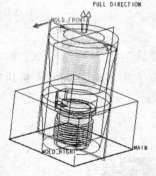

图 9-136　选择移动参考方向

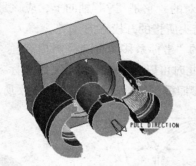

图 9-137　完成开模仿真

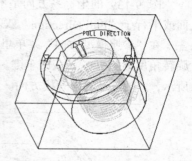

图 9-138　完成的模具设计

9.2.3　实例 3

建立工作目录"F:\SAMPLE\Chapter09\Mold_03"。将已经建好的零件模型"G_01.prt"复制到"Mold-03"。打开 Pro/E，首先将"Mold-03"设置为工作目录。

1. 新建文件

单击"文件"→"新建"，进入"新建"菜单，选择"类型"中的"制造"，在"子类型"中选择"模具型腔"，在"名称"栏中输入模具名称，去掉"使用缺省模板"的勾选标记，单击"确定"按钮。

进入"新文件选项"对话框，选择"mmns_mfg_mold"选项，单击"确定"按钮，进入模具设计环境。

2. 打开参照模型

直接单击"选取零件"图标 🖳，出现"打开"菜单，同时出现"布局"菜单。在"打开"菜单中选择参照模型，单击"打开（0）"按钮，出现"创建参照模型"菜单。默认"参照模型类型"选项中的"按参照合并"选项，默认系统给出的参照模型名称，单击"确定"按钮。

单击菜单管理器中"坐标系类型"中的"动态"。此时，在浮动的参考模型中出现了坐标系，如图 9-139 所示。同时出现了如图 9-140 的"参照模型方向"菜单。

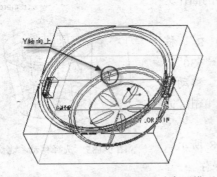

图 9-139　坐标系调整前的浮动参照模型　　　　图 9-140　调整坐标系

图 9-139 的坐标系方向是不对的，它是"Y"轴向上，应该是"Z"轴向上、垂直于分模面或平行于"Pull Direction"双箭头所指的开模方向才对。

在"参照模型方向"菜单里的"坐标系移动/定向"栏内选择"旋转"，"轴"选择"X"轴，旋转角度为"−90"，按回车键。此时可以动态地看到模型的坐标方向发生了改变，如图 9-141 所示，Z 轴已经转向开模方向。参照模型加载成功，如图 9-142 所示。

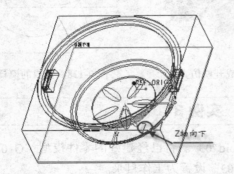

图 9-141　坐标系调整后的浮动参照模型　　　　图 9-142　加载成功的参照模型

3．设置收缩

单击选中坐标系后，在"按比例收缩"菜单中的"完成"按钮 ✔ 由灰色变为绿色。在图中的"收缩率"栏里输入"0.005"（提示：这里的材料是 ABS，每种材料都有不同的收缩率，具体可参考有关资料）。单击"完成"按钮 ✔ ，完成收缩设置。

4．创建毛坯工件

单击"定义毛坯工件"图标 ▱ ，进入"自动工件"定义对话框，此时工具栏内上半部分"形状"栏的 3 个备选形状不能进行选择，下半部分也是灰色的，说明此时不能进行毛坯工件尺寸设置。单击屏幕中的参照模型的坐标系"MOLD_DEF_CSYS"，此时"偏移"栏下的数字由灰色变为可操作。

在"偏移"栏下"统一偏距"里输入"30"。单击"确定"按钮，完成了毛坯工件的设置，如图 9-143 所示。

5. 设计分型面

这个零件有两个分型面：一个是主分型面，另一个是两边耳的侧向抽芯滑块分型面。

（1）主分型面。

① 建立侧面影像线。单击"侧面影像线"图标，或单击右边的菜单管理器中的"特征"，在"模具模型类型"菜单中单击选择"型腔组件"，在随后出现的"模具特征"菜单中单击选择"侧面影像"，如图 9-144～图 9-146 所示，出现如图 9-147 所示的"侧面影像曲线"菜单栏。

图 9-143　毛坯工件设置　　　　图 9-144　"特征"菜单

图 9-145　"型腔组件"菜单　　图 9-146　"侧面影像"菜单　　图 9-147　侧面影像线定义菜单

在"侧面影像曲线"菜单中选择"环路选择　可选的"，单击"定义"按钮。

出现"环选取"对话框，如图 9-148 所示。由于这个侧面影像线有 5 个环路，除了 1 号环路是主分型面所需环路外，其余 4 个环路都是和耳有关的环路，因此 2～5 号环路都要排除。单击"确定"按钮，此时可以看到模型中出现了红色的环路，如图 9-149 所示。单击图 9-147 菜单中的"确定"按钮，完成了侧面影像线的创建。

完成的侧面影像线如图 9-150 所示。

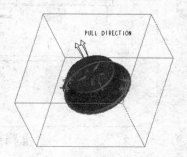

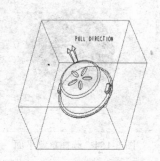

图 9-148　"环选取"对话框　　　图 9-149　侧面影像线定义　　　图 9-150　完成的侧面影像线

② 建立裙边曲面。单击"分型曲面"工具图标📖，单击"编辑"→"裙状曲面（K）"，如图 9-151 所示，打开如图 9-152 所示的"裙边曲面"菜单栏。

同时出现了"特征曲线"菜单栏，单击屏幕中刚才建立的侧面影像曲线作为"特征曲线"，单击"特征曲线"菜单的"完成"。

单击图 9-152 所示"裙边曲面"菜单里的"确定"按钮，再单击分型曲面模块中的✔按钮，完成了裙边曲面的创建，如图 9-153 所示。

图 9-151 选择裙边

图 9-152 定义裙边曲面

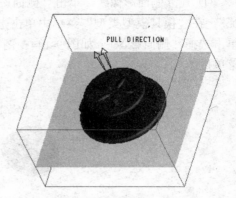

图 9-153 完成的裙边曲面

（2）侧向滑块分型面设计。单击"创建体积块"图标🗐，进入体积块模块。单击"拉伸"图标🗂，在拉伸操控板单击 放置按钮，单击 定义按钮，选择如图 9-154 所示的毛坯工件右侧面为草绘平面，其底面作为草绘方向参照的顶面。单击"草绘"菜单的"确定"按钮，进入草绘界面。

在草绘界面，绘制如图 9-155 所示的图形。单击✔图标，完成草绘。拉伸方式选择⊥⊥（拉伸至选定的曲面曲线等），选择参照模型的外面作为拉伸截止面，如图 9-156 所示。单击"拉伸完成"图标✔，单击菜单栏中的"编辑"→"修剪"→"参照零件切除"，如图 9-157 所示。此时系统显示参照切除的零件，如图 9-158 所示。然后单击曲面模块的"完成"图标✔。参照切除后的体积块如图 9-159 所示（其他元件都被遮蔽）。

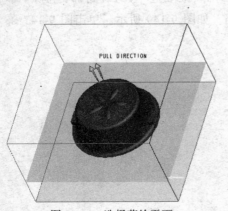

图 9-154 选择草绘平面

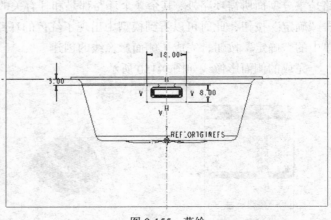

图 9-155 草绘

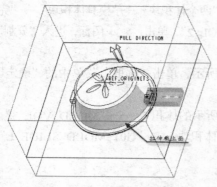

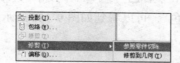

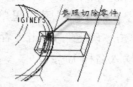

图 9-156 选择拉伸截止面　　　　图 9-157 参照零件切除路径　　图 9-158 参照切除的零件

将刚刚建立的体积块和参照切除零件作为一个组（选择体积块，同时按住 Ctrl 键选择参照切除零件，单击鼠标右键，在快捷菜单里选择"组"），将其镜像，建好的两个分型面如图 9-160 所示。

6. 分割体积块

（1）第 1 次分割。单击"分割体积块"图标，选择"两个体积块"→"所有工件"→"完成"，进入"分割"菜单。

在屏幕中单击第 2 个分型面（右边的体积块）作为分割面，如图 9-161 所示，单击"完成选取"，单击"选取"菜单中的"确定"按钮，再单击"分割"菜单里的"确定"按钮。

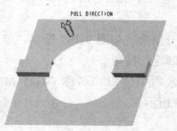

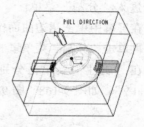

图 9-159 参照切除后的体积块　　　图 9-160 两个分型面　　　图 9-161 选择右边的体积块为分割面

在"属性"菜单里，将体积块 1（MOLD_VOL_2）着色，如图 9-162 所示。将体积块 2 输入"G01_MOLD_SLIDE_R"，如图 9-163 所示。

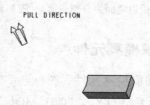

图 9-162 "MOLD_VOL_2"　　　图 9-163 "G01_MOLD_SLIDE_R"

（2）第2次分割。单击"分割体积块"图标 [图标]，选择"两个体积块"→"模具体积块"→"完成"。在"搜索"菜单栏里选择刚刚分解的体积块"MOLD_VOL_2"，单击 >> 图标，进入"分割"菜单。

在屏幕中单击左边的体积块作为分割面，如图9-164所示，单击"选取"菜单中的"确定"按钮，再单击"分割"菜单里的"确定"按钮。

在"属性"菜单里单击"着色"，可以看到如图9-165所示的体积块——"MOLD_VOL_3"。单击"确定"，单击"着色"，可以看到如图9-166所示的体积块——"G01_MOLD_SLIDE_L"（输入名称）。

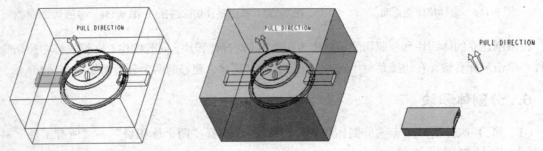

图9-164 选择分割曲面   图9-165 "MOLD_VOL_3"   图9-166 "G01_MOLD_SLIDE_L"

（3）第3次分割。单击"分割体积块"图标 [图标]，选择"两个体积块"→"模具体积块"→"完成"。在"搜索"菜单栏里选择刚刚分解的体积块"MOLD_VOL_3"，单击 >> 图标，进入"分割"菜单。

在屏幕中单击裙边曲面作为分割面，如图9-167所示，单击"选取"菜单中的"确定"按钮，再单击"分割"菜单里的"确定"按钮。

在"属性"菜单栏分别输入两个体积块名称"G01_MOLD_CORE"和"G01_MOLD_CAVITY"，如图9-168、图9-169所示。

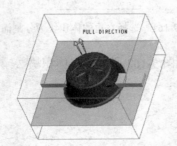 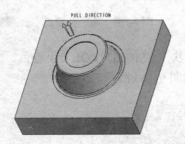 

图9-167 选择裙边曲面为分割曲面   图9-168 "G01_MOLD_CORE"   图9-169 "G01_MOLD_CAVITY"

7. 抽取模具元件

单击"抽取模具元件"图标 [图标]，"创建模具元件"对话框，选择"G01_MOLD_CORE"、"G01_MOLD_CAVITY"、"G01_MOLD_SLIDE_R"、"G01_MOLD_SLIDE_L"，单击"确定"按钮，此时可以看到模型树中多了4个实体零件。

8. 铸模

单击右边菜单管理器中的"铸模"→"创建",输入名称"G01_MOLD_M"。单击"完成"按钮✓,完成产品的填充。此时的参照模型变成了红色,说明铸模成功。左边的模型树多了一个叫做"G01_MOLD_M. PRT"的实体模型文件,且屏幕中的毛坯工件也从紫色的曲面模型转变为白色的实体模型。

9. 开模仿真

单击"开模仿真"图标🖼,单击"定义间距"→"定义移动"。单击选择屏幕中的"G01_MOLD_CORE"和"G01_MOLD_CAVITY",分别向上、向下移动"100"。

再重复上述动作,选择"G01_MOLD_SLIDE_R"和"G01_MOLD_SLIDE_L",分别向左向右移动"50"。

开模仿真如图 9-170 所示。单击"完成/返回",完成的模具设计如图 9-171 所示。单击"保存"图标💾,对完成的模具设计进行保存。

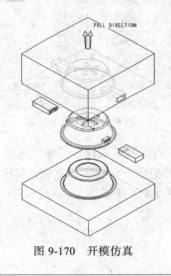

图 9-170 开模仿真

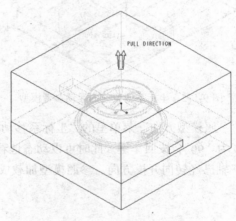

图 9-171 设计完成的模具

9.2.4 实例 4

1. 设置工作目录

建立工作目录"F:\SAMPLE\Chapter09\Mold_04"。将已经建好的零件模型"ZSJ.prt"复制到"Mold-04"。打开 Pro/E,首先将"Mold-04"设置为工作目录。

2. 新建文件

单击"文件"→"新建",进入"新建"菜单,选择"类型"中的"制造",在"子类型"中选择"模具型腔"。在"名称"栏中输入模具名称,去掉"使用默认模板"的勾选标记。单击"确定"按钮。

进入"新文件选项"对话框,选择"mmns_mfg_mold"选项,单击"确定"按钮,进入模具设计环境。

3. 打开参照模型

直接单击"选取零件"图标📐，出现"打开"菜单，同时出现"布局"菜单。在"打开"菜单中选择参照模型，单击"打开（0）"按钮，出现"创建参照模型"菜单。默认"参照模型类型"选项中的"按参照合并"的选项，默认系统给出的参照模型名称，单击"确定"按钮。

单击菜单管理器中"坐标系类型"中的"动态"。此时，在浮动的参考模型中出现了坐标系，如图 9-172 所示。同时出现了如图 9-173 的"参照模型方向"菜单。

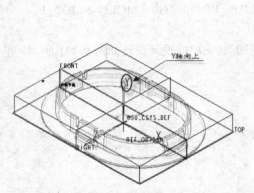

图 9-172　坐标系调整前的浮动参考模型

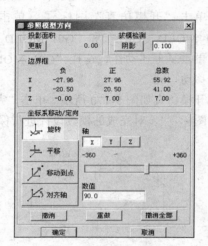

图 9-173　调整坐标系

在"参照模型方向"菜单里的"坐标系移动/定向"栏内选择"旋转"，"轴"选择"X"轴，旋转角度为"90"，按回车键。此时可以动态地看到模型的坐标方向发生了改变，如图 9-174 所示，"Z"轴已经转向开模方向。参照模型加载成功，如图 9-175 所示。

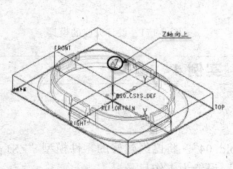

图 9-174　调整坐标系后的浮动参照模型

图 9-175　加载成功的参照模型

4. 设置收缩

单击选中坐标系后，在"按比例收缩"菜单中的"完成"按钮 ✓ 由灰色变为绿色。在图中的"收缩率"栏里输入"0.005"（提示：这里的材料是 ABS，每种材料都有不同的收缩率，具体可参考有关资料）。单击"完成"按钮 ✓ ，完成收缩设置。

5. 创建毛坯工件

单击"定义毛坯工件"图标 ▱，进入"自动工件"定义对话框，此时工具栏内上半部分"形状"栏的 3 个备选形状不能进行选择，下半部分也是灰色的，说明此时不能进行毛坯工件尺寸设置。单击屏幕中的参照模型的坐标系"MOLD_DEF_CSYS"，此时"偏移"栏下的数字由灰色变为可操作。

在"自动工件"菜单栏的"整体尺寸"文本框里输入如图 9-176 所示的数据，单击"确定"按钮，完成了毛坯工件的设置，如图 9-177 所示。

6. 分型面设计

（1）拉伸。单击右边菜单中的"分型曲面"工具图标 ▱，单击"拉伸"图标 ▱，单击 放置 图标，单击"定义"按钮。

在屏幕中选择毛坯工件的顶面作为草绘的平面，系统自动给出"MOLD_RIGHT"为右参考面。单击"草绘"菜单中的"草绘"按钮，进入草绘界面。

在草绘界面里，用"选择通过边创建图元"图标 ▱ 等工具绘制如图 9-178 所示的图形，然后单击"完成"图标 ✔，完成草绘。

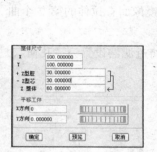

图 9-176　毛坯工件设置

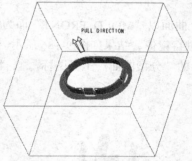

图 9-177　毛坯工件设置完成

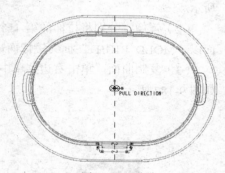

图 9-178　草绘

在"深度"栏的"第 1 侧"选择"拉伸至曲面或曲线"按钮 ⊥，单击选择如图 9-179 中的平面作为拉伸截止面。

单击"选项"，勾选"封闭端"如图 9-180 所示。

单击"完成拉伸"图标 ✔，再单击"完成体积块"图标 ✔，完成了第 1 个曲面体，如图 9-181 所示。

图 9-179　拉伸截止面

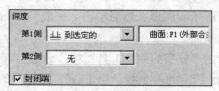

图 9-180　"封闭端"选项

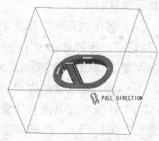

图 9-181　第 1 个曲面体

　　然后用同样的方法做另一个方向的曲面拉伸，草绘面和参照方向是"使用先前的"。如图 9-182 所示。在草绘界面里，用"选择通过边创建图元"图标□等工具绘制如图 9-183 所示的图形，然后单击"完成"图标 ✔，完成草绘。

　　在"深度"栏的"第 1 侧"选择"拉伸至曲面或曲线"按钮 ⊥⊥，单击选择如图 9-184 中的平面作为拉伸截止面。

图 9-182　草绘平面选择

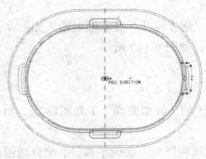

图 9-183　草绘

图 9-184　拉伸截止面

　　同样，单击"选项"，勾选"封闭端"。

　　单击"完成拉伸"图标 ✔，再单击"完成体积块"图标 ✔，完成了第 2 个曲面体，如图 9-185 所示。

　　（2）镜像。分别将拉伸的第 1 个曲面以"MOLD_FRONT"面为镜像面、拉伸的第 2 个曲面以"MOLD_RIGHT"面为镜像面进行镜像，结果如图 9-186 所示。

　　（3）复制曲面。单击右边菜单中的"分型曲面"工具图标 ▱，将过滤器设置为"几何"，如图 9-187 所示。

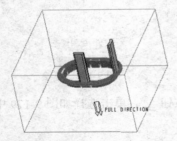

图 9-185　拉伸完成的第 2 个曲面体

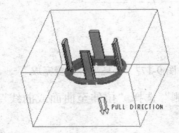

图 9-186　镜像结果

图 9-187　选择过滤器

　　对零件的内表面进行复制，如图 9-188 所示。单击 Ctrl+C 组合键，再单击 Ctrl+V 组合键，完成曲面的复制。

　　（4）制作填充面。单击右边菜单中的"分型曲面"工具图标 ▱，单击主菜单中的"编辑"→"填充"。选择如图 9-189 所示的零件上表面为草绘平面，"MOLD_RIGHT"为右参照。在草绘界面里，抓取和绘制如图 9-190 所示的图形，然后单击"完成"图标 ✔，完成草绘。

　　图 9-191 所示就是完成的填充平面。

　　（5）补漏面。单击右边菜单中的"分型曲面"工具图标 ▱，进入制作曲面模块。单击"混合曲面"图标 ⟪，选择如图 9-192 所示的两条线，单击 ✔，用相同的方法补完所有 8 个小漏面，再单击曲面模块的 ✔。

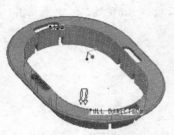
图 9-188　复制零件内表面

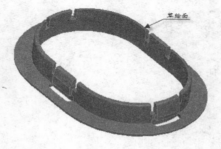
图 9-189　选择草绘面

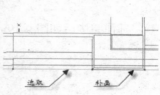
图 9-190　草绘

（6）合并曲面。将复制曲面和填充曲面进行合并，如图 9-193 所示。

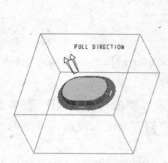
图 9-191　完成填充面

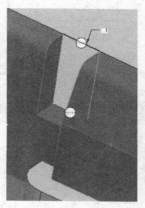
图 9-192　补漏面

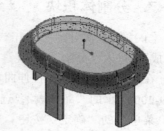
图 9-193　合并填充面和复制面

将刚才做的 8 个补漏面和上面的合并面再一一进行合并，如图 9-194 所示。合并完成后的模型树如图 9-195 所示。

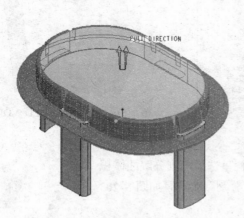
图 9-194　混合面和合并面合并

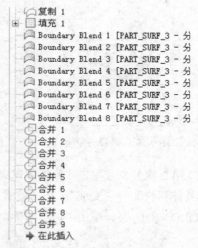
图 9-195　完全合并后的模型树

（7）延伸曲面。分别选取复制曲面的边，如图 9-196 所示，单击"编辑"→"延伸"，选择如图 9-197 所示的"将曲面延伸到参照平面"图标，并选择延伸参照面，单击"完成"图标。用同样的方法，延伸其他边。

当有多条曲线需要延伸时，可以单击选中一条，然后按住 Shift 键，依次点选其他曲线。

延伸完毕后如图 9-198 所示。

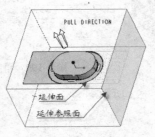

图 9-196　延伸

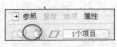

图 9-197　延伸选项

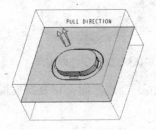

图 9-198　完成延伸

7. 分割体积块

（1）第 1 次分割。单击"分割体积块"图标，选择"两个体积块"→"所有工件"→"完成"，进入"分割"菜单。

在屏幕中单击 4 个拉伸曲面体作为分割面，如图 9-199 所示，单击"完成选取"。单击如图 9-200 所示的"岛列表"，选取"岛 1"。单击"选取"菜单中的"确定"按钮，再单击"分割"菜单里的"确定"按钮。

在"属性"菜单里，将体积块 1（MOLD_VOL_1）着色，如图 9-201 所示。在"属性"菜单栏单击"确定"按钮。在名称文本框里输入"ZSJ_MOLD_INLAY"，单击"着色"可以看到如图 9-202 所示的体积块。

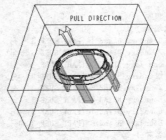

图 9-199　选择分割面

图 9-200　岛列表选取

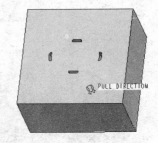

图 9-201　体积块"MOLD_VOL_1"

（2）第 2 次分割。单击"分割体积块"图标，选择"两个体积块"→"模具体积块"→"完成"。在"搜索"菜单栏里选择刚刚分解的体积块"MOLD_VOL_2"，单击 >> 图标，进入"分割"菜单，如图 9-203 所示。

在屏幕中单击图 9-204 所示的主分型面为分割面，单击"选取"菜单中的"确定"按钮，再单击"分割"菜单里的"确定"按钮。

在"属性"菜单里的名称栏里输入"ZSJ_MOLD_CORE"，着色，如图 9-205 所示。在"属性"菜单栏单击"确定"按钮。在名称文本框

图 9-202　体积块
"ZSJ_MOLD_INLAY"

里输入"ZSJ_MOLD_ CAVITY",单击"着色"可以看到如图 9-206 所示的体积块。

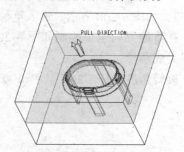

图 9-203　选择模具体积块（搜索工具栏局部）　　　　图 9-204　选择分割面

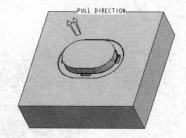

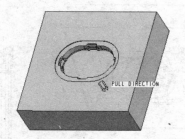

图 9-205　体积块"ZSJ_MOLD_CORE"　　　图 9-206　体积块"ZSJ_MOLD_CAVITY"

8.　抽取模具元件

单击"抽取模具元件"图标 ，"创建模具元件"对话框，选择"ZSJ_MOLD_CORE"、"ZSJ_MOLD_CAVITY"、"ZSJ_MOLD_INLAY"，单击"确定"按钮，此时可以看到模型树中多了 3 个实体零件。

9.　设计浇注系统

（1）主浇道设计。

① 单击右边的"菜单管理器"→"特征"→"型腔组件"→"实体"→"切减材料"→"旋转"→"完成"，如图 9-207 所示。

图 9-207　菜单管理器选项

② 单击 放置 图标,单击"定义"按钮。选择毛坯工件的前面作为草绘平面,"MOLD_RIGHT"为右参照,如图 9-208 所示,进入草绘界面。

③ 在草绘界面里,绘制如图 9-209 所示的图形,并画一条中心线,然后单击"完成"图标 ✓,完成草绘。

④ 旋转角度选择"360",单击 ✓ 完成旋转。完成的主浇道如图 9-210 所示。

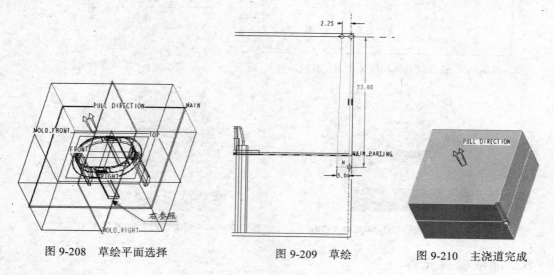

图 9-208　草绘平面选择　　　　　图 9-209　草绘　　　　　图 9-210　主浇道完成

（2）分浇道设计。

① 单击右边的"菜单管理器"→"特征"→"型腔组件"→"流道"→"倒圆角梯形",出现"流道"对话框,如图 9-211 所示。

② 输入流道直径为"5"。输入流道角度为"15"。

③ 进入"流道"菜单,在屏幕中取"MAIN_PARTING_PLN"为草绘平面,单击"反向",单击"底部",选择屏幕中毛坯工件的前面作为底部,进入草绘界面,如图 9-212、图 9-213、图 9-214、图 9-215 所示。

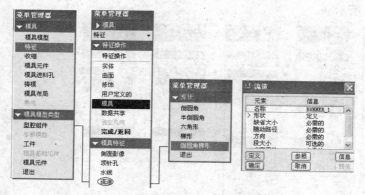

图 9-211　"流道"对话框出现路径

图 9-212　"流道"菜单

④ 在草绘界面,绘制如图 9-216 所示的图形,然后单击"完成"图标 ✓,完成草绘。在出现的"相交元件"对话框里"等级"子项里选择"零件级",如图 9-217 所示。

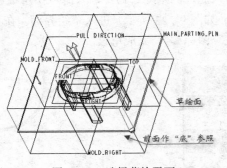

图 9-213 选择草绘平面　　　　图 9-214 方向　　图 9-215 方向选择

在出现的"相交元件"菜单栏里，直接单击"ZSJ_MOLD_CAVITY"，如图 9-218 所示，勾选"在子模型中显示特征属性"，单击"确定"按钮。选择的相交元件，如图 9-219 所示。设计好的分浇道如图 9-220 所示。

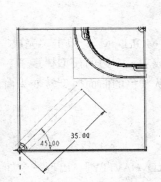

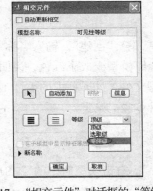

图 9-216 草绘　　图 9-217 "相交元件"对话框的"等级"子项　　图 9-218 "相交元件"对话框

⑤ 和③方法相同。进入草绘界面，草绘如图 9-221 所示的图形。在出现的"相交元件"对话框里"等级"子项里选择"零件级"，可参考图 9-219。相交元件选择"ZSJ_MOLD_CORE"。

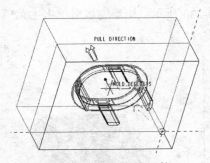

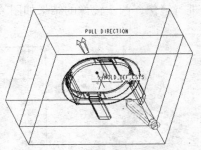

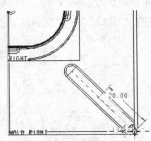

图 9-219 选择相交元件　　　图 9-220 设计好的分浇道　　　图 9-221 草绘

完成的分浇道如图 9-222 所示。

（3）浇口设计。单击右边的"菜单管理器"→"特征"→"型腔组件"→"流道"→"梯形"，出现"流道"对话框，可参考图 9-211，其选择仅最后一项不同。

输入流道宽度：1；输入流道深度：0.5；输入流道侧角度：15：输入流道拐角半径：0.25。

草绘参考方向选择"使用先前的"，"正向"，如图9-223所示，进入草绘界面。在草绘界面里绘制如图9-224所示的图形，然后单击"完成"图标 ✔，完成草绘。

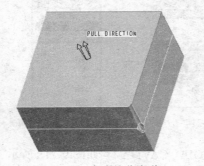

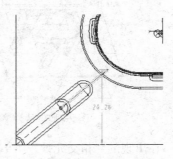

图9-222　完成的分浇道　　　　图9-223　草绘方向选择　　　　图9-224　草绘

同样，在出现的"相交元件"对话框里"等级"子项里，选择"零件级"。相交元件选择可以直接单击"ZSJ_MOLD_CAVITY"，完成浇口的设计，如图9-225所示。

10. 铸模

单击右边菜单管理器中的"铸模"→"创建"，输入名称"ZSJ_MOLD_M"，单击"完成"按钮 ✔，完成产品的填充。此时的参照模型变成了红色，说明铸模成功。左边的模型树多了一个叫做"ZSJ_MOLD_M"的实体模型文件，且屏幕中的毛坯工件也从紫色的曲面模型转变为白色的实体模型。铸模和浇注系统如图9-226所示。

11. 镜像

（1）镜像"ZSJ_MOLD_CAVITY"。右击模型树中的"ZSJ_MOLD_CAVITY"，出现一个如图9-227所示的快捷菜单，单击"打开"，将"ZSJ_MOLD_CAVITY"打开，如图9-228所示。打开的"ZSJ_MOLD_CAVITY"实际上是在"零件"设计模块中。选中零件，单击"镜像"图标 ⊃ｃ（或打开"编辑"→"镜像"）。选择零件的右侧面为镜像平面，如图9-229所示，单击 ✔ 图标，完成第1次镜像。接着，选择刚刚镜像成的新零件，单击"镜像"图标 ⊃ｃ，选择零件的前面作为镜像平面，再次进行镜像，两次镜像的结果如图9-230所示。镜像完成后单击主菜单的"窗口"→"关闭"。

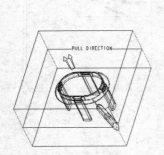

图9-225　完成浇口　　　图9-226　铸模及浇注系统　　图9-227　快捷菜单　图9-228　打开"ZSJ_MOLD_CAVITY"

（2）镜像"ZSJ_MOLD_CORE"。用同样方法打开"ZSJ_MOLD_CORE"，按照同样的方法进行镜像。镜像完成的"ZSJ_MOLD_CORE"如图 9-231 所示。镜像完成后单击主菜单的"窗口"→"关闭"。

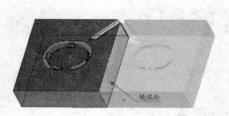

图 9-229　第 1 次镜像

图 9-230　两次镜像结果

图 9-231　两次镜像结果

（3）镜像"ZSJ_MOLD_M"及浇注系统。用同样方法打开"ZSJ_MOLD_M"及浇注系统，按照同样的方法进行镜像。镜像完成后单击主菜单的"窗口"→"关闭"。第 1 次和第 2 次镜像结果如图 9-232 和图 9-233 所示。

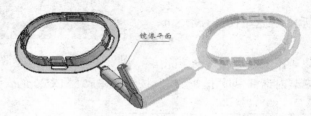

图 9-232　第 1 次镜像

图 9-233　两次镜像结果

12．开模仿真

　　单击"开模仿真"图标，单击"定义间距"→"定义移动"。单击选择屏幕中的"ZSJ_MOLD_CORE"和"ZSJ_MOLD_CAVITY"，分别向上向下移动"50"。

　　再次单击"定义间距"→"定义移动"。单击选择屏幕中"ZSJ_MOLD_INLAY"，向下移动"100"。开模后如图 9-234 所示。

　　完成的模具设计如图 9-235 所示。单击"保存"图标，对完成的模具设计进行保存。

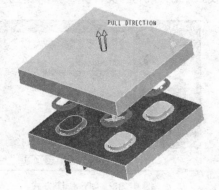

图 9-234　开模仿真

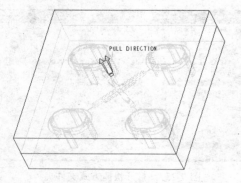

图 9-235　设计完成

9.3 模架设计

EMX 是 Pro/E 系统的一个外挂模块，不能和 Pro/E 同时安装。

9.3.1 模架 EMX5.0 的安装

按照如下操作步骤安装 EMX。

（1）将 EMX5.0 安装文件的光盘放入光驱，系统会自动出现安装画面，如图 9-236 所示。

（2）在系统稍后出现的"PTC.setup"对话框里单击"EMX"按钮。

（3）系统弹出"定义安装组件"对话框，在这里设置 EMX5.0 的安装目录，单击"安装"按钮退出。

图 9-236　EMX5.0 的安装画面

（4）在"安装进度"对话框里可以查看安装进度，安装完成以后单击"下一个"按钮，回到主安装对话框里单击"退出"按钮，完成 EMX5.0 的安装。

9.3.2 模架 EMX5.0 的设置

EMX 安装完成后，还需要对其进行设置，可按以下步骤进行。

（1）进入到 EMX 的安装目录，打开"text"文件夹，选择"config.proc"和"onfig.win"两个文件，按 Ctrl+C 组合键复制。

（2）在 EMX 的安装目录中新建名称为"bin"的目录，在此目录中粘贴刚才复制的两个文件。

（3）单击 Windows ╋ 开始 按钮，然后打开放置 Pro/E 快捷方式的文件夹，如图 9-237 所示。

（4）在打开的文件夹中右击，在弹出的菜单中选择"新建"→"快捷方式"命令，在弹出的"创建快捷方式"对话框里单击"浏览"按钮，找到 EMX5.0\bin 文件夹，如图 9-238 所示。

图 9-237　打开快捷方式文件夹

图 9-238　创建快捷方式

（5）单击"下一步"按钮，在弹出的"选择程序标题"对话框里命名快捷方式为"emx"，如图 9-239 所示，单击"完成"按钮，完成了快捷方式的建立。

（6）右击新建的快捷方式，在弹出的菜单里选择"属性"命令。在"emx 属性"对话框里将"目标"改为"Pro/E 的安装目录\bin\proe.exe"，"起始位置"为刚才复制的那两个文件的目录，单击"确定"按钮退出。如图 9-240 所示。

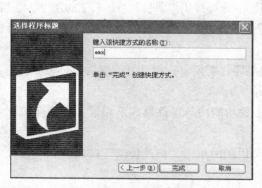

图 9-239　选择程序标题

图 9-240　"emx 属性"对话框

9.3.3　模架 EMX5.0 的使用

EMX5.0 安装设置完成后，打开 Pro/E，发现在主菜单上多了一个"EMX5.0"菜单。如图 9-241 所示。

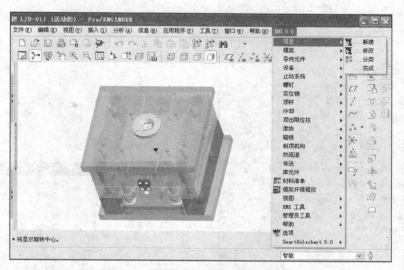

图 9-241　加载 EMX5.0 的 Pro/E 主界面

1．操作步骤

（1）建立一个 EMX 模具项目。可以直接在 EMX 模块中设计或者导入一个设计好的模具目录。

（2）加载一款合适的标准模架。可以直接加载整体模具或者手工添加。

（3）对型腔进行布局，设置型腔放置方位和型腔数目。

（4）加入模具标准件，包括顶杆、导套、浇口等。

（5）模具结构后期局部处理。

2. EMX 常用菜单和命令简介

（1）新建模架项目。进入 EMX 模架设计必须先建立一个新的模架项目。单击主菜单里的"EMX5.0"，单击 按钮定义一个新 EMX 项目，系统将弹出"项目"对话框，如图 9-242 所示。对话框里除了定义项目名称，还可以在"前缀"和"后缀"文本框里指定项目的所有零件的前置、后置字符串，并要求指定工作模式。

① 组件（ASM）模式：在这种模式下，成型零件需要事先设计好，然后通过装配的方式加载到 EMX 模块中去。

② 制造（MFG）模式：这种模式中的大多数功能均与组件模式下相同，但参照模型和成型零件都在 EMX 模块进行。

项目定义完成后，在模架的设计过程中，可以随时单击"修改模架"按钮 ，对已经定义的模架项目进行修改。

将模具设计文件导入后，必须要将各个零件做好分类，单击"分类"按钮 ，系统将弹出"分类"对话框，如图 9-243 所示。

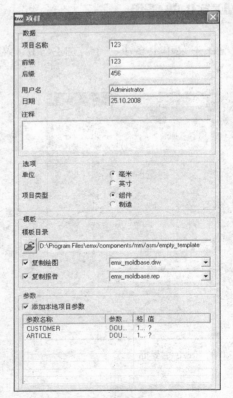

图 9-242　定义新项目对话框

图 9-243　"分类"对话框

（2）加载及修改模架。单击"组件定义"按钮 ▤，系统将弹出"组件定义"对话框，如图 9-244 所示。通过这个对话框可以加载标准模架和标准件，自定义模架参数和各种模架元件，还可以加载注塑机、对型腔进行布局等。

在 EMX 系统中建立模架有两种方法：一是直接加载整组标准模架，再针对各细节尺寸进行修改；二是手动加入所需要的模板。两种方法都可以在二维操作界面中完成。

在"模架定义"对话框中单击"从文件载入组件定义"按钮 ▤，系统将弹出"载入 EMX 组件"对话框，可以选择模架系列，如图 9-245 所示。

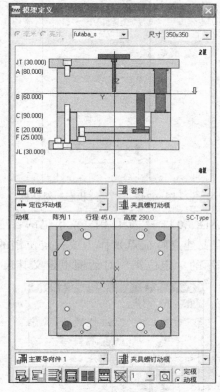

图 9-244　模架组件定义

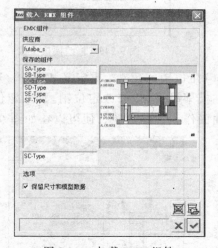

图 9-245　加载 EMX 组件

如果要对模架上的某个特定的元件进行修改，可以在预览图中右击该元件，在弹出的对话框中进行元件尺寸和位置的修改。如图 9-246 所示就是对 A 板的厚度进行修改。

模架建立后，工作区会显示各种模板，其余部件不会显示出来，选择"EMX5.0"→"模架"→"元件状态"命令，或者单击"装配/拆解元件"按钮 ▤，可以在弹出的"元件状态"对话框里选择添加元件，如图 9-247 所示。

（3）螺钉的建立、重定义和删除。选择"EMX5.0"→"螺钉"菜单里的各项命令，可以通过一些简单的设置来加入、修改和删除螺钉。在加入螺钉之前首先必须建立特征点来作为放置螺钉的参照，然后选择螺钉放置的平面和螺纹部分的放置方向，完成放置后，将在如图 9-248 所示的对话框里选择螺钉类型并定义螺钉各部分尺寸。

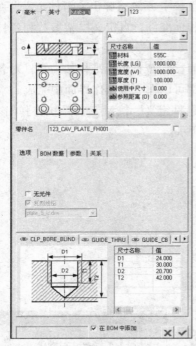

图 9-246　修改模板参数　　　　　　图 9-247　"元件状态"对话框

（4）定位销的建立、重定义和删除。选择"EMX5.0"→"定位销"菜单里的各项命令，可以在模架里添加、修改定位销。加入定位销时需要建立特征点来作为放置定位销的参照，选择曲面作为偏移参照，便可以在如图 9-249 所示的"定位销"对话框里定义其尺寸等。

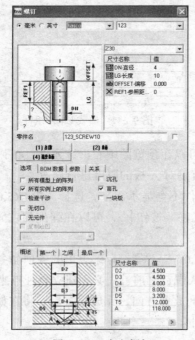

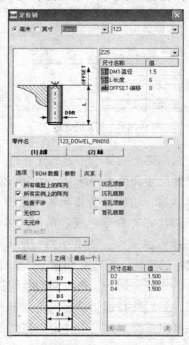

图 9-248　定义螺钉　　　　　　　　图 9-249　定义定位销

（5）顶杆的定义、重定义和删除。选择"EMX5.0"→"顶杆"菜单里的各项命令，可以在模架里添加、修改顶杆。加入顶杆时需要建立特征点来作为放置顶杆的参照，并选择一个顶杆头的放置面，具体尺寸可以在如图 9-250 所示的"顶杆"对话框里设置。

（6）冷却系统的建立、重定义和删除。建立冷却系统必须先建立特征曲线作为水路的参照，然后选择"EMX5.0"→"冷却"菜单里的各项命令，进入"冷却系统"对话框里定义水路的尺寸及端点组件，如图 9-251 所示。

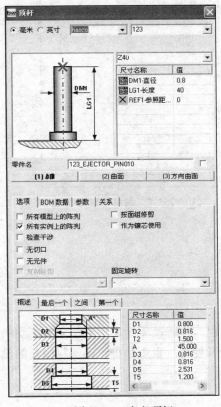

图 9-250　定义顶杆

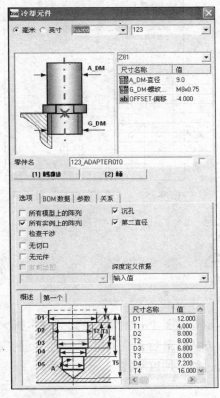

图 9-251　添加冷却系统

（7）顶出限位柱的建立、重定义和删除。选择"EMX5.0"→"顶出限位柱"，单击"定义顶出限位柱"按钮 ，通过一些简单的设置来加入、修改和删除顶出限位柱。在加入限位柱之前首先由点和两个参照平面来定义其位置和方向。完成放置后，将在如图 9-252 所示的对话框里选择顶出限位柱类型并定义限位柱各部分尺寸。

（8）滑块的建立、重定义和删除。选择"EMX5.0"→"滑块"单击"定义滑块"按钮 ，通过一些简单的设置来加入、修改和删除滑块。完成放置后，将在如图 9-253 所示的对话框里选择滑块类型并定义滑块各部分尺寸。

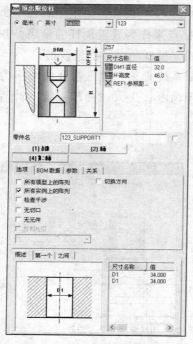

图 9-252　"顶出限位柱"对话框

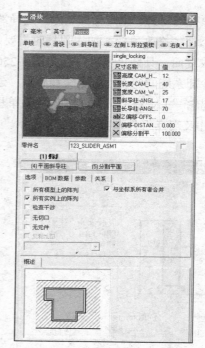

图 9-253　"滑块"对话框

小　结

　　本章介绍了 Pro/E 模具设计的基本概念和工作流程，并通过 4 个实例详细介绍了塑料模具的设计方法，最后介绍了模架 EMX5.0 的安装、设置和使用。重点和难点是塑料模具的设计，必须通过练习加以掌握。

习　题

1. 试总结模具设计的一般步骤。
2. 试设计下面零件的模具。

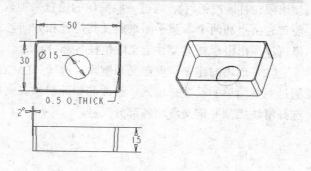

图 9-254　习题 2

第10章

数控加工与 Pro/NC 基础

【学习目标】

1. 了解数控加工的基础知识
2. 掌握在 Pro/E 环境下进行数控加工的一般过程

10.1

数控编程技术及后置处理

数控编程大体经过了机器语言编程、高级语言编程、代码格式编程和人机对话编程与动态仿真这样几个阶段。在 20 世纪 70 年代，美国电子工业协会（EIA）和国际标准化组织（ISO）先后对数控机床坐标轴和运动方向、数控程序编程的代码、字符和程序段格式等制定了若干标准和规范（我国按照 ISO 标准也制定了相应的国家标准和部颁标准），从而出现了用代码和标示符号，按照严格的格式书写的数控加工源程序——代码格式编程程序。这种编写源程序技术的重大进步，意义极为深远。在这种编程方式出现后，凡是数控系统，不论档次高低，均具有编程功能。因为编程过程大为简化，机床操作者只要查阅、细读系统说明书就有能力编程，从而使数控机床得到大范围、广领域的应用。

10.1.1 数控编程基本知识

所谓数控编程就是把零件的工艺过程、工艺参数、机床的运动以及刀具位移量等信息用数控语言记录在程序单上，并经校核的全过程。为了与数控系统的内部程序（系统软件）及自动编程用的零件源程序相区别，把从外部输入的直接用于加工的程序称为数控加工程序（简称为 NC 代码）。

按照编程自动化程度，数控加工程序编制方法分为手工编程与自动编程两种。

1. 手工编程

手工编程是指从零件图纸分析、工艺处理、数值计算、编写程序、直到程序校核等步骤，均由人工完成的全过程。手工编程适合编写零件几何形状不太复杂的加工程序，以及程序坐标计算较为简单、程序段不多、程序编制易于实现的场合。这种方法比较简单，容易掌握，适应性较强。手工编程方法是编制加工程序的基础，也是机床现场加工调试的主要方法。对机床操作人员来讲是必须掌握的基本功，其重要性是不容忽视的。

2. 自动编程

自动编程是指在计算机及相应软件系统的支持下，自动生成数控加工程序的过程。它充分发挥了计算机快速运算和存储的功能。其特点是采用简单、习惯的语言对加工对象的几何形状、加工工艺、切削参数及辅助信息等内容按规则进行描述，再由计算机自动地进行数值计算、刀具中心运动轨迹计算、后置处理，从而生成零件加工程序，并且对加工过程进行模拟。对于形状复杂，如具有非圆曲线轮廓、三维曲面等的零件编写加工程序，采用自动编程方法效率高，可靠性好。由于使用计算机代替编程人员完成了繁琐的数值计算工作，并省去了书写程序单等工作量，因而可提高编程效率几十倍乃至上百倍，解决了手工编程无法解决的许多复杂零件的编程难题。

10.1.2 Pro/NC 基础知识

Pro/E 是 CAD/CAPP/CAM 集成的一体化软件，只要先设置好加工的各项参数，就可直接生成 NC 代码，这个过程又被称为自动编程。在 Pro/E 中，Pro/NC 模块实现了 Pro/E 数控加工功能，是 Pro/E 数控加工的专用模块，主要适用于铣削、车削、线切割、孔加工以及加工中心等机床。利用 Pro/NC 模块可以根据 Pro/DESIGN、Pro/MOLDESIGN、Pro/CASTING 等模块所设计的产品直接生成数控加工程序，并进行动态仿真。这样，用户能及时修改设计中的问题。

Pro/NC 模块的最终目的是要生成 CNC 控制器可以解读的 NC 代码。NC 代码的生成一般需要经过以下 3 个步骤。

1. 计算机辅助设计（CAD）

计算机辅助设计（CAD）主要用于生成数控加工中的工件几何模型。在 Pro/E 中，工件几何模型的建立有 3 种途径来实现。

（1）由系统本身的 CAD 造型建立工件的几何模型。

（2）通过系统提供的 DXF、IGES、CADL、VDA、STL、PARASLD 和 DWG 等标准图形转换接口，把其他 CAD 软件生成的图形转换为本系统的图形文件，实现图形文件的交换和共享。

（3）通过系统提供的 ASCII 图形转换接口，把经过测量仪或扫描仪测得的现实数据转换成 Pro/E 的图形文件。

2. 计算机辅助制造（CAM）

计算机辅助制造（CAM）的主要作用是生成一种通用的刀具路径数据文件（即 NCL 文件）。在加工模型建立后，即可利用 CAM 系统提供的多种形式的刀具轨迹生成功能进行数控编程。可以根据不同的工艺要求与精度要求，通过交互指定加工方式和加工参数等，生成刀具路径文件（即 NCL 文件）。

Pro/NC 模块可以通过屏幕演示，对刀具路径进行模拟，也可以通过 VERICUT 软件进行实体切削校验。这两种模拟方法都可以对生成的刀具轨迹进行干涉检查。

3. 后置处理（NCPOST）

后置处理（NCPOST）是为了将生成的 NCL 文件转换为数控系统可以识别的 NC 代码，一般简称为后处理。

系统生成的刀具路径不能用来控制数控机床的运动而实现加工，需要通过后置处理产生数控代码来控制数控机床的运动。因此，在实际进行数控加工之前必须对这些刀具路径文件进行后置处理，以创建加工控制数据文件（MCD 文件），从而控制数控机床的运动。

至此，我们已将 Pro/NC 模块的 CAD、CAM 和 POST 等步骤进行了简要说明。下面主要介绍使用 Pro/NC 模块进行数控加工的基础知识，帮助读者认识该软件。Pro/E 集设计与制造于一体，通过对所设计的零件进行加工工艺分析，并绘制几何图形及建模，以合理的加工步骤得到刀具路径，通过程序的后置处理生成 NC 代码，再传输到数控机床即可完成加工过程。

10.2

Pro/NC 基础

在 Pro/E 中，数控加工相关操作主要在 Pro/NC 模块中实现。Pro/NC 模块主要根据产品特点（如结构特征、材料性能、功能、实际生产环境等）来安排相应的工艺路线。除此之外，Pro/NC 还可以仿真出各种常用机床加工的全过程，并生成相应的加工控制程序（NC 代码）。

在使用 Pro/NC 模块之前，我们先来了解一下该模块的基本知识。

10.2.1 启动 Pro/NC

在 Pro/E 主界面中，在工具条中单击 □ 按钮，新建 Pro/NC 工作文件，如图 10-1 所示。

在打开的对话框中，选择"类型"栏中的"制造"选项、"子类型"栏中的"NC 组件"选项。按照前面新建文件的办法，取消"使用默认模板"选项，设置为公制模式。

最后进入"Pro/NC"工作界面，同时打开"菜单管理器"，如图 10-2 所示。

在 Pro/E 中，数控加工与模具设计环境有很多相似之处，甚至组成它们的部分菜单、图标形状和功用也基本相同。读者在学习过程中要注意摸索和总结。本章就不同部分进行讲解。

图 10-1 新建 Pro/NC 文件

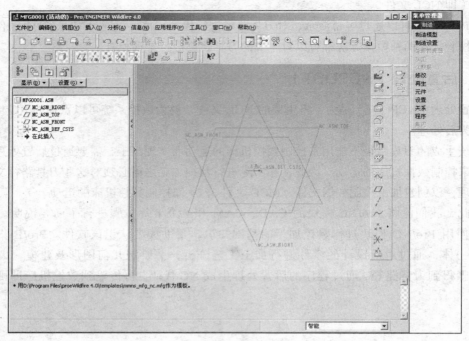

图 10-2　Pro/NC 模型界面

10.2.2　菜单管理器

Pro/NC 模块提供了一个折叠窗口式"菜单管理器"，如图 10-2 所示。该菜单管理器主要包括以下项目。

1．制造模型

"制造模型"，通常又称为加工模型。在进行 Pro/NC 加工时，必须首先设定制造模型，然后在此基础上设定加工参数，并产生正确的刀具路径。

选择图 10-2 中的"制造模型"选项，系统打开"制造模型"子菜单，如图 10-3 所示。主要有以下功能选项。

"装配"：用于装配参照模型、工件、一般组件或其他制造组件。

"创建"：用于创建参照零件或者工件（零件）。

"重定义"：重新定义装配模型的装配约束。

"删除"：删除组件模型。

"替换"：替换当前模型。

"车削包络"：用于创建车削轮廓。

"简化"：隐藏某些模型组件，提高屏幕的显示效率。

图 10-3　菜单管理器

"重分类"：对已有的实体模型按照参考模型、工件、夹具 3 大类重新进行分类。

2. 制造设置

"制造设置"主要完成加工工艺设置，如机床、刀具以及参数设置等。

选择图 10-2 中的"制造设置"选项，系统打开"制造设置"子菜单，如图 10-3 所示。主要有以下功能选项。

"工作机床"：定义加工需采用的数控机床。

"刀具"：定义和设置加工需采用的刀具。

"操作"：加工操作设置。

"参数设置"：加工参数设置。

"CL 设置"：加工路径设置。

"参照面组"：添加、删除、显示加工面。

"后置处理"：加工路径后处理设置。

3. 处理管理器

"处理管理器"主要对加工工艺进行集中管理，如机床、刀具、夹具以及参数设置等。

选择图 10-2 中的"处理管理器"选项，系统打开"制造工艺表"对话框，如图 10-4 所示。

图 10-4　制造工艺表

4. 加工

"加工"是一个重要的选项，主要加工"操作"和"NC 序列"等，如图 10-3 所示。只有在创建了"制造模型"后，"加工"选项才有效（变亮）。如果是在创建了"制造模型"后第一次使用"加工"选项，那么系统首先会打开"加工"对话框，开始向导性的加工流程。

5. CL 数据

"CL 数据"主要对刀具路径数据进行操作，包括：输入刀具路径文件、输出刀具路径文件、编辑刀具路径文件、检验刀具路径文件、刀具路径文件后处理等，如图 10-3 所示。必须在设置了"制造操作"和"NC 序列"后，"CL 数据"选项才有效（变亮）。

10.3

Pro/E 数控加工一般过程

在用 Pro/NC 模块进行数控加工时，系统提供了一个智能化的流程，在其指导下可以高效地产生刀具轨迹，并最终生成NC代码，如图10-5所示。

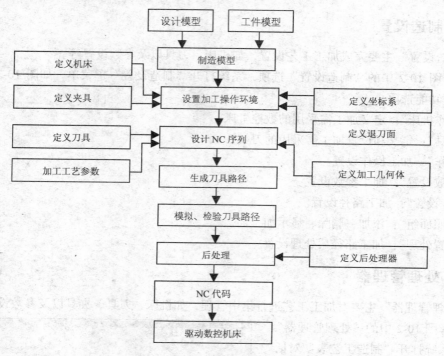

图 10-5　Pro/NC 加工制造流程

由于使用该软件进行加工的步骤较多，而且刀具路径种类繁多，这里只介绍其基本过程的操作定义。

10.3.1　创建制造模型

制造模型，通常又称为加工模型，是在 Pro/NC 中进行加工制造的第一步。制造模型由若干个参考模型和工件模型组成，它们也被称为组件模型。

从图 10-5 中可以看出它的设定是以设计模型和工件模型为基础的。其中，设计模型本质上就是一个零件模型，相当于零件图纸的设计，是制造模型必须的基础；而工件模型是可选的。

1．制造模型菜单管理器

在菜单管理器中依次选择"制造模型"→"装配"，系统打开"制造模型类型"菜单管理器，如图 10-6 所示。

在"制造模型类型"菜单管理器中主要有以下选项。

"参照模型"：即设计模型，可以是零件，也可以是组件。在进行 Pro/NC 加工时，必须先设定参照模型，然后在此基础上设定加工参数，并产生正确的刀具路径。

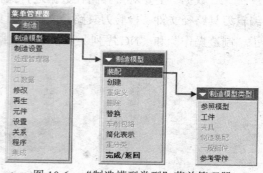

图 10-6　"制造模型类型"菜单管理器

"工件"：即加工制造的毛坯，可以是零件，也可以是组件。

"夹具"：装配一个夹具模型，该模型可以是零件，也可以是组件。

"制造装配"：装配其他 Pro/NC 加工模型的装配文件数据。其参照模型和工件在新的加工模型中将保持原来的类别。在当前加工过程前，已存在于加工组件中的任何 NC 序列在此处都是不可访问的，且不能显示 CL 数据或修改参数。

"一般组件"：装配一个一般的装配文件到制造模型中。在这种情况下，必须将组件元件进行"重分类"，即必须指定所加入装配文件中每一个组件的模型属性（参照模型、工件模型或夹具）。未分类为参照模型或工件的所有元件将保留在加工组件中，它们对定义加工几何模型没有影响。

2. 装配参照模型

按照图 10-6 的操作过程，在菜单管理器中依次选择"制造模型"→"装配"→"参照模型"，选择需要添加的参照模型文件。

最后，按照第 8 章中零件装配的方法将参照模型装配到制造模型中。

> 在装配的时候，需要考虑机床主轴方向，即 Z 轴方向。注意工件安装方向与 Z 轴方向的关系。

10.3.2 创建工件

工件模型表示加工制造的毛坯，在 Pro/NC 模块中称为"工件"，可以对刀具的运动空间范围作出限制。它既可以是已经存在的零件实体、组件，也可以是钣金件模型文件等。在 Pro/NC 中，如果选用了工件模型，则在模拟加工时，可以模拟材料的切削情况并进行过切检测，查询材料切削量等。如果不需要选用工件模型，在制造模型设计时可直接用设计模型作为 Pro/NC 加工的制造模型。

1. 创建工件模型

在菜单管理器中依次选择"制造模型"→"创建"→"工件"，如图 10-7 所示。

接着系统会在状态栏提示输入要产生的工件名称，如图 10-8 所示。输入工件名称后，系统打开"特征类"菜单管理器，依次选择"实体"→"加材料"，系统打开"实体选项"菜单管理器，如图 10-9 所示。

最后，系统打开如图 10-10 所示的操作面板，按照创建一般零件的方法创建工件模型即可，这里就不再赘述。

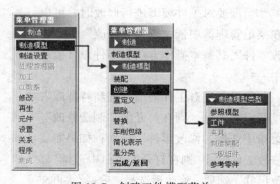

图 10-7 创建工件模型菜单

图 10-8 输入零件名称

图 10-9　创建零件实体路径　　　　　　　图 10-10　创建零件操作面板

另外，在工具栏区域系统提供了创建工件的快捷按钮，如图 10-11 所示。下面对相关操作方式进行介绍。

（1）自动工件。系统提供自动创建工件的操作面板，如图 10-12 所示。用户可以方便地在参照模型的基础上快速创建工件，但只能创建方形和圆柱形工件。

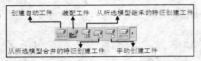

图 10-11　创建工件的快捷按钮　　　　　　图 10-12　自动工件操作面板

（2）装配工件。装配工件的操作方法与装配参照模型的方法一样，请读者参考 10.3.1 小节。

（3）继承方式。采用从所选的模型继承特征的方法创建工件模型。

（4）合并方式。采用从所选的模型合并的方法创建工件模型。

（5）手动方式。如果选择该方式，则系统直接打开图 10-8 进行名称设置，相当于在菜单管理器中选择，加快了操作速度。

　　在创建参照模型时，除了 10.3.1 小节中的装配方法外，也可以采用手工创建、继承、合并等操作方式。

2. 修改工件模型

当需要对工件模型进行修改时，可以在菜单管理器中依次选择"修改"→"修改零件"，其基本操作方法和零件设计模块中一样。

如果需要对工件模型添加新特征或者重新定义工件，则在打开的"制造修改"菜单中选择"修改零件"选项；如果需要修改工件尺寸，则在打开的菜单中选择"修改尺寸"选项，修改后选择"完成"，再在打开的菜单中选择"再生"选项，就实现了工件模型的再生。如图 10-13 所示。

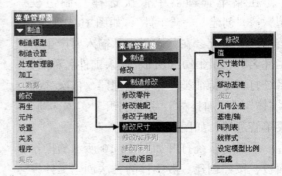

图 10-13　"修改工件模型"对话框

（1）参照模型装配完成后，"制造"菜单管理器中的"加工"选项才会变为有效状态（变亮），说明参照模型是加工的必须模型。

（2）对于比较简单的工件模型，一般直接在制造模型中创建；而对于比较复杂的工件模型，一般要先绘制好，再进行装配。

10.3.3 机床设置

在 Pro/NC 中，加工机床信息的设置集成在操作设置中。进行数控加工时，必须设定机床信息，它主要包括以下 3 方面内容。

（1）机床名称、加工类型和轴数。

（2）机床的一般参数，如主轴转速、进给率、刀具、注释信息等。

（3）输出定义、后处理器选项、主轴以及冷却液状态等。

在菜单管理器中依次选择"制造设置"→"工作机床"，系统打开"机床设置"对话框，如图 10-14 所示。

在图 10-14 的"机床设置"对话框中，可以定义机床名称（默认为"MACH01"）、机床类型（铣削、车削、铣削/车削、WEDM）、主轴轴数（如 3 轴、4 轴）、主轴转速等，具体内容见表 10-1。

图 10-14 "机床设置"对话框

表 10-1　　　　　　　　　　　　　　　机床设置项目

类　型	设　置　项　目	具　体　内　容
基本设置	机床名称	定义机床名称（默认为"MACH01"）
	机床类型	选择机床类型（铣削、车削、铣削/车削、WEDM 等）
	轴数	定义机床主轴轴数（提供2～5轴选择），不同类型的机床选择此项内容不一致
	其他设置	系统还提供"CNC控制"、"位置"等基本设置项目，主要用于注明该机床所采用的控制系统等信息
选项卡	输出	定义后处理器名称、刀具路径文件输出选项（如冷却液、主轴等）以及刀具补偿等信息
	主轴	设置机床主轴的最大转速和功率
	进给量	设置最大快进速度、进给量单位（如 mm/min、inch/min）等
	切削刀具	设置刀具及参数、换刀时间等
	行程	设置各个坐标轴的极限行程范围
	定制循环	自定义孔加工循环过程
	注释	对当前机床填写备注信息

其中，机床的类型决定了可以用其创建的数控加工轨迹的类型。例如：四轴车床可以用来

执行两轴和四轴的车削、孔加工。在 Pro/NC 中可用的数控机床和数控加工轨迹的类型见表 10-2。

表 10-2   NC 机床及加工轨迹类型

机 床 类 型	说　明	可用数控加工轨迹类型
车床	两轴或四轴车削	区域、轮廓、凹槽、螺纹
	孔加工	钻孔、面、镗孔、沉孔、攻丝、铰孔
铣床	三轴到五轴铣削	体积加工、局部铣削、曲面铣削、面、轮廓、凹槽、轨迹、螺纹、雕刻、插削
	孔加工	钻孔、面、镗孔、沉孔、攻丝、铰孔
车铣中心	五轴铣削	体积加工、局部铣削、曲面铣削、面、轮廓、凹槽、轨迹、螺纹、雕刻、插削
	两轴车削	区域、轮廓、凹槽、螺纹
	孔加工	钻孔、面、镗孔、沉孔、攻丝、铰孔
WEDM	两轴或四轴线切割	穿透型型腔、型孔等

在实际使用中，应根据不同类型的零件选择相应的机床。机床选择不同，则后续的一些操作也不尽相同，如刀具、NC 序列等。

10.3.4　刀具设置

在整个加工程序的参数设计过程中，刀具和刀具参数的设计是相当重要的。不同的加工方法、不同的加工对象所选择的刀具和刀具参数有可能不同，因此必须正确选择刀具及参数，否则可能造成无法生成加工路径等错误。

Pro/NC 模块中提供了"刀具"选项，用于定义刀具和刀具参数。在菜单管理器中依次单击"制造设置"→"刀具"，如图 10-15 所示。并确认所选用的机床，如图中的"MACH01"。最后系统打开"刀具设定"对话框，如图 10-16 所示。

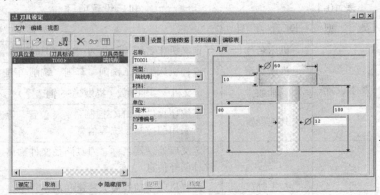

图 10-15　"刀具设置"菜单管理器　　　　　图 10-16　"刀具设定"对话框

另外，用户可以直接在工具栏中单击 按钮，系统快速打开"刀具设定"对话框。

下面对图 10-16 所示的"刀具设定"对话框进行详细介绍。

1．菜单栏

主要对刀具文件进行管理，如定义新刀具、打开已经存在的刀具、保存刀具信息等。如果用户已创建刀具库，那么可以按照图 10-17 所示的过程快速调入刀具库文件。

2. 工具栏

工具栏中的按钮可以执行"新建" 🗋、"打开" 📂、"保存" 🖫、"显示刀具信息" 📊、"删除刀具" ✕、"以单独窗口显示刀具图形" ∞ 等操作。

 提示

> 用户可以选择 ∞ 按钮，配合快速查看功能来查看刀具的具体参数信息。滚动鼠标中键，可以放大或缩小刀具图形；按住鼠标中键再拖拉，可以移动刀具显示部位。

3. 刀具列表

显示当前使用的刀具，包括刀具位置、刀具标识和刀具类型。

4. 选项卡

在实际应用中，正确地设计刀具参数是十分重要的。下面就图 10-16 所示的"刀具设定"对话框里的刀具设置选项卡进行详细说明。

（1）"普通"选项卡。选择该选项卡，打开刀具几何参数的相关设置选项，如图 10-18 所示，可以设置的刀具参数如下。

"名称"：定义刀具名称。

"类型"：设置加工使用的刀具。对于不同的机床，其下拉列表中的选项也不同。

"材料"：设置刀具材料，必须手动输入。常用的刀具材料有：刀具钢（包括碳素合金钢、合金工具钢、高速钢）、硬质合金（包括钨钴合金、钨钛合金、钨钛钼合金）、陶瓷、金刚石以及立方氮化硼等。

"单位"：设置所选刀具参数的单位，有 inch、feet、mm、cm 和 m。

"凹槽编号"：表示刀刃的数目。

几何尺寸参数如图 10-18 所示。

图 10-17 "刀具设定"菜单

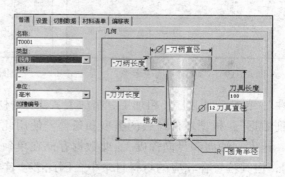

图 10-18 "普通"选项卡

 提示

> 刀具直径和长度不能为 0，圆角半径不能大于刀具直径的一半（即刀具半径）。当选择不同的刀具类型时，系统提供给用户修改的几何参数也不完全一样。

（2）"设置"选项卡。该选项卡主要用于刀具的参数设置，可以设置刀具号、刀具偏置量或位置补偿量等信息，如图 10-19 所示。主要包括以下选项。

"刀具号"：用于存放刀具位置编号。用户在加工过程中，可能不止需要一把刀具，所以需要根据在机床刀库中存放的正确位置加以编号，从而使加工机床在自动换刀时能正确的转换刀具，避免刀具转换错误，造成加工失败。

"偏距编号"：指定当前刀具的偏距编号。

"量规 X 方向长度"：刀具切刃的径向深度。从加工刀具端点的坐标系上看，加工刀具的 X 方向也就是刀具径向的切刃深度。

"量规 Z 方向长度"：刀具切刃的轴向深度。从加工刀具端点的坐标系上看，加工刀具的 Z 方向也就是刀具轴向的切刃深度。

"补偿超大尺寸"：在实际加工过程中，各加工工序使用的刀具可能长短不一。转换不同刀具进行相同加工坐标系的加工时，不同刀长的加工刀具之间需要进行刀长信息的偏距操作，这样才能正确完成不同长度刀具间的转换。

"注释"：注释信息是与刀具参数一起存储、并与刀具表一起输出的文本字符串。

"长刀具"：如果在 4 轴加工过程中，刀具太长以致无法退刀至"旋转间隙"级，则选中此复选框。如果将刀具标记为"长刀具"，则刀具尖端将在工作台旋转过程中移到"安全旋转点"。

"定制 CL 命令"：在更改刀具时，插入一条 CL 命令。该 CL 命令将被插到 CL 文件中 LOADTL 命令的前面，并在运行时执行。

（3）"切割数据"选项卡。该选项卡主要用于设置加工的属性和切削数据，如图 10-20 所示。该选项卡中各项含义如下。

图 10-19　"设置"选项卡　　　　　图 10-20　"切割数据"选项卡

"属性"：包括应用程序（粗加工、精加工）、坯件材料、单位的选择（公制或英制）。

"切削数据"：根据坯件材料的类型和条件，使用此刀具进行粗加工和精加工的切削数据（进给量、速度、轴向和径向深度）。此数据存储在单独的文件中，文件名与几何和其他刀具参数相同，但其位置在相应的材料目录中，因此必须首先建立材料目录结构。

"杂项数据"：根据加工条件可以选择冷却液的种类、压力大小以及主轴的旋转方向。这里通过改变主轴的旋转方向，可以实现顺铣或逆铣。

（4）"材料清单"选项卡。该选项卡主要用于列出刀具材料的元件名称、类型、数量、注释等信息，如图 10-21 所示。

（5）"偏移表"选项卡。该选项卡中主要用于具有多个刀尖的铣削刀具，如图 10-22 所示。该功能需要在"allow_multiple_tool_tips"选项中进行控制。

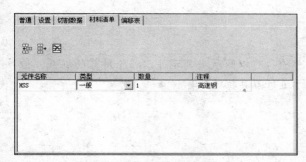

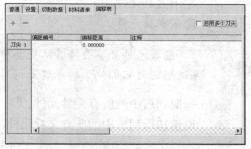

图 10-21　"材料清单"选项卡　　　　图 10-22　"偏移表"选项卡

10.3.5　夹具设置

夹具在制造中起定位和夹紧工件的作用。要在制造过程中使用夹具，必须首先为制造模型定义夹具，由于夹具设置中包含夹具组件信息，所以必须定义每个制造模型的夹具设置。

在菜单管理器中依次选择"制造"→"制造设置"→"操作"，系统打开"操作设置"对话框，如图 10-23 所示。

利用该对话框可以集中管理各项操作，比如机床的定义、刀具的设置、夹具设置、坐标系以及退刀平面等。

在图 10-23 的"操作设置"对话框中，"夹具设置"选项后的 图标用于定义一个新的夹具；× 图标用于删除一个夹具； 图标用于重定义夹具。单击 图标，系统打开"夹具设置"对话框，如图 10-24 所示。

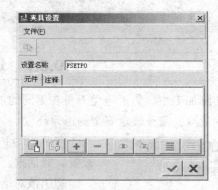

图 10-23　"操作设置"对话框　　　　图 10-24　"夹具设置"对话框

下面对"夹具设置"对话框相关操作进行简要说明。

：创建一个新的夹具。输入夹具名称，立即打开实体菜单管理器，依次单击菜单选项"实体"→"加材料"……按照产生一般的零件的方式在加工组件模型中产生夹具模型。

：重定义夹具元件的放置，为元件指定新的组件约束。

：装配新的夹具元件。用户界面与在组件模式中装配新元件时的界面相同。

：移除夹具元件。

：显示夹具元件。

：隐藏夹具元件。

> 隐藏元件并不会将其从夹具中移除；可以隐藏夹具元件以移除屏幕的混乱，但系统仍认为它们处于所在位置，用于进行刀具轨迹计算。

：选取列表中的所有夹具元件。

：取消选取列表中的所有夹具元件。

10.3.6　设置加工零点

对于数控加工，坐标系是必不可少的。坐标系用于定义工件在机床上的方向。它不仅是Pro/NC的加工原点，也是生成CL数据的原点（0，0，0），还是后处理时生成数控代码的原点（即程序原点，在Pro/NC中称为"坐标原点"）。

在"Pro/NC"中，定义坐标系有3种方法。

（1）在设置操作时定义。

（2）在设置NC序列时定义。

（3）选择已经存在的坐标系统（即在将元件引入到加工模型之前所创建的坐标系统）。

在图10-23中单击"加工零点"选项后 图标，系统打开"制造坐标系"菜单管理器，如图10-25所示。用户可以直接选择一个已经存在的坐标系。

图10-25　"制造坐标系"菜单管理器

> 数控机床中Z轴代表主轴方向，因此在创建坐标系时，一定要将Z轴方向设置与主轴方向一致（注意区分立式与卧式机床），否则可能导致无法生成刀具轨迹。

10.3.7　退刀平面设置

在实际加工中，为了避免刀具在不同的加工区域之间移动而造成与工件或其他加工零件之间碰撞的危险，需要设定安全的退刀高度。

图10-26　"退刀设置"对话框

在图10-23中单击"曲面"选项后 图标，即可打开"退刀设置"对话框，如图10-26所示。

利用该对话框可以创建或选取退刀平面，各种退刀面设置含义如下。

（1）平面方式：系统默认在机床坐标系的Z轴方向偏移一定的距离设置为退刀平面。用户也可以设置为相对于某一平面进行偏移，如工件上表面。

（2）圆柱方式：以机床坐标系的X、Y或Z轴为轴线，设置一定距离为半径的圆柱面为退刀面。也可以绕任一轴线进行设置。

（3）球方式：以机床原点为中心，设置一定距离为半径的圆球面为退刀面。也可以相对于某一基准点进行设置。

（4）曲面方式：选择已有曲面为退刀面。

（5）无：删除退刀曲面定义，即不设置退刀面。在实际加工中，不需要考虑刀具在不同加工区域间的移动而造成与工件间的碰撞时，不需要设置退刀面。

10.3.8　铣削窗口的建立

铣削窗口就是用户要定义的铣削加工的范围。在 Pro/NC 中提供了建立铣削窗口的新功能。

在三轴铣床中，铣削窗口一定是在垂直 Z 轴的平面内。用户使用刀具的切削运动轨迹完全被控制在该窗口范围内。这样可以避免产生加工范围外的刀具路径，提高刀具切削效率。

系统提供了如图 10-27 所示的快速定义铣削窗口的工具条。

铣削区域的建立与零件的建模方法基本一样，这里就不再赘述。

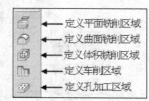

图 10-27　定义铣削窗口的工具条

10.3.9　创建加工序列

由于加工过程中涉及多种加工方法，如铣削、钻孔、攻螺纹等，而铣削又包括了铣表面、铣型腔、铣轮廓等，各种加工方法对应的加工参数也不相同。加工序列（简称 NC 序列）的生成是 Pro/NC 中最重要、最复杂的部分。

在菜单管理器中依次选择"加工"→"NC 序列"，进入"辅助加工"菜单管理器，进行加工程序设计，如图 10-28 所示。

1. 加工方法

从图 10-28 中可以看出，系统提供了各种类型的加工方法，各选项说明如下。

"体积块"：这种加工方式主要应用于去除零件大体积材料的粗加工操作，它以等高线的方式生成刀具轨迹，从而切除毛坯材料。

"局部铣削"：这种加工方式主要用来做局部加工，针对已经完成的加工过程中一些未能被切除的局部进行加工，采用的刀具一般比上一道工序小一些，保证下一道工序有比较均匀的切削余量。

"曲面铣削"：这种加工方式常用来对高度差不大的零件做半精加工或精加工，一般采用球头铣刀。

"表面"：这种加工方式主要加工大面积的平面，加工的平面必须与 Z 轴垂直，一般采用较大直径的立铣刀。

"轮廓"：这种加工方式主要用于工件轮廓的加工，它以等高线的方式沿轮廓向下加工。

"腔槽加工"：这种加工方式主要用于凹槽加工。

"轨迹"：这种加工方式是让刀具沿所选定的轨迹进行加工。

"孔加工"：这种加工方式是 Pro/NC 专门加工孔的一种方式。

"螺纹"：这种加工方式是 Pro/NC 专门加工螺纹的一种方式。

"刻模"：雕刻加工，主要针对沟槽特征。如果没有这种特征，则不能进行这种加工。

"陷入"：插削加工。将零件上大余量部位用插削加工进行切除。

"粗加工"：粗加工方式。

"重新粗加工"：重新定义或修改粗加工。

2. 加工参数

根据被加工零件的加工要求，在图 10-28 中选择合适的加工方法，并单击"完成"确认。接着依次选择"NC 序列"→"序列设置"菜单管理器，进行加工程序的各项参数设计，如图 10-29 所示。

图 10-28　"辅助加工"菜单管理器　　　图 10-29　"NC 序列"→"序列设置"菜单管理器

不同的加工方法对应的加工参数不同，在图 10-29 的"序列设置"菜单管理器中列出的选项也不同。在定义加工程序时，选择需要设定参数项目前面的复选框，则系统会根据参数排列顺序，逐步提示参数的定义。

"参数"选项用于定义加工工艺参数。系统默认打开如图 10-30 所示的"参数树"，在该对话框中只列出了最简单的制造参数定义，主要包括：切削速度、切削深度、加工余量、主轴转速等。主要选项如下。

"CUT_FEED"：用于设置切削进给的速度，单位通常为 mm/min。

"步长深度"：设置分层铣削中每一层的切削深度值，单位通常为 mm。

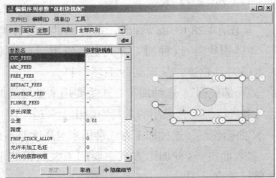

图 10-30　"参数树"对话框

"跨度"：用于设置相邻两条刀具轨迹间的重叠部分，该数值一定要小于刀具直径值，通常设为刀具半径值，单位通常为 mm。

"PROF_STOCK_ALLOW"：用于设置侧向表面的加工余量。

"允许的底部线框"：用于设置工件底面加工预留量。

"切割角"：用于设置刀具路径与 X 轴的夹角。通常设为 0°、45°、90° 等。

"扫描类型"：用于设置加工区域轨迹的拓扑结构。

"ROUGH_OPTION"：对加工时刀具清除表面状况进行设置。

"间隙_距离"：用于设置退刀的安全高度。

"SPINDLE_SPEED"：用于设置主轴的旋转速度。

"COOLANT_OPTION"：用于设置冷却液的流出类型。主要包括：充溢、喷淋雾、攻丝、穿孔、关闭、打开等选项。

> 对话框中所有默认值为空白的选项都必须重新进行设置。对于每一种加工方式，系统都有一些参数是必须定义的。如果没有定义，在退出"参数"时，系统会打开输入框要求逐步输入这些参数，才能完成定义，如图 10-31 所示。这给操作者带来了极大的方便。

图 10-31　参数设置输入框

3. 生成加工序列

在正确完成参数定义，并选择铣削区域（即 10.3.8 小节建立的铣削体积）后，即可创建出加工序列文件。

完成后，系统打开如图 10-32 所示的"NC 序列"菜单管理器。

10.3.10　模拟刀具路径

在创建加工序列以后，就可以动态演示刀具加工轨迹，以便查看加工轨迹是否正确。

在图 10-32 所示的"NC 序列"菜单管理器中选择"演示轨迹"选项，系统打开"演示路径"菜单管理器，如图 10-33 所示。

图 10-32　"NC 序列"菜单管理器

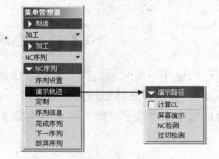

图 10-33　"演示路径"菜单管理器

系统提供了以下 3 种演示方法。

1. 屏幕演示

系统打开图 10-34 所示的"播放路径"对话框，单击 ▶ 按钮，即可演示刀具加工路径轨迹。

2. NC 检测

该功能以实体切削方式动态演示加工切除过程。

在图 10-33 中单击"NC 检测"选项,系统将打开 VERICUT 软件,单击其中的播放演示按钮,即可对当前加工序列动态演示,如图 10-35 所示。

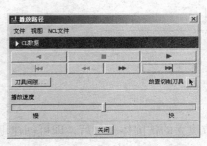

图 10-34 "播放路径"对话框

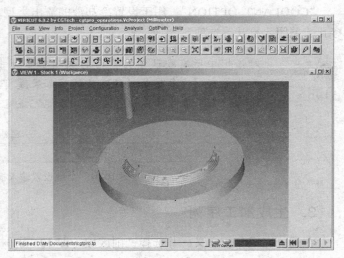

图 10-35 NC 检测

3. 过切检测

主要用于检测刀具在加工中是否产生过切现象。系统以提示信息说明加工序列设置是否存在过切现象。

如果在进行检测前,在图 10-33 中选择了"计算 CL"复选框,则在检测前系统会自动对 CL 数据文件重新进行计算。

10.3.11 生成 CL 数据

完成前面一些操作与定义后,接下来的操作就是利用这些设置生成 CL 数据文件(即刀具路径文件),并对刀具路径文件进行后处理,产生 NC 代码。

在菜单管理器中依次选择"加工"→"CL 数据",打开"CL 数据"菜单管理器,如图 10-36 所示。

1. 定义输出

如图 10-36 所示,输出 CL 数据文件(即刀具路径文件)有两种方式。

(1)"选取组"。用于选择一个或多个加工序列文件成为一组,以便生成一个连续的 CL 数据。在后处理时,可以生成一个 NC 文件。避免多个工序加工,生成多个 NC 文件。

(2)"选取一"。这种方式是从一个加工序列中产生 CL 数据文件(刀具路径文件)。

2. 输出刀具路径文件

定义输出序列以后,系统打开"轨迹"菜单管理器,再选择"文件"选项,定义刀具路径输出,打开"输出类型"菜单管理器,如图 10-37 所示。

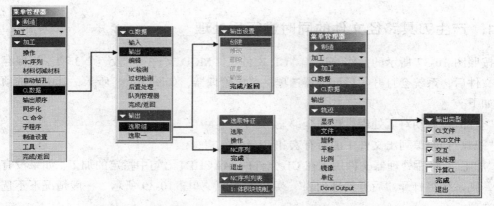

图 10-36 "CL 数据"创建示意图　　　　　图 10-37 输出刀具路径文件

在图 10-37 中，"轨迹"菜单管理器中的选项是对刀具路径进行操作和编辑修改的，其中包括以下选项。

"显示"：在屏幕上显示刀具路径。

"文件"：将刀具路径以文件形式输出。

"旋转"：旋转刀具路径。

"平移"：平移刀具路径。

"比例"：按比例缩放刀具路径。

"镜像"：镜像刀具路径。

"单位"：定义刀具路径的单位制。

确定路径无误以后，选择"文件"选项打开"输出类型"菜单管理器，定义输出文件的类型，如图 10-37 所示。

（1）"交互"和"批处理"两项必须选取一项。其中，"批处理"方式无法生成加工控制数据文件（简称 MCD 文件）。

（2）系统的默认选项是"CL 文件"和"交互"，表示只输出刀具路径文件，后缀名为"ncl"。

（3）如果同时选择"MCD 文件"选项，则表示既输出刀具路径文件，又生成加工控制数据文件（即 NC 代码）。

10.3.12　后处理

在实际进行数控加工之前还必须对刀具路径文件进行后处理，以创建加工控制数据文件（MCD 文件），控制数控机床的运动。由于通过后处理产生的文件代码可以控制数控机床的运动，所以也称为 NC 代码。

后处理过程是通过后处理器实现的。在"Pro/NC"模块中，有两种常用的标准后理器，它们分别如下。

gpost：Intercim Corporation 提供的 G-Post 后处理器，默认设置。

ncpost：使用 Pro/NCPOST 后处理器。

1. 产生刀具路径文件的同时进行后处理

按照图 10-37 所示的操作，选择"CL 文件"、"MCD 文件"、"交互"3 项。当保存了刀具路径文件后，系统会打开"后处理器选项"菜单管理器，如图 10-38 所示，其中各选项的含义说明如下。

"全部"：启动对后处理过程的全部显示。

"跟踪"：跟踪列出文件中的所有宏和 CL 记录。

"加工"：将后处理器文件用于在 CL 文件的 MACHIN 语句中指定的加工。如果没有选择此选项，则系统将打开"后置处理列表"菜单管理器，如图 10-39 所示。一般情况下不选择"加工"选项。

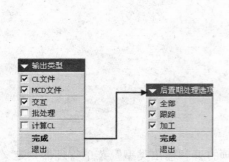

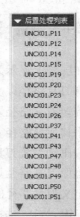

图 10-38　"后处理器选项"菜单管理器　　　图 10-39　"后置处理列表"菜单管理器

在图 10-39 中选择一个后处理器，系统会出现后处理器跟踪记录，如图 10-40 所示。其中包括：采用的后置处理版本、后置处理的日期和时间、刀具路径文件、后处理器以及程序号等信息。当输入程序号以后（如图中的"0001"），系统打开图 10-41 所示的信息窗口，其中的内容与图 10-40 中记录的信息基本一致。

```
Pro/NC-GPOST 2002i Mill, Version  5.7 P-20.3, Copyright(c) 2002
Date=10-20-2005 Time=18:07:59
Input   File=seq0001.ncl.12
NCL record=       500
Option File=uncx01.p11
Filter File=uncx01.f11
Processing arc/nurb curve fit
ENTER PROGRAM NUMBER
0001
```

图 10-40　后处理跟踪记录窗口

2. 查看后处理文件

后处理文件以".tap"为后缀名，使用被处理的刀具路径文件的名称，如 seq0001.tap。后处理文件可以用写字板打开，进行查看和编辑。打开资源管理器，在当前的工作目录下，找到后处理文件，用写字板打开，如图 10-42 所示。

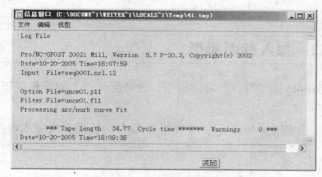

图 10-41　后处理完成信息窗口

图 10-42　查看后处理文件

10.4
综合实例——端盖

下面以一个具体实例来说明采用 Pro/NC 进行数控加工的基本设置。

10.4.1　设置工作目录

设置工作目录为\SAMPLE\CH_10\。

10.4.2　新建模型文件

在 Pro/E 主界面中，在工具条中单击 □ 按钮，新建"Pro/NC"工作文件，如图 10-43 所示。

在打开的对话框中，选择"类型"栏中的"制造"选项，"子类型"栏中的"NC 组件"选项，输入文件名称为"10_01"。按照前面新建文件的办法，取消"使用默认模板"选项，设置为公制模式，如图 10-44 所示。

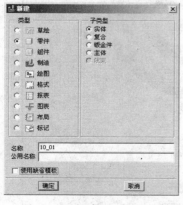

图 10-43　新建 Pro/NC 文件

图 10-44　设置文件选项

确认后，系统进入"Pro/NC"工作界面，同时打开菜单管理器，这样就建立了一个新的模型文件。

10.4.3　加入参照模型

在工具栏中单击  按钮，接着在图 10-45 的"打开"对话框中，选择需要加工的零件模型，然后单击"打开"。

接着，系统打开零件装配操作面板，如图 10-46 所示。按照第 8 章中的装配方法完成参照模型的装配，加入工作目录中的"10_01.prt"文件。

图 10-45　"打开"对话框　　　　　　　　　图 10-46　装配操作面板

确认，系统加入的参照模型如图 10-47 所示。

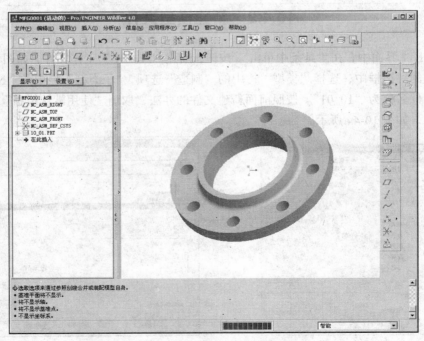

图 10-47　加入的参照模型

10.4.4　创建工件模型

在工具栏中单击 按钮后下拉按钮 ，选择其中的 按钮，即采用手动方式创建工件。在图 10-48 所示的操作面板中输入工件模型名字"10_01_wrk"，并确认。

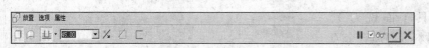

图 10-48　输入工件模型名字

接着，系统打开"特征类"菜单管理器，选择"实体"→"加材料"，如图 10-49 和图 10-50 所示。按照创建一般零件的方法创建工件模型，以图 10-47 中参照模型的底面为草绘平面，绘制一个直径为 230 mm 的圆，拉伸高度为"45"。

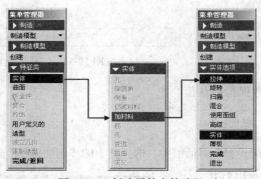

图 10-49　创建零件实体路径

最后生成的工件模型如图 10-51 所示，系统默认绿色为工件模型的颜色。

图 10-50　拉伸实体操作面板　　　　　　图 10-51　生成的工件模型

10.4.5　制造设置

在菜单管理器中直接选择"制造设置"，由于是第一次选择该菜单，系统会自动进入"操作设置"对话框，如图 10-52 所示。

本实例具体完成以下项目的设置。

1.　设置操作名称

这里设置操作名称为"10_01"，如图 10-52 所示。

2.　定义机床

在图 10-52 所示的"操作设置"对话框中，单击 按钮，系统打开"机床设置"对话框，如图 10-53 所示。

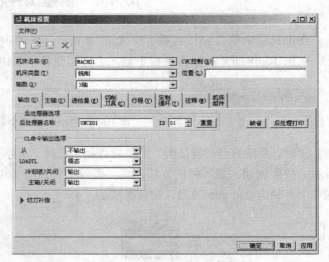

图 10-52 "操作设置"对话框   图 10-53 "机床设置"对话框

这里，机床的各项参数保持默认值。

3. 定义刀具

在图 10-53 所示的"机床设置"对话框中，选择其中的"切削刀具"选项卡，如图 10-54 所示。

单击其中的 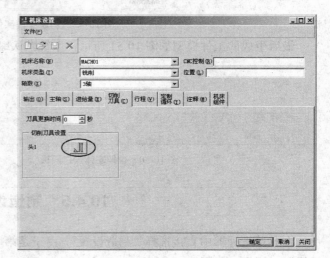 按钮，系统打开"刀具设定"对话框，如图 10-55 所示。根据零件工艺特点，设置以下六把刀具。

T0001：三刃端铣刀，"$\phi12 \times 60$"，长度补偿"20"。

T0002：关键刀具（面铣刀），"$\phi25 \times 30$"，30 齿，材料为硬质合金刀片，长度补偿"50"。

T0003：点钻，"$\phi13 \times 35$"，长度补偿"45"。

T0004：基本钻头，"$\phi15 \times 55$"，长度补偿"35"，径向深度 3mm，开冷却液。

T0005：镗孔，"$\phi17.8 \times 60$"，长度补偿"20"。

图 10-54 "切削刀具"选项卡

T0006：锥度铣刀，"$\phi12 \times 60$"，带圆角半径 $R6$，锥度 11.31°，长度补偿"20"，适合于精加工。

4. 设置加工零点

在上一步刀具设置完成后，确认机床的各项参数。系统返回到图 10-52 所示的"操作设置"对话框，进行"加工零点"的定义。

首先在工件上表面正中心建立一个坐系，注意保证满足数控机床坐标系建立原则（Z 轴向上为正，X轴朝右为正），如图 10-56 中的 "ACS0"。

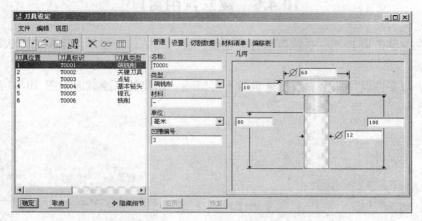

图 10-55　"刀具设定"对话框

接着，在图 10-52 所示的"操作设置"对话框中，单击"加工零点"选项后的 按钮，系统打开图 10-57 所示的"制造坐标系"菜单管理器，选取建立的"ACS0"即可。

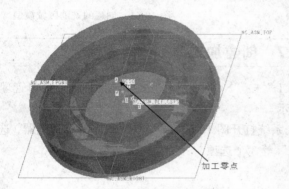

图 10-56　设置的加工零点

图 10-57　选取加工零点

5. 设置退刀平面

在完成加工零点设置后，系统返回到图 10-52 所示的"操作设置"对话框，进行"退刀面"的定义。

在图 10-52 所示的"操作设置"对话框中，单击"曲面"选项后的 按钮，系统打开"退刀设置"对话框，如图 10-58 所示。

这里，设置退刀高度离工件上表面 10mm，设置结果如图 10-59 所示。

图 10-58　退刀平面设置

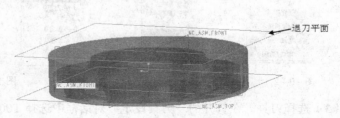

图 10-59　设置的退刀平面

10.4.6　建立铣削窗口

在工具栏中单击 ⬚ 按钮，系统自动打开基础特征工具条，按照零件建模的方法即可创建出铣削区域模型。

创建方法与零件设计完全一致，这里就不再赘述。创建的草绘截面如图 10-60 所示，结果如图 10-61 所示。

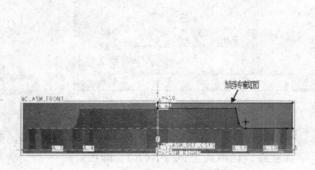

图 10-60　创建的草绘截面

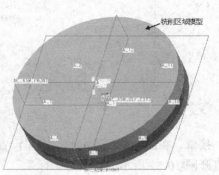

图 10-61　创建的铣削区域模型

10.4.7　创建加工序列

（1）在菜单管理器中依次选择"加工"→"NC 序列"，进入"辅助加工"菜单管理器，选择"体积块"加工方式，如图 10-62 所示。

（2）在图 10-62 中确认"完成"后，系统打开图 10-63 的"NC 序列"菜单管理器，选择"序列设置"中的"刀具"、"参数"、"体积"等 3 个选项，并确认"完成"。

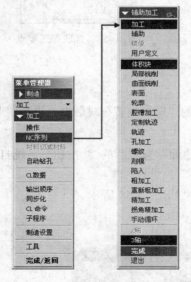

图 10-62　"辅助加工"菜单管理器

图 10-63　序列设置

（3）选择刀具。在打开的"刀具设定"对话框中选择 T0001 号刀具，如图 10-64 所示。

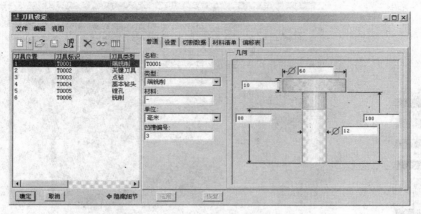

图 10-64 选择刀具

（4）定义参数。在打开的"编辑序列参数"对话框中设置加工参数，如图 10-65 所示，设置以下基本参数。

① "CUT_FEED"：150 mm/min。

② "步长深度"：3 mm。

③ "跨度"：8 mm。

④ "间隙_距离"：1 mm。

⑤ "SPINDLE_SPEED"：2 000RPM。

（5）选取加工体积块。最后，选择图 10-61 所创建的铣削体积。

至此，加工序列文件已经定义完成，单击图 10-66 中的"完成序列"选项即可保存该序列。

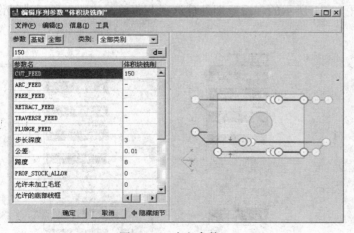

图 10-65 定义参数   图 10-66 完成序列

10.4.8 模拟检测

在图 10-66 中选择"演示轨迹"→"NC 检测"选项进行模拟检测，如图 10-67 所示。模拟结果如图 10-68 所示。

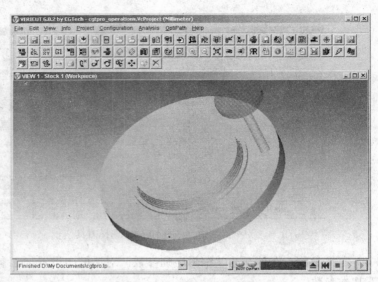

图 10-67　演示路径　　　　　　　　　　图 10-68　VERICUT 模拟结果

10.4.9　后处理

（1）在菜单管理器中依次选择"制造"→"CL 数据"→"输出"→"选取一"→"NC 序列"→"1：体积块铣削"选项，如图 10-69 所示。

（2）在如图 10-70 所示的"轨迹"菜单中进行参数设置，设置后选择"完成"选项。

（3）系统打开"保存副本"对话框，使用默认文件名"seq001.ncl"保存数据即可。

（4）接着系统打开如图 10-71 所示的"后置期处理选项"菜单，按图中所示进行设置，然后选择"完成"选项。

图 10-69　"CL 数据"菜单　　图 10-70　"轨迹"菜单　　图 10-71　"后置期处理选项"菜单

（5）打开如图 10-72 所示的"后置处理列表"菜单，选择"UNCX01.P11"选项，系统打开处理信息窗口以显示后处理的相关信息。

（6）到此，所有的后置处理完成。在工作目录中用记事本打开生成的 NC 代码文件
（seq001.tap），如图 10-73 所示。

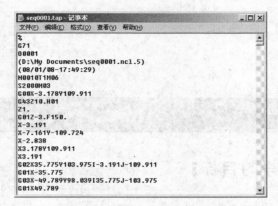

<table>
<tr><td>图 10-72　选择后置处理器</td><td>图 10-73　生成的 NC 程序文件</td></tr>
</table>

10.4.10　保存模型文件

小　结

本章对采用 Pro/NC 进行数控加工的基础知识做了简要说明，并对使用该模块进行数控加
工的具体流程做了介绍。

读者应重点掌握制造模型的建立、加工环境（机床、刀具等）的详细设置。只有将加工环
境建立得更加贴近实际生产、更加细致，才能建立更加安全、合理的刀具路径，生成合理的、
能用于实际加工的 NC 程序。否则即使能生成刀具路径乃至数控代码，对于具有不切实际加工
参数的数控代码，也无法进行实际生产，这样的学习也仅仅是一个空中楼阁。

本章最后采用一个实例对加工环境进行了基本设置，希望读者能在此基础上进行练习，举一反三。

习　题

1. 请说明 Pro/NC 加工的一般过程，并注意哪些操作是必须的。
2. 对比分析 Pro/NC 中制造模型、参照模型、工件模型三者之间的区别及联系。
3. 分析 Pro/NC 中的 CL 数据与加工所使用的 NC 代码之间的联系。
4. 请在本章实例的基础上完成外形的精加工。

第11章

铣削加工

【学习目标】

1. 掌握各种铣削方法的创建方法
2. 掌握各种铣削方法的参数设置

11.1 体积块铣削

体积块加工主要适用于零件的粗加工。

体积块加工是指切除用户自定义的体积块范围内的材料获得成型工件的铣削加工方法。在加工过程中，根据用户所设定的体积块与切削层参数，系统进行自动分层，并生成相应的刀具路径。

11.1.1 创建体积块铣削 NC 序列

在菜单管理器中依次选择"加工"→"NC 序列"，进入"辅助加工"菜单管理器，选择"体积块"加工方式，如图 11-1 所示。

在"序列设置"菜单中提供了以下选项。

（1）名称：设置所创建 NC 序列的名称。

（2）注释：对所创建的 NC 序列添加注释信息。

（3）刀具：创建或选择需使用的刀具。

（4）附件：添加刀具附件。

（5）参数：设置加工参数。

（6）坐标系：设置工件坐标系。

（7）退刀：设置退刀平面。

（8）体积：创建或选择铣削体积块。

（9）窗口：创建或选择铣削窗口，此选项与"体积"选项不能同时使用。

（10）封闭环：为"窗口"加工指定封闭环。

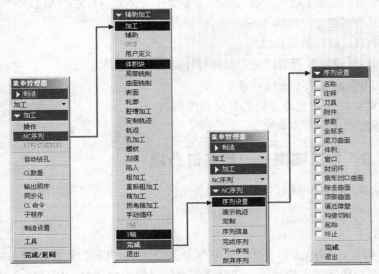

图 11-1　进入体积块铣削

（11）扇形凹口曲面：当在"参数"设置中定义了"侧壁扇形高度"或"底部扇区高度"时，此选项用于选取从扇形计算排除的曲面。

（12）除去曲面：指定要从轮廓加工中排除的体积块曲面，从而不在此曲面上产生刀具路径。

（13）顶部曲面：创建刀具路径时被刀具穿透铣削体积块的曲面。此选项只在体积块的某些顶部曲面与退刀面不平行时才使用。当选择"窗口"选项时，该功能不可用。

（14）逼近薄壁：从"体积块"或"窗口"的侧面外下刀，该选项可以控制不必要的抬刀。

（15）构建切削：访问"构建切削"功能。

（16）起始：指定刀具路径的起始点。

（17）终止：指定刀具路径的终止点。

11.1.2　参数设置

体积块加工参数设定如图 11-2 所示。下面说明其中各参数的具体含义。

（1）"CUT_FEED"：用于设定切削进给速度，即机床的进给速度，也就是机床工作台的进给速度 V。

（2）"步长深度"：用于设定纵向进给步距，即背吃刀量，也就是 Z 轴方向的每刀进给量。

（3）"跨度"：用于设定横向步距，即刀与刀之间的距离。该值一般应该与刀具的有效直径成正比，一般情况下取（0.5～0.8）D（D 是刀具有效直径）。粗加工时可以取 0.9D 以上。

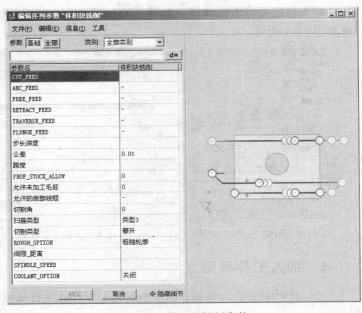

图 11-2　体积块铣削参数

（4）"PROF_STOCK_ALLOW"：用于设定侧向表面的加工余量，需要小于或者等于粗加工余量。

（5）"允许未加工毛坯"：用于设定粗加工余量，该值必须大于或等于"PROF_STOCK_ALLOW"。

（6）"切割角"：用于设定刀具路径与 X 轴的夹角。

（7）"扫描类型"：用于设定刀具路径的拓扑结构。

（8）"ROUGH_OPTION"：用于设定在所生成的刀具路径中是否出现轮廓走刀。

（9）"SPINDLE_SPEED"：用于设定机床主轴转速。

（10）"COOLANT_OPTION"：用于设定冷却液的开启和关闭。

（11）"间隙_距离"：用于设定退刀的安全高度。

11.1.3　加工实例——烟灰缸凸模

下面以一个具体实例来说明采用体积块铣削加工的过程。

1．设置工作目录

新建的工作目录\SAMPLE\CH_11\CNC_01，将第 9 章模具文件\SAMPLE\CH_09\MOLD_04\YHG_MOLD_CORE.PRT 复制到新建的工作目录，将新建工作目录设置为当前工作目录。

2．新建模型文件

在工具条中单击 按钮，新建"Pro/NC"工作文件，如图 11-3 所示。

在打开的对话框中，选择"类型"栏中的"制造"选项，"子类型"栏中的"NC 组件"选项，输入文件名称为：11-01。并按照前面新建文件的办法，取消"使用缺省模板"选项，设置为公制模式，如图 11-4 所示。

3．加入参照模型

在工具栏中单击 按钮，选择"YHG_MOLD_CORE.PRT"作为加工所需的参照模型，结果如图 11-5 所示。

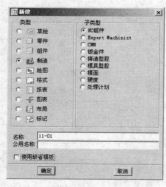

图 11-3　新建 Pro/NC 文件

图 11-4　设置文件选项

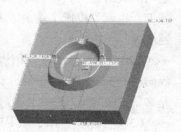

图 11-5　加入的参照模型

4．加入工件模型

在工具栏中单击 按钮，即采用自动方式创建工件模型，具体参数如图 11-6 所示，创建的工件模型如图 11-7 所示。

5. 制造设置

在菜单管理器中直接选择"制造设置"，由于是第一次选择该菜单，系统会自动进入"操作设置"对话框，如图 11-8 所示。

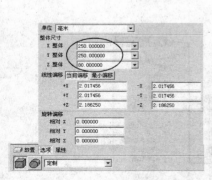

图 11-6　自动创建工件模型参数　　图 11-7　创建的工件模型　　图 11-8　"操作设置"对话框

按图示设置以下制造参数。

（1）操作名称："11-01"。

（2）NC 机床："MACH01"，三轴铣削。

（3）加工零点：选择装配模型坐标系"NC_ASM_DEF_CSYS"。

6. 创建铣削窗口

在工具条中单击 按钮，系统打开如图 11-9 所示的创建铣削窗口操作面板。

图 11-9　创建铣削窗口操作面板

选择工件顶面作为草绘平面，创建出图 11-10 所示的两条边界曲线，并向下拉伸到模型台阶面。创建出的铣削窗口如图 11-11 所示，系统自动命名为"铣削窗口 1"。

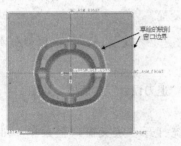

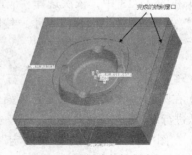

图 11-10　草绘的边界曲线　　　　　图 11-11　创建的铣削窗口

7. 创建加工序列

（1）在菜单管理器中依次选择"加工"→"NC序列"，进入"辅助加工"菜单管理器，选择"体积块"加工方式，如图11-12所示。

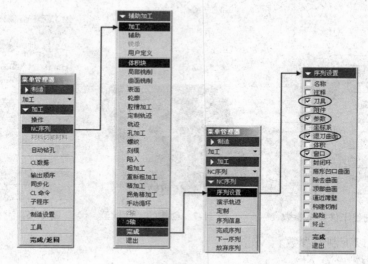

图11-12 体积块铣削

（2）按照图11-12所示，选择其中的"刀具"、"参数"、"退刀曲面"、"窗口"四个选项。单击"完成"后，系统打开"刀具设定"对话框，如图11-13所示，按图示设置所需刀具参数。

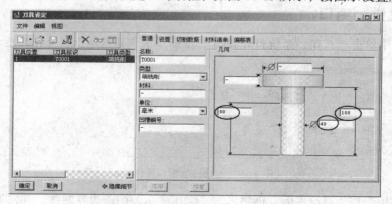

图11-13 "刀具设定"对话框

（3）在图11-13中，依次选择"应用"、"确定"按钮后，系统打开"编辑序列参数'体积块铣削'"对话框，如图11-14所示，按图示参数进行设置。

> **提示** 对于每一种加工方式，系统都有一些参数是必须定义的。对话框中所有缺省值为空白的选项都必须进行设置。

（4）在图11-14中，选择"确定"按钮后，系统打开"退刀设置"对话框，如图11-15所示，按图示参数进行设置退刀平面高度。

（5）在图11-15中，选择"确定"按钮后，系统打开"定义窗口"菜单，如图11-16和图11-17所示。

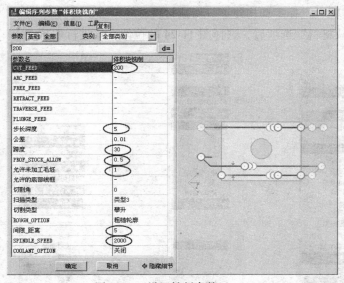

图 11-14　设置铣削参数　　　　　　　图 11-15　退刀设置

选择图 11-11 中创建的"铣削窗口 1"，并单击图 11-17 中的"确定"按钮即可完成定义。

（6）系统完成序列设置后，打开如图 11-18 所示的菜单管理器，选择"演示轨迹"下的"NC 检测"方式进行加工检测。

最后，系统打开 VERICUT 软件，单击其中的"播放演示"按钮，即可对当前加工序列动态演示，结果如图 11-19 所示。

8．切减材料

在 Pro/NC 中，系统无法自动对当前刀具路径进行材料的去除。这样，在进行下一道工序加工时，生成的刀具轨迹仍然是按毛坯进行计算，从而导致计算效率、轨迹优化、数控代码质量等低下。因此，系统专门提供一个切减材料功能，下面具体说明该操作方式。

（1）NC 检测完成后，关闭 VERICUT。

（2）系统返回"NC 序列"菜单，单击"完成序列"选项，如图 11-20 所示。

图 11-16　"定义窗
口"菜单

图 11-17　"选取"菜单　图 11-18　"演示路径"菜单　图 11-19　NC 检测结果　图 11-20　"NC 序列"菜单

（3）按照图 11-21～图 11-23 步骤，选择手动构建进行切减材料。

（4）在图 11-23 中，选择"切减材料"选项后，选择图 11-24 的拉伸方式进行切减。

图 11-21　选择 NC 序列　　图 11-22　选择手动构建方式　　图 11-23　选择切减材料　　图 11-24　拉伸方式切减材料

（5）以顶面草绘图 11-25 所示的截面，完成草绘后设定深度为"26"，切减方向图 11-25 所示。

（6）最后完成拉伸切减材料。

这样切减材料后的工件模型即可作为下一道工序的毛坯，如图 11-26 所示。

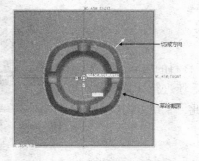 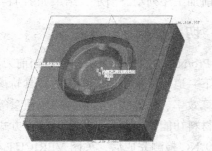

图 11-25　草绘截面和切减方向　　　　　　　图 11-26　切减材料结果

9. 保存文件

至此，本节以一个具体的实例对体积块铣削方式进行了详细说明。由于其中的很多步骤在以后的讲解中有所重复，并且版面受限，因此后续章节对一些重复部分进行了简写，甚至一笔带过。

11.2

局部铣削

局部铣削用于在已经完成的 NC 工序基础上进行进一步加工，起到清理工件转角以及工件底部余量的作用。刀具选择和加工参数设置要有利于后续精加工的顺利进行，保证精加工余量达到设计要求。

11.2.1 创建局部铣削 NC 序列

在菜单管理器中依次选择"加工"→"NC 序列"，进入"辅助加工"菜单管理器，选择局部铣削加工方式，如图 11-27 所示。

11.2.2 参数设置

局部铣削参数设定如图 11-28 所示。其内容与体积块加工的参数设定完全一致，在这里不再赘述。

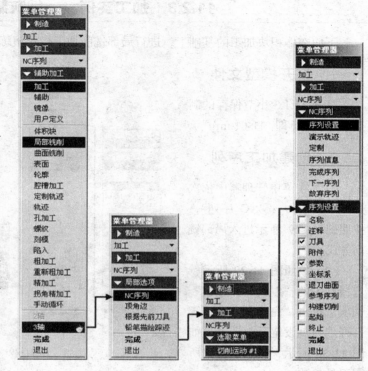

图 11-27 进入局部铣削

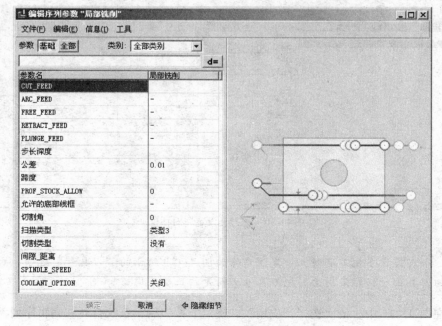

图 11-28 局部铣削参数

11.2.3 加工实例——烟灰缸凸模

下面在体积块加工的基础上，进行局部铣削加工操作演练。

1. 打开模型文件

打开 11.1.3 小节保存的制造模型文件（即"11-01.mfg"）。

2. 创建加工序列

（1）在菜单管理器中依次选择"加工"→"NC 序列"，按照图 11-29 所示进入局部铣削方式。

（2）按照图 11-29 所示，选择其中的"刀具"、"参数"选项。单击"完成"后，系统打开"刀具设定"对话框，如图 11-30 所示，按图示设置所需刀具参数。

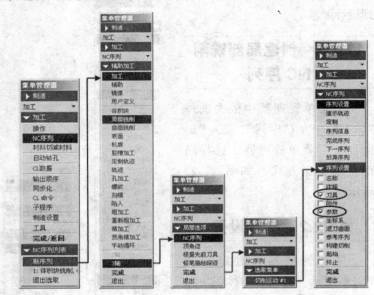

图 11-29 进入局部铣削

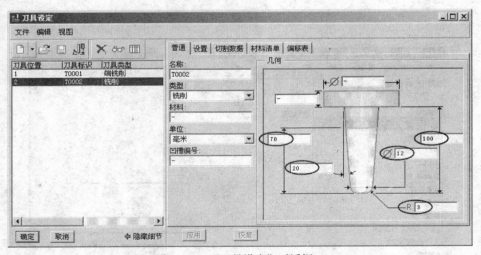

图 11-30 "刀具设定"对话框一

在设定多把刀具时，一定注意修改图 11-31 所示的"刀具号"选项，否则新建的刀具由于仍然采用上一把刀具号，而无法正确应用。

（3）在图 11-31 中，依次选择"应用"、"确定"按钮后，系统打开"编辑序列参数'局部铣削'"对话框，如图 11-32 所示，按图示参数进行设置。

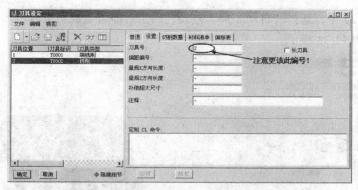

图 11-31　"刀具设定"对话框二

（4）系统完成序列设置后，即可利用 NC 检测方式进行加工检测，检测结果如图 11-33 所示。

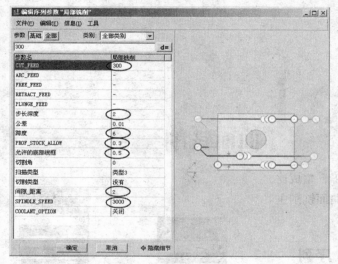

图 11-32　局部铣削参数设置

图 11-33　NC 检测结果

3. 切减材料

（1）NC 检测完成后，关闭 VERICUT。

（2）系统返回"NC 序列"菜单，单击"完成序列"选项，如图 11-34 所示。

（3）按照图 11-35 和图 11-36 所示的步骤，选择自动构建进行切减材料。

图 11-34　"NC 序列"菜单

图 11-35　选择 NC 序列

图 11-36　选择自动构建方式

（4）在图 11-37 中，选择"自动添加"按钮，确定后即可完成切减材料。
最终结果如图 11-38 所示。

图 11-37　拉伸方式切减材料

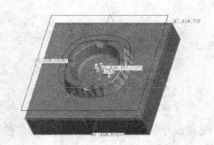

图 11-38　切减材料结果

4. 保存文件

11.3 曲面铣削

曲面铣削能够实现复杂曲面的加工，生成比
较复杂的刀具路径以满足加工精度。曲面铣削主
要分为半精加工和精加工两种形式。

11.3.1　创建曲面铣削 NC 序列

在菜单管理器中依次选择"加工"→"NC
序列"，进入"辅助加工"菜单管理器，选择曲面
铣削加工方式，如图 11-39 所示。

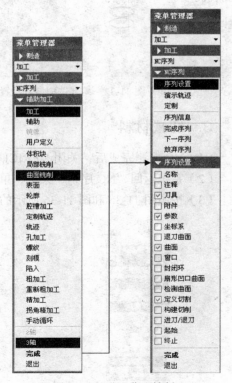

图 11-39　进入曲面铣削

11.3.2　参数设置

　　曲面铣削参数设定如图 11-40 所示。其中大部分参数在前面已经介绍，下面列出新出现参数的含义。

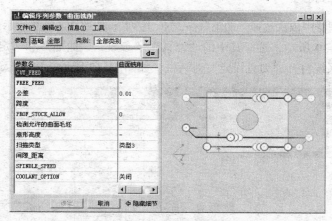

图 11-40　曲面铣削参数

（1）"检测允许的曲面毛坯"：用于设定检测曲面的余量。

（2）"扇形高度"：用于设定曲面的留痕高度。

（3）"带选项"：用于设定刀具的连接方式。

11.3.3　定义切削方式

　　曲面铣削中，系统提供 4 种切削方式，如图 11-41 所示。

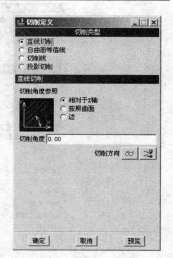

1.　直线切削

　　该方式是以直线切削方式来加工曲面，用户可以指定直线切削路径相对于 X 轴或曲面、某一边的夹角。

2.　自曲面等值线

　　该方式是以等高线切削方式进行切削。

3.　切削线

　　该方式是沿指定的曲线或边进行切削。

4.　投影切削

图 11-41　"切削定义"对话框

　　该方式是按照投影的方式，将加工路径投影到曲面上进行切削加工。

11.3.4　加工实例——烟灰缸凸模

　　在上一节加工的基础上，进行曲面铣削加工。

1. 打开模型文件

打开 11.2.3 小节保存的制造模型文件（即"11-01.mfg"）。

2. 创建加工序列

（1）在菜单管理器中依次选择"加工"→"NC 序列"，按照图 11-39 所示进入曲面铣削方式。

（2）按照图 11-39 所示，选择其中的"刀具"、"参数"、"曲面"和"定义切割"等选项。单击"完成"后，系统打开"刀具设定"对话框，如图 11-42 所示，按图示设置所需刀具参数。

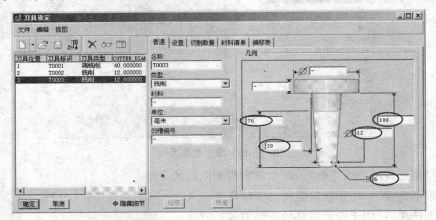

图 11-42　"刀具设定"对话框

（3）设置所需曲面铣削参数，如图 11-43 所示。

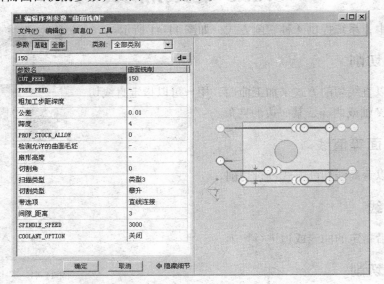

图 11-43　曲面铣削参数

（4）选定铣削曲面，如图 11-44 所示。

（5）指定曲面切削方式。

如图 11-45 所示，选择"自曲面等值线"的曲面铣削方式。

（6）系统完成序列设置后，即可利用 NC 检测方式进行加工检测，检测结果如图 11-46 所示。

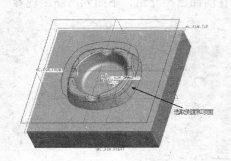

图 11-44 选择铣削曲面   图 11-45 "切削定义"对话框   图 11-46 加工检测结果

3. 保存文件

11.4
腔槽铣削

腔槽铣削加工主要用于腔体类零件的加工，多用于半精加工和精加工，一般不用于粗加工。腔槽铣削加工最大的特点是可以实现一个程序加工完所有腔槽的侧壁和底部，编程方便迅速。

11.4.1 创建腔槽铣削 NC 序列

在菜单管理器中依次选择"加工"→"NC序列"，进入"辅助加工"菜单管理器，选择腔槽加工方式，如图 11-47 所示。

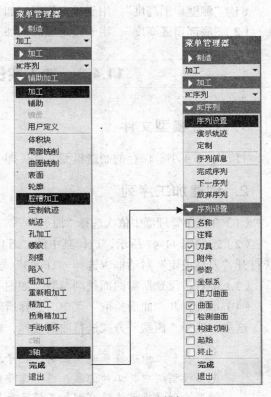

图 11-47 进入腔槽加工

11.4.2 参数设置

腔槽铣削参数设定如图 11-48 所示。其中大部分参数在前面已经介绍，下面列出新出现参数的含义。

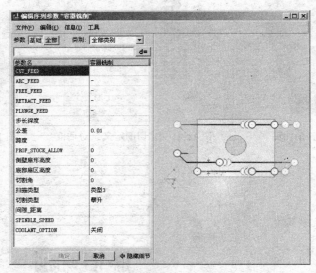

图 11-48 腔槽加工参数

（1）"侧壁扇形高度"：用于设定侧面的加工余量。

（2）"底部扇区高度"：用于设定底部的加工余量。

11.4.3 加工实例——烟灰缸凸模

1．打开模型文件

打开 11.3.4 小节保存的制造模型文件（即"11-01.mfg"）。

2．创建加工序列

（1）在菜单管理器中依次选择"加工"→"NC 序列"，按照图 11-47 所示进入腔槽铣削方式。

（2）按照图 11-47 所示，选择其中的"刀具"、"参数"、"曲面选项"。单击"完成"后，系统打开"刀具设定"对话框，选择"T0003"号刀具。

（3）接着，设置所需曲面铣削参数，如图 11-49 所示。

（4）系统打开"曲面拾取"菜单，选择所需腔槽加工曲面，如图 11-50 所示。

这里，选择"模型"方式进行曲面选择，选择加工的曲面如图 11-51 所示。

在加工中选择模型曲面时，由于外部有工件，不易选中需要的曲面。此时，应先在模型树中将工件隐藏，选中需要曲面后再取消隐藏。如果不取消隐藏，那么在加工检测时将无法观察到加工情况及结果。

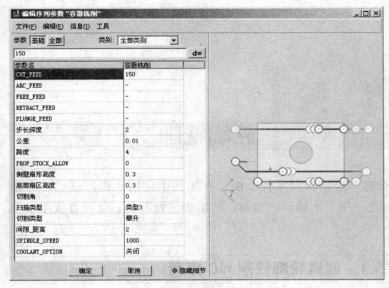

图 11-49 腔槽加工参数

图 11-50 "曲面拾取"菜单

完成加工曲面选择后，即可完成刀具路径的生成。

3. 加工检测

在工具栏中单击  按钮，系统打开"制造工艺表"对话框，如图 11-52 所示。选择其中的"11-01"项目，并单击鼠标右键，选择其中的"NC 检测"选项，系统即调用 VERICUT 软件进行加工检测。

加工检测结果如图 11-53 所示。

图 11-51 选择的曲面

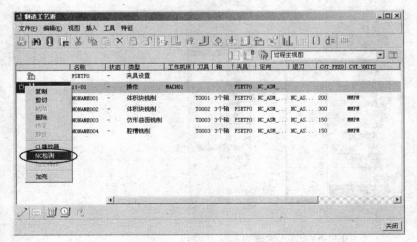

图 11-52 "制造工艺表"对话框

图 11-53 加工检测结果

采用此方法进行加工检测，可以连续加工"11-01.mfg"中所包含的所有 NC 序列，不进行材料切减操作。当然，用户也可以选择其中某一个 NC 序列进行加工检测。

4. 保存文件

11.5

轮廓铣削

　　轮廓铣削加工用于加工具有一定形状的零件表面,在实践中应用比较广泛。轮廓铣削加工主要用于曲面的半精加工,用于去掉侧向余量,给精加工做准备;也可直接用于精加工。

11.5.1　创建轮廓铣削 NC 序列

　　在菜单管理器中依次选择"加工"→"NC 序列",进入"辅助加工"菜单管理器,选择"轮廓"铣削加工方式,如图 11-54 所示。

图 11-54　进入轮廓加工

11.5.2　参数设置

　　轮廓铣削参数设定如图 11-55 所示。其中大部分参数在前面已经介绍,下面列出新出现参数的含义。

（1）"检测允许的曲面毛坯"：用于设定检测曲面的余量。

（2）"侧壁扇形高度"：用于设定侧壁曲面的加工余量。

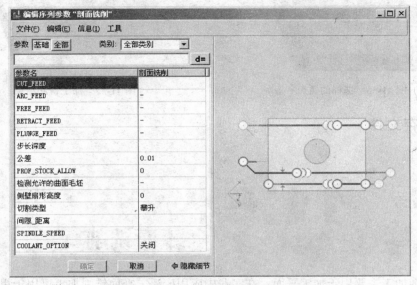

图 11-55 轮廓加工参数

11.5.3 加工实例——烟灰缸凸模

1. 打开模型文件

打开 11.4.3 小节保存的制造模型文件（即"11-01.mfg"）。

2. 创建加工序列

（1）在菜单管理器中依次选择"加工"→"NC 序列"，按照图 11-54 所示进入轮廓铣削方式。

（2）按照图 11-54 所示，选择其中的"刀具"、"参数"、"曲面"选项。单击"完成"后，系统打开"刀具设定"对话框，选择"T0003"号刀具。

（3）设置所需曲面铣削参数，如图 11-55 所示。

（4）系统打开"曲面拾取"菜单选择所需轮廓加工曲面。

这里，操作方式与腔槽加工的选取类似。选择"模型"方式进行曲面选择，选择加工的曲面如图 11-56 所示。

3. 加工检测

最后，利用制造工艺表，对生成的 NC 序列进行加工检测，结果如图 11-57 所示。

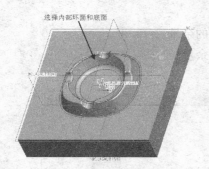

图 11-56　选择的曲面

图 11-57　加工检测结果

4. 保存文件

保存文件。

11.6

平面铣削

平面铣削加工主要用于加工平面，在实践中应用广泛。平面铣削加工可用于粗、精加工，也可以用于铣削腔槽的底平面。

11.6.1　创建平面铣削 NC 序列

在菜单管理器中依次选择"加工"→"NC 序列"，进入"辅助加工"菜单管理器，选择"表面"铣削加工方式，如图 11-58 所示。

11.6.2　参数设置

平面铣削参数设定如图 11-59 所示。其中大部分参数在前面已经介绍，下面列出新出现参数的含义：

（1）"允许的底部线框"：用于设定底部的加工余量。

（2）"APPROACH_DISTANCE"：用于设定下刀点离工件的距离。

（3）"退刀_距离"：用于设定退刀距离。

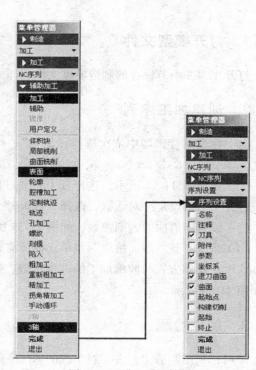

图 11-58　进入平面铣削

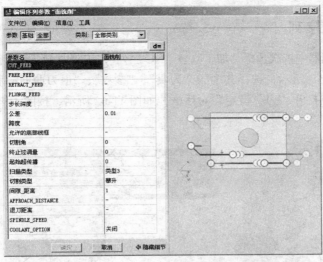

图 11-59　平面铣削参数

11.6.3　加工实例——烟灰缸凹模

下面以烟灰缸的凹模来说明平面铣削加工的一般过程。

1．设置工作目录

新建工作目录\SAMPLE\CH_11\CNC_02，将第 9 章模具文件\SAMPLE\CH_09\MOLD_04\YHG_MOLD_CAVITY.PRT 复制到新建的工作目录，将新建工作目录设置为当前工作目录。

2．新建模型文件

按照前面的办法新建制造模型文件"11-02.mfg"。

3．加入参照模型

在工具栏中单击 按钮，选择"YHG_MOLD_CAVITY.PRT"作为加工所需的参照模型。结果如图 11-60 所示。

4．创建工件模型

创建的工件模型如图 11-61 所示。由于要加工顶面，因此需要将顶面扩展一定的加工余量，此处预留 2 mm。

5．制造设置

按照 11.1.3 小节的方法设置机床、坐标系等，此处不再赘述。

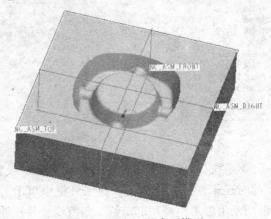

图 11-60　加入的参照模型

6. 创建 NC 序列

（1）在菜单管理器中依次选择"加工"→"NC 序列"，按照图 11-58 所示进入平面铣削方式。

（2）按照图 11-58 所示，选择其中的"刀具"、"参数"、"退刀曲面"和"曲面"选项。单击"完成"后，系统打开"刀具设定"对话框，如图 11-62 所示，按图示设置所需刀具参数。

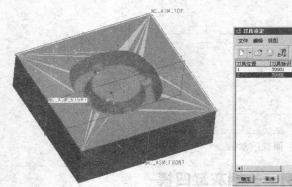

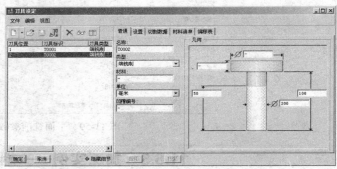

图 11-61　创建的工件模型　　　　　　　　　　图 11-62　"刀具设定"对话框

（3）设置所需平面铣削参数，如图 11-63 所示。

（4）按图 11-64 所示设置所需退刀平面铣削参数。

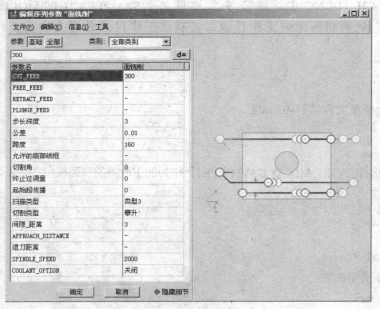

图 11-63　平面铣削参数　　　　　　　　　　图 11-64　设置退刀平面

（5）系统打开"曲面拾取"菜单管理器，设置铣削曲面，如图 11-65 所示。

此时还未创建铣削曲面，在工具栏中单击 按钮，采用拉伸的办法创建铣削曲面。按图 11-66 所示沿参考模型顶部草绘一条直线，并拉伸到侧面，创建的铣削曲面如图 11-67 所示。创建完成后选取该曲面即可。

（6）系统打开如图 11-68 所示的"方向"菜单，选择"正向"即可完成 NC 序列的创建。

图 11-65　选择铣削曲面

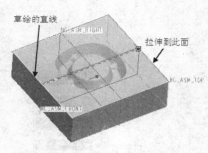

图 11-66　拉伸铣削平面

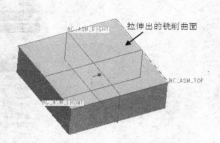

图 11-67　创建的铣削平面

7. 加工检测

加工检测结果如图 11-69 所示。

图 11-68　选择铣削方向

图 11-69　加工检测结果

8. 保存文件

11.7 粗加工铣削

粗加工用于高效率切除零件表面的加工余量。Pro/NC 可以迅速完成模型的粗加工刀具路径，生成粗加工程序。

11.7.1　创建粗加工 NC 序列

在菜单管理器中依次选择"加工"→"NC 序列"，进入"辅助加工"菜单管理器，选择粗加工方式，如图 11-70 所示。

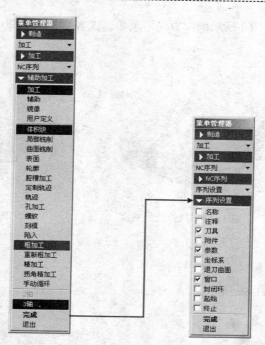

图 11-70　进入粗加工

11.7.2　参数设置

粗加工参数设定如图 11-71 所示。其中大部分参数在前面已经介绍，下面列出新出现参数的含义。

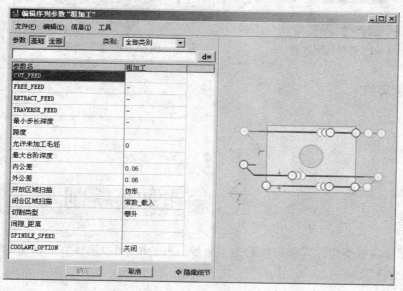

图 11-71　粗加工参数

（1）"最大台阶深度"：用于设定 Z 轴的最大进给量。

（2）"最小步长深度"：用于设定 Z 轴的最小进给量。一般不用设置，软件会自动根据模型来设置最小 Z 轴进给量。

（3）"开放区域扫描"：设定开放区域刀路的拓扑结构。

（4）"闭合区域扫描"：设定闭合区域刀路的拓扑结构。

11.7.3　加工实例——烟灰缸凹模

1．打开模型文件

打开 11.6.3 小节保存的制造模型文件（即"11-02.mfg"）。

2．创建加工序列

（1）在菜单管理器中依次选择"加工"→"NC 序列"，按照图 11-70 所示进入粗加工铣削方式。

（2）按照图 11-70 所示，选择其中的"刀具"、"参数"及"窗口"选项。单击"完成"后，系统打开"刀具设定"对话框，如图 11-72 所示，按图示设置所需刀具参数。

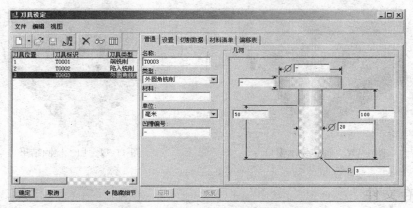

图 11-72　"刀具设定"对话框

（3）确定刀具设置后，系统打开"编辑序列参数'粗加工'"对话框，如图 11-73 所示，按图示参数进行设置。

（4）完成参数设置后，系统打开"定义窗口"菜单管理器，如图 11-74 所示。

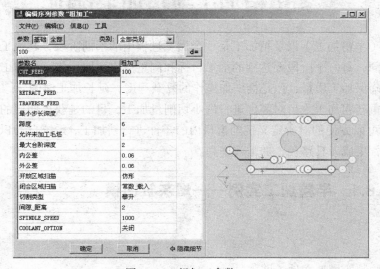

图 11-73　粗加工参数

图 11-74　定义窗口

此时，在工具条中单击 按钮，创建铣削窗口。系统打开图 11-75 的操作面板，按图所示选择其中的"切线链"的定义方式，并拾取图 11-76 所示的边界作为链，这样即可快速创建出铣削窗口。

3. 加工检测

加工检测结果如图 11-77 所示。

图 11-75　定义窗口操作面板

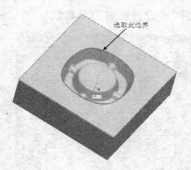

图 11-76　创建铣削窗口

图 11-77　加工检测结果

4. 保存文件

11.8 半精加工与精加工铣削

粗加工、重新粗加工（半精加工）以及精加工是一个加工过程中的不同阶段，其加工轨迹类似，但是切削参数不相同，每一个阶段要达到的加工目标和侧重点也不同。将一个加工过程划分为多个加工阶段可以确保加工质量，但是会增加操作的复杂程度，延长加工时间。

精加工是在粗加工和重新粗加工之后对零件进行的小切削量加工，目的是获得期望的尺寸精度和表面质量。Pro/NC 可以方便的对所定义铣削窗口内的零件进行精加工，系统自动识别所创建铣削窗口内零件形状，生成刀具路径，加工效率高。

11.8.1　半精加工实例——烟灰缸凹模

1. 打开模型文件

打开 11.7.3 小节保存的制造模型文件（即"11-02.mfg"）。

2. 创建加工序列

（1）在菜单管理器中依次选择"加工"→"NC序列"，按照图11-78所示进入"重新粗加工"铣削方式。

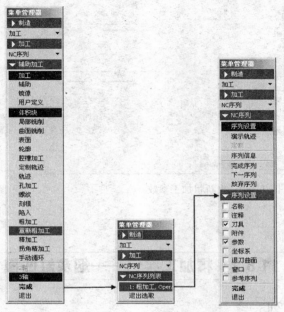

图 11-78　进入"重新粗加工"

（2）按照图11-78所示，选择其中的"刀具"、"参数"选项。单击"完成"后，系统打开"刀具设定"对话框，如图11-79所示，按图示设置所需刀具参数。

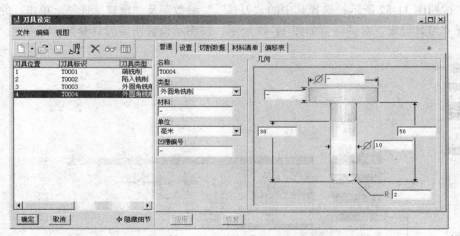

图 11-79　"刀具设定"对话框

（3）按照图11-80所示设置加工参数。

3. 加工检测

加工检测结果如图11-81所示。

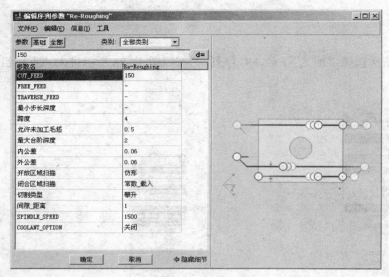

图 11-80　重新粗加工参数　　　　　图 11-81　加工检测结果

4. 保存文件

11.8.2　精加工实例——烟灰缸凹模

1. 创建加工序列

（1）在菜单管理器中依次选择"加工"→"NC 序列"，按照图 11-82 所示进入"精加工"铣削方式。

（2）按照图 11-82 所示，选择其中的"刀具"、"参数"及"窗口"选项。单击"完成"后，系统打开"刀具设定"对话框，如图 11-83 所示，按图示设置所需刀具参数。

图 11-82　进入精加工

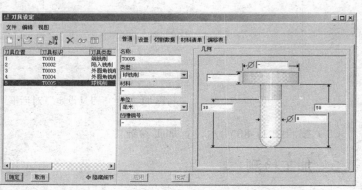

图 11-83　"刀具设定"对话框

（3）按照图 11-84 所示设置加工参数。

2. 加工检测

加工检测结果如图 11-85 所示。

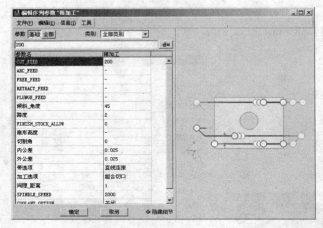

图 11-84　刀具参数

图 11-85　加工检测结果

3. 保存文件

保存文件。

11.9 综合实例

前面各小节简单介绍了 Pro/NC 模块中常用的铣削加工方法。除此之外，系统还提供了其他一些铣削方法。虽然这些铣削方法在功能上具有一定的差异，但是其操作过程具有一定的相似性。由于篇幅受限，本书就不再一一讲述，请读者多加练习，举一反三。

下面，以一个综合实例进行加工演练。

1. 设置工作目录

新建工作目录\SAMPLE\CH_11\CNC_03，并将该目录设置为当前工作目录。

2. 新建模型文件

按照前面的办法新建制造模型文件"11.mfg"。

3. 加入参照模型

在工具栏中单击 按钮，选择"restmill_mm.PRT"作为加工所需的参照模型，结果如图 11-86 所示。

4. 创建工件模型

在工具栏中单击 🖳 按钮，即采用自动方式创建工件模型，创建的工件模型如图 11-87 所示。

5. 制造设置

需要设置以下制造参数，如图 11-88 所示。

图 11-86　加入的参照模型　　图 11-87　创建的工件模型　　　　图 11-88　"操作设置"对话框

（1）操作名称：11。

（2）NC 机床：MACH01，三轴铣削。

（3）加工零点：采用新建坐标系，创建过程如图 11-89、图 11-90 所示，结果如图 11-91 中的 ACS1。

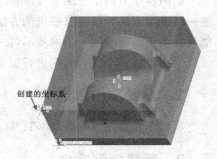

图 11-89　"制造坐标系"菜单　　图 11-90　"坐标系"对话框　　　　图 11-91　创建的坐标系

必须满足数控机床坐标系建立原则（Z 轴向上为正，X 轴朝右为正）。

6. 粗加工——体积块铣削

（1）在菜单管理器中依次选择"加工"→"NC 序列"，按照图 11-92 所示进入体积块加工铣削方式。

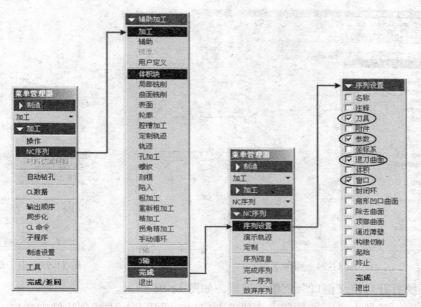

图 11-92 进入体积块加工

（2）按照图 11-92 所示，选择其中的"刀具"、"参数"、"退刀曲面"以及"窗口"选项。单击"完成"后，系统打开"刀具设定"对话框，如图 11-93 所示，按图示设置所需刀具参数。

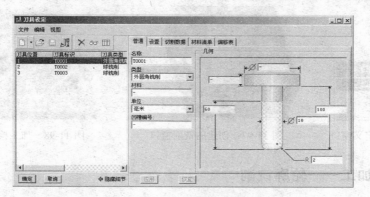

图 11-93 "刀具设定"对话框

（3）确定刀具设置后，系统打开"编辑序列参数'粗加工'"对话框，如图 11-94 所示，按图示参数进行设置。

① "CUT_FEED"：200。

② "步长深度"：2。

③ "跨度"：8。

④ "PROF_STOCK_ALLOW"：1。

⑤ "允许未加工毛坯"：1。

⑥ "允许底部线框"：0。

⑦ "间隙_距离"：5。

⑧ "SPINDLE_SPEED"：2000。

（4）完成参数设置后，系统打开"退刀设置"对话框，设置退刀高度为"10"，如图 11-95 所示。

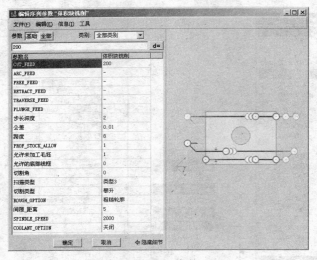

图 11-94　粗加工参数　　　　　　　　　图 11-95　退刀设置

（5）系统打开"定义窗口"菜单管理器，如图 11-96 所示。

此时，在工具条中单击 按钮，创建铣削窗口。采用草绘方式创建铣削窗口，创建的铣削窗口如图 11-97 所示。为了防止周边留下残料，其每边超过工件 5 mm。

（6）加工检测结果如图 11-98 所示。

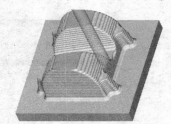

图 11-96　定义窗口　　　　图 11-97　创建的铣削窗口　　　　图 11-98　加工检测结果

7.　半精加工——轮廓铣削

（1）在菜单管理器中依次选择"加工"→"NC 序列"，按照图 11-99 所示进入"轮廓"铣削加工铣削方式。

（2）按照图 11-99 所示，选择其中的"刀具"、"参数"及"曲面"选项，单击"完成"后，系统打开"刀具设定"对话框，设置直径为 8 mm 的球头铣刀。

（3）设置以下加工参数。

① "CUT_FEED"：250。

② "步长深度"：1。

③ "PROF_STOCK_ALLOW"：0.5。

④ "允许未加工毛坯"：1。

⑤ "间隙_距离"：5。

⑥ "SPINDLE_SPEED"：2 500。

（4）完成刀具序列。

（5）在菜单管理器中选择"处理管理器"，系统打开"制造工艺表"对话框，如图 11-100 所示。选择其中的操作条目，按鼠标右键选择其中的"NC 检测"选项，进行加工检测，结果如图 11-101 所示。

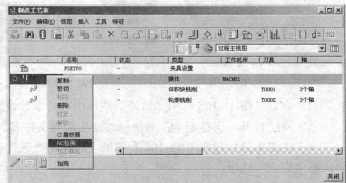

图 11-99　进入轮廓铣削　　　　　　　　图 11-100　　"制造工艺表"对话框

8. 精加工——精加工铣削

（1）在菜单管理器中依次选择"加工"→"NC 序列"，按照图 11-102 所示进入"精加工"铣削方式。

（2）按照图 11-102 所示，选择其中的"刀具"、"参数"及"窗口"选项，单击"完成"后，系统打开"刀具设定"对话框，设置直径为 4 mm 的球头铣刀。

（3）设置以下加工参数。

① "CUT_FEED"：200。

② "跨度深度"：1。

③ "间隙_距离"：5。

④ "SPINDLE_SPEED"：3 000。

⑤ 完成刀具序列。

⑥ 对所生成的刀具路径进行加工检测，结果如图 11-103 所示。

9. 后处理——生成数控代码

（1）在菜单管理器中依次选择"制造"→"CL 数据"→"输出"→"选取一"→"操作"→"11"选项，如图 10-104 所示。

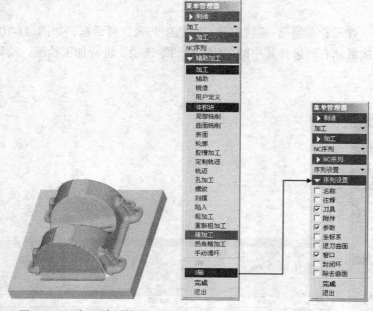

图 11-101　加工检测结果　　　　图 11-102　进入精加工　　　　图 11-103　加工检测结果

（2）在打开图 11-105 所示"轨迹"菜单中进行参数设置，设置后选择"完成"选项。

（3）系统打开"保存副本"对话框，使用缺省文件名"11.ncl"保存数据即可。

（4）接着系统打开如图 11-106 所示的"后置期处理选项"菜单，按图中所示进行设置，然后选择"完成"选项。

（5）打开如图 11-107 所示的"后置处理列表"菜单，选择"UNCX01.P11"选项，系统打开处理信息窗口以显示后处理的相关信息。

（6）到此，所有的后置处理完成。用户可以在工作目录中用记事本打开生成的 NC 代码文件"11.tap"。

图 11-104　"CL 数据"　　图 11-105　"轨迹"　　图 11-106　"后置期处理　　图 11-107　选择后置

菜单　　　　　　　菜单　　　　　　　选项"菜单　　　　　　处理器

10. 保存模型文件

小　结

　　铣削加工是应用最广泛的一种机械加工方法，可以加工的表面种类多，加工效率高。本章结合设计实例介绍了 Pro/NC 下的部分铣削加工方法。这些加工方法既可以实现对不同零件表面的加工，例如平面、曲面、腔槽、孔以及螺纹的加工等，还可以使用不同的切削用量分工序对零件进行加工，例如粗加工、重新粗加工（半精加工）和精加工。

　　各种铣削方法虽然在功能上具有一定的差异，但是其设计过程具有一定的相似性。大体都要经过创建制造模型、创建工件、机床设置、操作设置、创建 NC 序列、刀具路径模拟以及后置处理等阶段。请读者在学习过程中注意总结。

　　本章最后采用一个实例对整个加工过程进行了操作，希望读者能在此基础上进行练习，举一反三。

习　题

1. 采用体积块、局部铣削加工图 11-108 所示的型腔。
2. 采用曲面铣削加工图 11-109 所示的瓶盖模型。
3. 采用粗加工、重新粗加工及精加工等方法加工图 11-110 所示的型腔。

图 11-108　习题 1

图 11-109　习题 2

图 11-110　习题 3

【学习目标】

1. 掌握各种类型孔的加工方法
2. 掌握 FANUC 系统中孔加工固定循环指令
3. 掌握各种孔加工方法的参数设置

12.1 孔加工类型简介

现代机械制造工业中，金属切削加工是使用极其广泛的一种机械加工方法。几乎所有零件都需要加工孔，其工作量约占金属切削加工的 40%。

在菜单管理器中依次选择"加工"→"NC 序列"，进入"辅助加工"菜单管理器，选择"孔加工"方式，如图 12-1 所示。

在进行孔加工时，需要考虑孔径、孔深、孔公差、表面质量以及孔的结构等要求。不同要求的孔需要采用不同的孔加工方法。在图 12-1 所示的"孔加工"菜单管理器中，系统提供了以下几种孔加工方式。

12.1.1 钻孔

钻孔加工（Drilling）是利用钻头在工件上钻出一个孔。钻孔的公差等级为 IT10 以下，表面粗糙度为 Ra12.5 μm，多用于粗加工孔。

如图 12-1 所示，在 Pro/NC 中提供了以下几种钻孔方式。

（1）"标准"：系统默认选项。相当于普通加工中的直钻，主要用于钻削普通浅孔。在后置处理文件中对应的固定循环代码为 G81（Fanuc 系统，以下相同）。

（2）"深"：深孔加工。主要用于加工深孔（一般认为孔深与直径之比大于 3 倍的为深孔）。

采用断续进给加工方式，每次钻削固定的深度并回退一定的距离，但不退出工件。在后置处理文件中对应的固定循环代码为 G83。

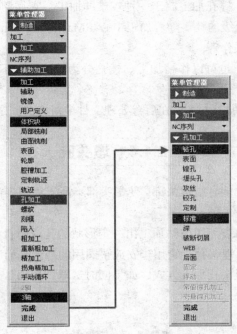

图 12-1　进入体积块铣削

该方式下有常值深孔加工和变量深孔加工两种方式。其中，常值深孔加工方式采用固定深度断续进给；而变量深孔加工方式需要采用深孔加工表进行控制。

（3）"破断切削"：深孔加工。属于断续进给的深孔加工，每次钻削固定的深度并退出工件到快进高度。在后置处理文件中对应的固定循环代码为 G73。

（4）"WEB"：多孔加工。用于加工等间距布置的多个孔。在钻孔时刀具以进给速度移动，在孔间快速进给运动，并定位到下一个孔的上方。

（5）"后面"：该循环允许使用特殊类型的刀具执行背面镗孔和埋头孔的加工。

"后面"选项必须指定起始（即［U1］后面）或 Z 深度，然后选取一个曲面或输入偏移值来定义钻孔深度。其偏移将自动指向 Z 轴正方向。

12.1.2　表面

在孔加工时，有时为了保证孔底部的表面质量，需要在加工时暂停一定的时间。

在 Pro/NC 中提供此种孔加工方式，即图 12-1 中的【表面】加工方式。该加工在后置处理文件中对应的固定循环代码为 G82。

12.1.3　镗孔

镗孔加工（Boring）是指将工件上原有的孔进行扩大或精化。它的特征是修正孔的偏心，获得精确的孔位置，取得高精度的圆度、圆柱度和表面光洁度。镗孔加工作为一种高精度加工方法往往被使用在最后的工序上。例如，各种机器的轴承孔以及各种发动机的箱体、箱盖的加工等。

与其他机械加工相比，镗孔加工属于一种较难的加工。它靠调节一枚刀片（或刀片座）加工出像 H7、H6 这样的微米级的孔。随着加工中心（Machining Center）的普及，现在的镗孔加工只需要进行编程、按钮操作等。

镗孔既可以作粗加工，也可以作精加工。镗孔分为镗通孔和不通孔［U2］。粗镗和精镗内孔时也要进行试切和试测。

在 Pro/NC 中提供镗孔加工方式，在后置处理文件中对应的固定循环代码为 G86。

12.1.4　埋头孔

将螺栓孔上部扩大使之能容纳螺头部，使螺头部不高于周围表面，称埋头孔，也叫沉头孔，它有直筒型和 90° 扩孔两种结构。

另外，有时需要在孔口表面用锪钻加工出一定形状的孔或凸台的平面，称为锪孔。例如，锪圆柱形埋头孔、锪圆锥形埋头孔、锪用于安放垫圈用的凸台平面等。

在 Pro/NC 中也提供埋头孔加工方式，如果同时选取"后面"选项和"埋头孔"选项，系统将执行背面埋头孔加工。

12.1.5　攻丝

在一般生产加工中，螺纹的加工方式多采用攻丝这种传统工艺。大批量、普通硬度、小螺纹（$D < 38$ mm）等都选用丝锥在孔壁上切削出内螺纹。

攻丝属于比较困难的加工工序，这是因为丝锥几乎是被埋在工件中进行切削的，其每齿的加工负荷比其他刀具都要大，并且丝锥沿螺纹与工件接触面非常大。切削螺纹时丝锥必须容纳并排除切屑。因此，可以说丝锥是在很恶劣的条件下工作的。为了使攻丝顺利进行，应事先考虑可能出现的各种问题，如工件材料的性能如何、选择什么样的刀具及机床、选用多高的切削速度、选用多大的进给量等。

在 Pro/NC 中提供以下两种攻丝方式。

（1）"固定"攻丝：进给速度由螺距和主轴速度组合确定，在后置处理文件中对应的固定循环代码为 G84。

（2）"浮动"攻丝：允许使用参数"浮动攻丝因子"调整进给速度，在后置处理文件中对应的固定循环代码为 G84。

12.1.6　铰孔

铰孔是用铰刀从工件壁上切除微量金属层，以提高孔的尺寸精度和表面质量的加工方法。铰孔是应用较普遍的孔的精加工方法之一，其加工精度为 IT6～IT7 级，表面粗糙度 Ra 为 0.4～0.8 μm。铰孔前工件应经过钻孔——扩孔（或镗孔）等加工。

铰孔时铰刀不能倒转，否则会卡在孔壁和切削刃之间，使孔壁划伤或切削刃崩裂。要常用适当的冷却液来降低刀具和工件的温度，防止产生切屑瘤，并减少切屑细末黏附在铰刀和孔壁上，从而提高孔的质量。

在 Pro/NC 中也提供铰孔加工方式，在后置处理文件中对应的固定循环代码为 G85。

针对前面介绍的各种加工方法，在孔加工中使用的各类刀具及适用类型如表 12-1 所示。

表 12-1　　　　　　　　　　各类刀具及适用加工类型

刀　　具	加 工 类 型									
	钻　孔					表面	镗孔	埋头孔	攻丝	铰孔
	标准	深孔	断屑	WEB	后面					
钻头	●	●	●	●		●	●	●		●
埋头孔刀具	●	●	●	●		●	●	●		●
丝锥									●	
铰刀	●	●	●	●		●	●	●		●
镗刀						●	●	●		●
中心钻	●	●	●	●		●	●	●		●
背面定位钻					●					
端铣刀	●	●	●	●		●	●			●

12.2
孔加工固定循环指令

在数控编程中，常用的孔加工固定循环指令能完成工件的钻孔、攻螺纹和镗孔等。这些循环通常包括下列 6 个基本操作动作，如图 12-2 所示。

（1）在 XY 平面定位；

（2）快速移动到 R 平面；

（3）孔的切削加工；

（4）孔底动作；

（5）返回到 R 平面；

（6）返回到起始点。

图 12-2 中实线表示切削进给，虚线表示快速运动。R 平面为在孔口时快速运动与进给运动的转换位置。

为了提高编程效率和代码质量，数控系统一般都将上述 6 个动作做成一个固定循环，即一个 G 代码就可以实现固定、连续的孔加工。本书仅以 FANUC 系统中的固定循环功能为例进行说明。

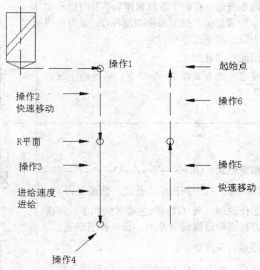

图 12-2　孔加工固定循环动作示意图

编程格式为 G90/G91、G98、G99、G73～G89、X、Y、Z、R、Q、P、F、K。

G90/G91——绝对坐标编程或增量坐标编程。

G98——返回起始点。

G99——返回 R 平面。

G73～G89——孔加工方式，如钻孔加工、高速深孔钻加工、镗孔加工等。

X、Y——孔的位置坐标。

Z——孔底坐标。

R——安全面（R 面）的坐标。增量方式时，为起始点到 R 面的增量距离；在绝对方式时，为 R 面的绝对坐标。

Q——钻孔时，表示每次切削深度；镗孔时，表示让刀距离。

P——孔底的暂停时间。

F——切削进给速度。

K——规定重复加工次数。

下面分别针对钻孔、镗孔、攻螺纹等指令进行详细介绍。

12.2.1　钻孔

FANUC 系统提供 G73/G83、G81/G82 等 4 个钻孔加工指令，具体使用方法如表 12-2 所示。

表 12-2　　　　　　　　　　　　　钻孔指令

指　令　说　明	图　　示
指令格式：G73 X---Y---Z---Q---R---F---K--- 加工方式：中间进给、孔底、快速退刀。 工作说明：G73 用于深孔钻削，在钻孔时采取间断进给，有利于断屑和排屑。右图所示中的 q 为增量值，指定每次切削深度。d 为排屑退刀量，由系统参数设定。 用途：深孔加工。 注意：此方式在 Pro/NC 下，后处理生成为 G83	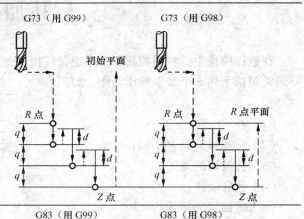
指令格式：G83 X---Y---Z---Q---R---F---K--- 加工方式：中间进给、孔底、快速退刀。 工作说明：与 G73 的主要区别在于：每次退刀排屑均退回到 R 平面，保证排屑畅通。 用途：深孔加工。 注意：此方式在 Pro/NC 下，后处理生成为 G73	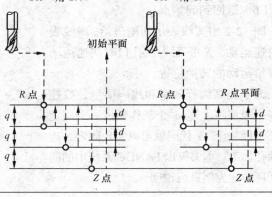

指 令 说 明	图 示
指令格式：G81 X---Y---Z---R---F---K--- 加工方式：进给、孔底、快速退刀。 工作说明：G81 直接从 *R* 平面加工到孔底平面，并采用快速回退方式进行退刀。 用途：钻普通直孔、底孔、引导孔等	
指令格式：G82 X---Y---Z---R---F---K--- 加工方式：进给、孔底、快速退刀。 工作说明：G82 直接从 *R* 平面加工到孔底平面，在孔底暂停一定时间，然后采用快速回退方式进行退刀。 用途：锪孔、镗阶梯孔、埋头孔等	

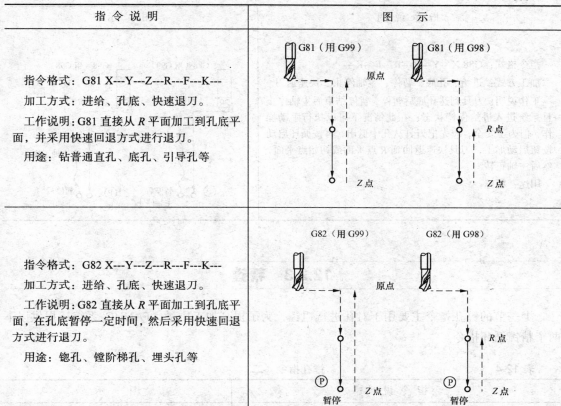

12.2.2 镗孔

用镗刀对孔进行加工以创建高精度孔。FANUC 系统中提供了以下几个镗孔加工固定循环，如表 12-3 所示。

表 12-3　　　　　　　　　　　　　　　镗孔指令（一）

指 令 说 明	图 示
指令格式：G86 X---Y---Z---R---F---K--- 加工方式：进给、孔底、主轴停止、快速退刀。 工作说明：加工到孔底后主轴停止，返回初始平面或 *R* 点平面后，主轴再重新启动。 用途：粗镗	

续表

指 令 说 明	图 示
指令格式：G88 X---Y---Z---R---F---K--- 加工方式：进给、孔底、暂停、主轴停止、快速退刀。 工作说明：刀具到达孔底后暂停，暂停结束后主轴停止且系统进入进给保持状态；在此情况下可以执行手动操作，但为了安全，应先把刀具从孔中退出，再按循环启动按钮启动加工，刀具快速返回到 R 点平面或初始点平面，然后主轴正转。 用途：粗镗	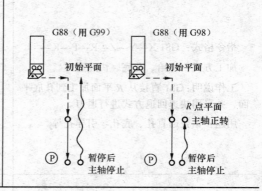

12.2.3　精镗

上一节的镗孔指令主要用于对孔进行粗镗，为了提高加工质量，FANUC 系统还提供以下两个精镗循环指令。

表 12-4　　　　　　　　　　　镗孔指令（二）

指 令 说 明	图 示
指令格式：G85 X---Y---Z---R---F---K--- 加工方式：中间进给、孔底、工退。 工作说明：刀具以切削进给的方式加工到孔底，然后又以切削进给的方式返回 R 点平面。 用途：精镗、铰孔	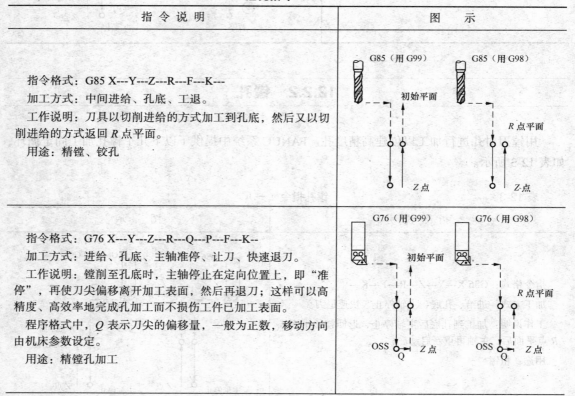
指令格式：G76 X---Y---Z---R---Q---P---F---K-- 加工方式：进给、孔底、主轴准停、让刀、快速退刀。 工作说明：镗削至孔底时，主轴停止在定向位置上，即"准停"，再使刀尖偏移离开加工表面，然后再退刀；这样可以高精度、高效率地完成孔加工而不损伤工件已加工表面。 程序格式中，Q 表示刀尖的偏移量，一般为正数，移动方向由机床参数设定。 用途：精镗孔加工	

续表

指 令 说 明	图　示
指令格式：G89 X---Y---Z---R---F---K--- 加工方式：进给、孔底、暂停、工退。 工作说明：与 G85 相比，G89 指令在孔底增加了暂停，提高了阶梯孔台阶表面的加工质量。 用途：精镗阶梯孔	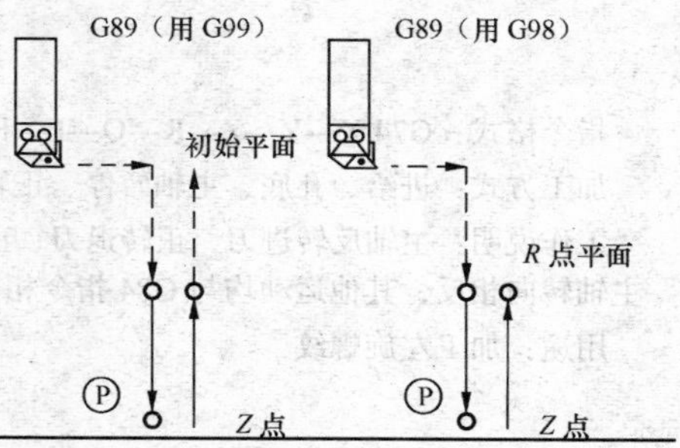

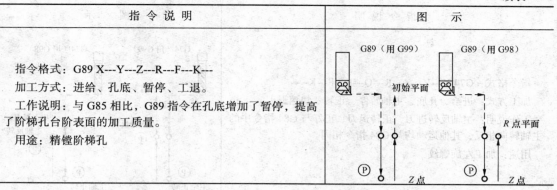

12.2.4 反镗孔

指令格式：G87 X---Y---Z---R---F---K---

加工方式：进给、孔底、主轴正转、快速退刀。

工作说明：

X 轴和 *Y* 轴定位后，主轴停止，刀具以与刀尖相反方向按指令 Q 设定的偏移量偏移，并快速定位到孔底，在该位置刀具按原偏移量返回，然后主轴正转，沿 *Z* 轴正向加工到 *Z* 点，在此位置主轴再次停止后，刀具再次按原偏移量反向位移，然后主轴向上快速移动到达初始平面，并按原偏移量返回后主轴正转，继续执行下一个程序段。采用这种循环方式，刀具只能返回到初始平面而不能返回到 *R* 点平面，如图 12-3 所示。

用途：

反镗孔。

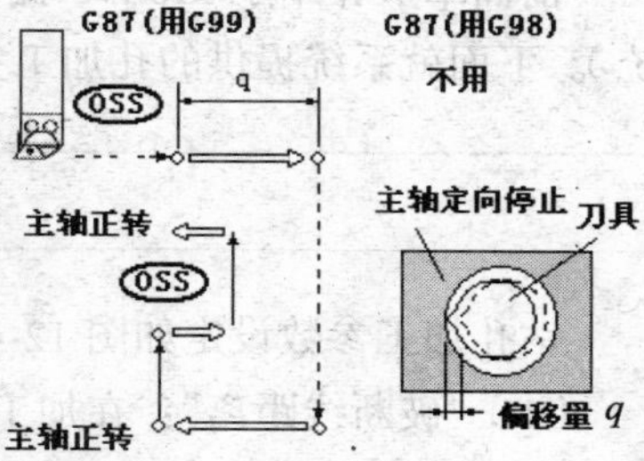

图 12-3　G87 循环动作

12.2.5 攻丝

FANUC 系统中提供了攻右旋螺纹和左旋螺纹两个循环，具体使用如表 12-5 所示。

表 12-5　　攻丝指令

指 令 说 明	图　示
指令格式：G84 X---Y---Z---R---P---F---K--- 加工方式：进给、孔底、主轴反转、快速退刀。 工作说明：向下切削时主轴正转，孔底动作是变正转为反转，再退出。*F* 表示导程，在 G84 切削螺纹期间速率修正无效，移动将不会中途停顿，直到循环结束。 用途：加工右旋螺纹	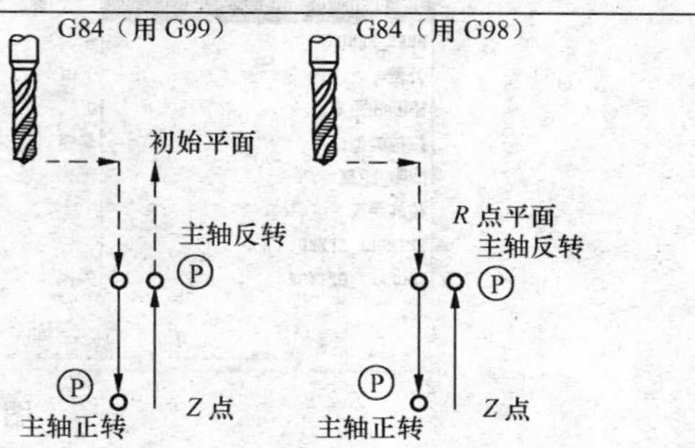

续表

指 令 说 明	图 示
指令格式：G74 X---Y---Z--R---Q---P---F---K--- 加工方式：进给、孔底、主轴暂停、正转、快速退刀。 工作说明：主轴反转进刀，正转退刀，正好与 G84 指令中的主轴转向相反，其他运动均与 G84 指令相同。 用途：加工左旋螺纹	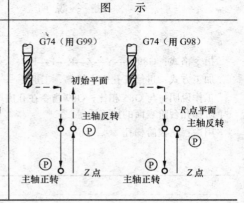

12.3 孔加工参数

前面章节介绍了 Pro/NC 提供的孔加工方法，以及后处理产生的固定循环指令（FANUC 系统）。下面就系统提供的孔加工参数进行简要说明。

12.3.1 钻孔参数

钻孔加工参数设定如图 12-4 所示，下面说明其中各参数的具体含义。

（1）"破断线距离"：在加工通孔时，用于设定切削深度超出工件的长度。

（2）"拉伸距离"：用于设定退刀高度。

（3）"扫描类型"：系统提供以下五种扫描方式。

类型 1：通过增加 Y 坐标并在 X 轴方向来回移动。

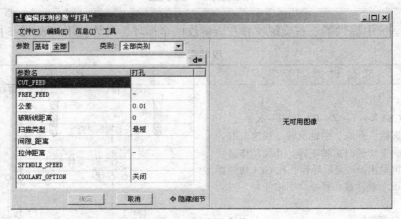

图 12-4　钻孔参数

类型螺旋：从距坐标系最近的孔顺时针方向开始加工。

类型 1 方向：通过增加 X 坐标并减少 Y 坐标。

选出方向：按选择孔的顺序进行加工。

最短：系统自动确定采用最短路线进行加工，系统默认方式。

12.3.2 镗孔参数

镗孔加工参数设定如图 12-5 所示，下面说明其中各参数的具体含义。

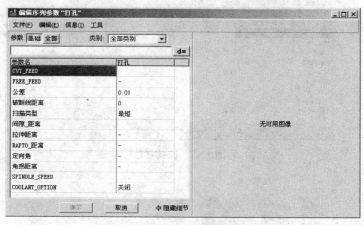

图 12-5 镗孔参数

（1）"RAPTO_距离"：允许在安全距离与孔底部间快进。

（2）"定向角"：指定刀具的"准停"角度，该动作在镗削到孔底后，并在刀具退出工件前执行。

（3）"角拐距离"：指定镗刀在"准停"后的让刀距离，即 G76 中的 Q 值。

12.3.3 攻丝参数

攻丝加工参数设定如图 12-6 所示，下面说明其中各参数的具体含义。

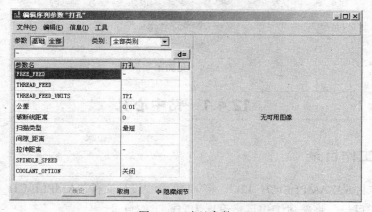

图 12-6 攻丝参数

（1）"THREAD_FEED"：螺距。

（2）"THREAD_FEED_UNITS"：螺距单位，有"TPI"（每英寸的圈数）、"MMPR"（毫米/转）、"IPR"（英寸/转）。

另外，系统默认采用固定攻丝方式，其进给速度由螺距和主轴速度组合确定。用户也可以选择浮动攻丝方式，并在全部参数中使用"浮动攻丝因子"调整进给速度，实现浮动攻丝。

12.3.4　铰孔参数

铰孔加工参数设定如图 12-7 所示，其参数与钻孔参数完全一样。

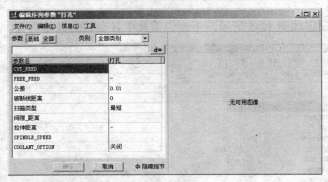

图 12-7　铰孔参数

12.4 孔加工实例

前面各小节，简单介绍了 Pro/NC 模块中常用的孔加工方法。下面，以一个综合实例进行加工演练，如图 12-8 所示。

图 12-8　孔加工实例

12.4.1　钻中心孔

1．设置工作目录

新建"工作目录\SAMPLE\CH_12\"，将第 10 章"设计文件/SAMPLE\CH_10\"下的文件复制到新建的工作目录，将新建工作目录设置为当前工作目录。

2．打开制造模型文件

打开工作目录下的"10_01_NC.mfg"制造文件。

3. 确定辅助加工类型

（1）在"制造"菜单中依次选取"加工"→"NC 序列"→"新序列"，打开"辅助加工"菜单，依次选取"加工"→"孔加工"→"3 轴"→"完成"，如图 12-9 所示。

（2）系统弹出如图 12-10 所示"孔加工"菜单，按图中所示选择"钻孔"→"标准"→"完成"。接着系统弹出如图 12-11 所示"序列设置"菜单，按如图所示选择"刀具"、"参数"、"孔"，设置好后选取"完成"。

图 12-9　"辅助加工"菜单　　　　图 12-10　"孔加工"菜单　　　　图 12-11　"序列设置"菜单

4. 刀具的设定

系统弹出如图 12-12 所示"刀具设定"对话框，按图选择"T0003"号刀具（点钻），单击 确定 按钮。

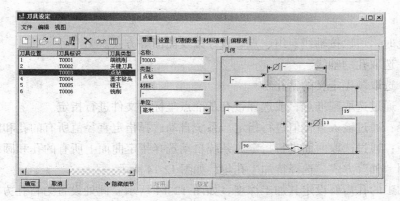

图 12-12　"刀具设定"对话框

5. 加工参数设定

系统弹出如图 12-13 所示参数设置对话框，按图中所示设置参数。

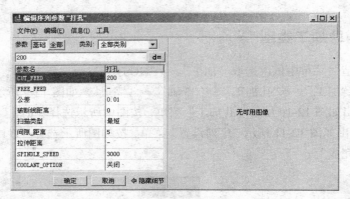

图 12-13　钻孔参数设置

6. 设定待加工孔集

最后，系统打开"孔集"对话框，如图 12-14 所示。单击其中的 [添加] 按钮，系统弹出"孔选取"对话框，同时系统提示选取要加工的孔。

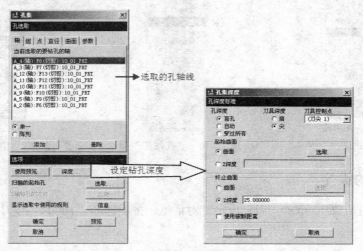

图 12-14　"孔集"对话框

在选取孔时，可以按轴线、组、点、直径以及曲面等方式。

（1）轴：选取孔的轴线。

（2）组：选取预先定义的钻孔组。

（3）点：通过选取基准点，或选择带有基准点坐标的文件进行指定。

（4）直径：通过输入直径值进行指定。系统自动选择指定直径值所有的孔和圆槽。

（5）曲面：通过选取曲面进行指定。系统自动选择指定曲面上所有的孔和圆槽。

这里采用"轴"方式，选择待加工孔集，如图 12-14 所示。

对于要加工的孔需要设定其加工深度，如图 12-14 所示。此处设置为盲孔方式，起始曲面选择工件的上表面，终止曲面设定为"25"。

7. 刀具路径模拟

在如图 12-15 所示"孔"菜单中选取"完成/返回"，则系统弹出"NC 序列"菜单，然后选取"完成序列",到此整个孔加工的所有设定完成。

最后,进行模拟加工,效果如图 12-16 所示。

图 12-15 "孔"菜单

图 12-16 模拟结果

12.4.2 钻底孔

引导孔加工完成以后,需要进行底孔加工,按图 12-10 所示的方法采用"深"孔加工方式。首先,选择"T0004"号钻头,如图 12-17 所示。

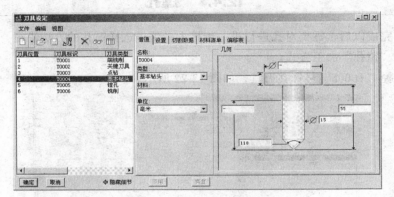

图 12-17 "刀具设定"对话框

接着,按图 12-18 设定加工参数。

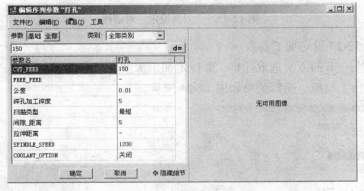

图 12-18 加工参数设置

再接着,选取待加工孔。在"孔集"对话框(如图 12-14)中单击 使用预览... 按钮,系统打开"先前孔集"对话框,如图 12-19 所示。选择其中的"Hole Set #1"即可,这样就可以选择上一次所选择的孔集,但是同时也将上一次孔集的深度设置保留,因此需要重新设定加工深度为"穿过所有"，如图 12-20 所示。

最后，进行加工模拟，模拟结果如图 12-21 所示。

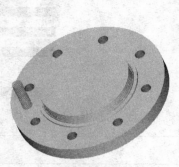

图 12-19 "先前孔集"对话框　　　图 12-20 加工深度设置　　　图 12-21 模拟结果

12.4.3　镗孔

底孔加工完成以后，需要对孔进行进一步扩大，这里选择镗孔的方法进行。按图 12-10 所示的方法采用"镗孔"加工方式。

首先，选择"T0005"号镗孔刀具，如图 12-22 所示。

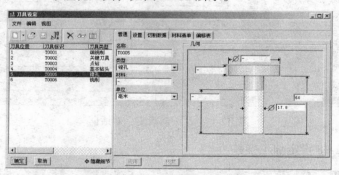

图 12-22　"刀具设定"对话框

接着，按图 12-23 设定加工参数。

再接着，按上一节的方法选取孔集，并设定加工深度为"穿过所有"。

最后，进行加工模拟，模拟结果如图 12-24 所示。

图 12-23　加工参数设置　　　　　　　　　图 12-24　模拟结果

12.4.4　攻丝

在对孔进行扩大后，需要对几个孔进行螺纹加工。按图 12-10 所示的方法采用"攻丝"加工方式。

首先，按照图 12-25 所示设定攻丝刀具。

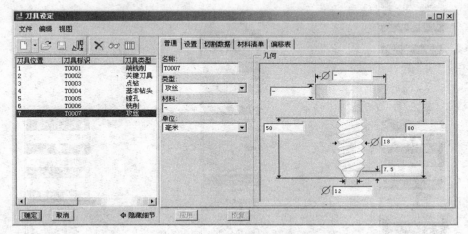

图 12-25　"刀具设定"对话框

接着，按图 12-26 设定加工参数。

再接着，按上一节的方法选取孔集，并设定加工深度为"穿过所有"。

最后，进行加工模拟，模拟结果如图 12-27 所示。

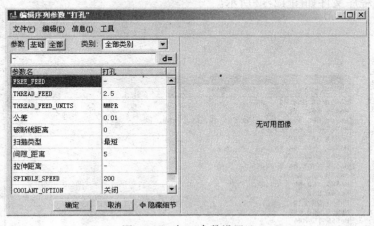

图 12-26　加工参数设置

图 12-27　模拟结果

12.4.5　后置处理

在前面，我们已经完成了孔加工所需的刀具路径。为了能使这些路径用于数控加工，需要将之转换成数控代码，即后置处理。

（1）如图 12-28 所示，在"制造"菜单中选取"CL 数据"→"输出"→"选取一"→"操作"→"OP010"选项。系统弹出如图 12-29 所示"轨迹"菜单，按图中所示进行参数设置，设置后单击"完成"选项，然后使用默认文件名"OP10.ncl"保存数据。

（2）接着系统弹出如图 12-30 所示"后置期处理选项"菜单，按图中所示进行设置，然后选取"完成"选项。

图 12-28　"CL 数据"菜单　　　　图 12-29　"轨迹"菜单　　　图 12-30　"后置期处理选项"菜单

（3）在如图 12-31 所示"后置处理列表"菜单中选择"UNCX01.P12"选项。到此所有的后置处理完成，最后生成的 NC 程序文件如图 12-32 所示。

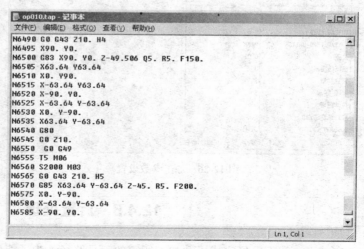

图 12-31　"后置处理列表"菜单　　　　　　图 12-32　NC 程序文件

（4）保存模型文件。

小 结

本章重点讲解了各类孔加工方法、用途以及参数，并详细分析了 FANUC 系统中孔加工的固定循环加工指令。各种孔加工方法虽然在功能上具有一定的差异，但是其操作大体一致，请读者在学习过程中注意总结。

最后，结合实例简要介绍了几种孔加工的用法。由于操作较为简单，并受到篇幅限制，因此实例操作过程叙述得较为简要，希望读者能在铣削加工的基础上举一反三。

习 题

1. 分析 FANUC 系统中各种孔加工循环指令的区别。
2. 采用钻孔、镗孔、铰孔等方法加工图 12-33 所示的模型。
3. 采用钻孔、镗孔、攻螺纹等方法加工图 12-34 所示的模型。

图 12-33　习题 2

图 12-34　习题 3

参考文献

［1］钟日铭. Pro/ENGINEER Wildfire 3.0 机械设计实例教程. 北京：清华大学出版社，2007.

［2］朱金波. Pro/ENGINEER Wildfire 3.0 工业产品设计完全掌握. 北京：兵器工业出版社，2007.

［3］李翔鹏. Pro/ENGINEER Wildfire 3.0 模具设计篇 自学手册. 北京：人民邮电出版社，2007.

［4］张武军，徐海军. Pro/ENGINEER Wildfire 4.0 中文版数控加工实例精解. 北京：机械工业出版社，2008.

［5］卫兵工作室. Pro/ENGINEER Wildfire 3.0 中文版数控加工实例教程. 北京：清华大学出版社，2007.

［6］戴永清. Pro/ENGINEER Wildfire 3.0（中文版）数控加工实例教程. 北京：清华大学出版社，2007.

［7］老虎工作室. Pro/ENGINEER Wildfire 中文版模具设计与数控加工. 北京：人民邮电出版社，2006.